私とフランソワーズ。小さなお姫さまビジューとロッジで。

スタフォードシャー・ブルテリア、マックスの若い頃。

トゥラ・トゥラから脱走したゾウの群れを空から何時間も捜索したが行方はつかめず、ヘリは戻って来た。

赤ん坊のトゥラと。彼女の治療に使っている部屋の前で。

トゥラは保護されるとすぐに点滴を受けた。

ノムザーンがロッジを通り過ぎて行く。

盛装のヌコシ・ピワユィヌコシ・ビイェラ。

外国人客を乗せたサファリドライブ第一号。2000年。

グワラ・グワラで水浴びをする群れ。

私、ヴシ、ベキ（後ろ）とヌグウェンヤ。美しいズールーランドの空の下。

監視員に率いられ来訪客に人気の徒歩サファリ。

フランキーが赤ん坊のイランガと若いマブラとマルラを連れて来た。

鼻で私を押さんばかりにとても親しげに近づいてくるナナ。生まれて間もない、ノムザーンとの息子が後ろにいる。

愛しのノムザーンが藪で私とおしゃべりをしにやって来た。彼の大きいこと。私は身長 190 センチだが、彼の牙の高さしかない。

マブラが私の正面に立って、これからどうしたものかと思案中。

すくすく育つムヴーラ（左）とマンドラ。

象にささやく男

The Elephant Whisperer

My Life with the Herd in the African Wild
by Lawrence Anthony
with Graham Spence

ローレンス・アンソニー&
グレアム・スペンス＝著
中嶋寛＝訳

築地書館

口絵写真提供者

ページ 1：Françoise Malby-Anthony（左上の写真以外）、*Sarie* Magazine

ページ 2：Dylan Anthony

ページ 3：（左上）Françoise Malby-Anthony、（右上）Suki Dhanda、（下）B. Marques

ページ 4〜5：Françoise Malby-Anthony

ページ 6：（上）Suki Dhandra、（下）B. Marques

ページ 7：（上）B. Marques、（下）Suki Dhandra

ページ 8：（上）C. Lourenz、（下左右とも）Suki Dhandra

Translated by Hiroshi Nakashima
Published in Japan by Tsukiji-Shokan Publishing Co., Ltd.

前書き

一九九九年、私はいわくつきの野生のゾウの群れを私の私設動物保護区に引き取るよう依頼を受けた。そのとき私は自分がそれからどんな面倒や冒険につきあわされるはめになるのか、まったく見当がついていなかった。自分がどんなに大変な目にひきあわされることになるのか、あるいは、自分の人生がどんなに豊かなものになるのかも。

それは、肉体的な意味でも、精神的な意味でも冒険だった。肉体的というのは、これからこの本を読んでもらえば分かることだが、のっけから忙しく動き回って戦争のような騒ぎだったからだし、精神的というのは、この惑星のこの巨大な生き物たちが、彼らの世界に奥深く私を引き入れて行ったからである。

まちがえないでほしいと思うのは、この本の題名（The Elephant Whisperer）が私のことを言ったものではないということである。私は自分に特別の能力があるなどと言うつもりはない。題名はゾウたちのことを言っている。彼らが私に囁いたのであり、私は彼らから聞く術を教わったのである。

これは純粋に個人的・人間的な世界で起きたことである。私は科学者なんかじゃない。一介の環境保護家だ。だから、ゾウが私にどう反応したかとか、私がゾウにどう反応したかを書き記すとき、私は自分の経験の真実を伝えているにすぎない。実験室で検証したことでもない。これは、試行錯誤を通じて私とゾウとでお互いどうするのが一番かを探り当てていった、波瀾万丈の旅路の記録なのである。

私は環境保護家というだけではない。自分の動物保護区を所有するという大変な幸運にめぐりあった男でもある。保護区の名はトゥラ・トゥラ。南アフリカはズールーランドの真ん中に位置する二千ヘクタールの原生低木林地帯である。そこではかつて野生のゾウが自由に徘徊していた。もはやそうではない。ゾウは一度も見たことがないという地方部のズールー人も、今では珍しくない。私がゾウを引き取ったために、この地域でも一世紀あまりぶりに再び野生のゾウが住み着くこととなったのである。

トゥラ・トゥラはズールーランド固有の野生生物の多くが住み着く、天然の生息地である。どでかいシロサイもいればアフリカスイギュウに、ヒョウ、ハイエナ、キリン、シマウマ、ヌー、ワニ、オオヤマネコの他、サーヴァルといったあまりなじみのない捕食性の猛獣たちもいる。トラックほどの長いニシキヘビを見たこともあるし、ここのコシジロハゲワシの育種集団はおそらく州最大規模だろう。

そしてもちろんゾウもいる。

これからこの本を読んでもらえば分かるように、ゾウの到来はまさに青天の霹靂《へきれき》だった。今では彼らなしの生活は私には想像できない。いかにして彼らが私にかくも多くのことを教えてくれたかを理解するには、動物の王国では意思の疎通《コミュニケーション》がそよ風のように自然になされるということを理解しなくてはならない。そして、最初、私が理解を妨げられたのは、ひとえに人間が自らに課した限界のせいだったことを。

町の喧噪の中だと、人は先祖たちが本能的に知っていたことも忘れがちだ。つまり、荒野は生きているということ、そして、そこには囁きがあって私たちはそれに耳を傾ければいいし、それに応えればいいということを。

私たちには理解できないことがあるということも理解しなくてはならない。ゾウには科学では解明する術のない資質や能力がある。ゾウはコンピューターの修理はできないかもしれないが、ビル・ゲイツもびっくりの肉体的・非肉体的な会話が可能だ。何かとても大切な意味で彼らは私たちのずっと先を行っているのである。

植物と動物の王国には、説明のつかないような出来事が明らかに見て取れる。自分の周りで実際に起きていることに目を向けると、本当に驚かされる。いつもごく当たり前と思っていることが根底から覆されてしまうのである。

たとえば保護区の監視員《レンジャー》なら誰でも知っていることだが、サイを別の保護区に移す必要が生じ、睡眠薬を打って捕まえることにする。ところが、いざ捕まえに行ってみると、なぜだかサイの影も形もない。その前の日にはいたるところサイだらけだったのに、である。人が捕まえに来る気配をなぜか察知して、行方をくらましたのである。かと思うと、その次の週、今度はスイギュウを捕まえに行くと、前回はさっぱり姿の見えなかったサイのお出迎え、とあいなる始末だ。

何年も前に猟師が獲物を追うのを見ていたことがある。彼の持っている狩猟許可証は、繁殖相手のいない若いオスのインパラに限って猟をすることができるというものだった。しかしその日彼が出会ったオスのインパラには、決まって繁殖相手のメスの群れが付いていた。そしてさらに信じがたいことに、撃ってはならないこれらの若いオスたちは、射程内であるにもかかわらず、まったく呑気《のんき》に構えて、すっかり油断しきっているのにひきかえ、遠くでは若い独身のオスたちが必死に逃げ惑っているのだった。

なぜこうなのだろう？　それは私たちの誰にも分からない。私たちの周りの監視員でも散文的な質《たち》の人は、それはマーフィーの法則（起こりうることは必ず起こる）だという。つまり、うまくいかなくなる可能性のあるものは、必ずうまくいかなくなるものなのだ、と。動物は銃や矢で射止めたいと思うと、いなくなるものなのだ、と。私などそんな話はそれほど信じてはいないのだが、ひょっとするともっと神秘的なことなのかもしれない。何か伝言が、風に吹かれて飛んでいるのかもしれない、と思うのである。

常識からやや外れるこういった考え方の証拠となるのが、私の良く知るズールー族の長老格の猟師の話だ。低木林を知り尽くした男で、彼が私に語ってくれたところによると、村の近くのサルがあまりにも傍若無人に食べ物を盗んだり、子どもたちを脅したり、噛んだりしたら、必ず一匹殺すことにしているという。その結果、群れは血相を変えて逃げ去ることになる。

「でもサルは賢いよ」こめかみを指でとんとんと叩きながら彼は言った。「わしらが銃を取りに行くそぶりを見せようものなら、もういない。仲間内では〈サル〉とか〈銃〉という言葉すらもう口にしないことにしたよ。でないと奴らは森にこもりっきりになるからね。身に危険が及ぶときは、耳がなくても彼らにはそれが聞きとれるのさ」

まさに恐るべしである。しかし驚くなかれ、それは植物の世界にも及んでいる。トゥラ・トゥラの山小屋《ロッジ》は私たちの自宅から三キロほどで、樹齢数百年という地元原産のアカシアや広葉樹の林の中にある。この原生林のアカシアの木は、レイヨウやシマウマから新芽をかじり取られると、自分が攻撃を受けつつあるのが理解できるばかりか、すぐさま葉っぱにタンニンを分泌し、苦い味がするようにしてしまう。そしてフェロモンの一種である香りを空中に発して、警戒するよう周りの他のアカシアの木にも呼びかける。周りの木はその警告を受け取ると自分でもただちにタンニンを生成し始め、攻撃に備えるのである。

しかし木には脳もなければ中枢神経系もない。何によってこれらの複雑な決断はなされるのか？　要するに、なぜ？　ということだ。なぜ、意識や知覚のないはずの樹木が、わざわざ仲間の安全を気遣い、守ろうとまでするのか？　なぜ脳もないのに、自分には守ってあげるべき仲間が周りにいるといったことが分かるのか？

顕微鏡で見れば、生きた有機体も、化学物質や無機物のまざりあったごった煮のようなものである。しかし顕微鏡で見えないものはどうなのだろう？　存在の最も重要な成分である、そのような生命の力を、アカシアからゾウにいたるまで、数量化することはできないものだろうか？

ゾウたちは、その可能性があることを私に教えてくれた。理解と寛容、心の豊かさが、厚皮動物の王国には息づいているということ、ゾウは優しくて思いやりがあってとても頭がいいということ、そして人間との様々な良き関係を大切にするということも。

これはそんなゾウたちの物語である。彼らは、ともに幸福と生存を追い求める中、すべての生き物がお互いにとって大切な存在であることを、私に教えてくれた。生きていくということは、自分や自分の家族、自分の種だけの問題ではないということを。

象にささやく男　目次

第1章　闇に潜む密猟者

遠くでライフル銃の衝撃音がまるで大きな薪が割れるように響いた。

私は椅子から飛び上がり、耳を澄ました。動物保護区の監視員にとっては耳に染み付いている音だ。そして炸裂音が続いた。バリバリバリ。鳥の群れがギャーギャーと鳴き声を上げながら緊急発進、赤い夕日に影絵を残した。

密猟者だ。西の境目にいる。

すでに監視員のデヴィッドが、年季の入った愛車ランドローバーに駆け寄っていた。私は散弾銃を摑んであとに続き、この四輪駆動車の運転席に飛び乗った。ぶちのスタフォードシャー・ブルテリアのマックスは私たち二人の間に収まった。風雲急を告げる中、この犬が呑気に私たちを見送るはずがない。

私はエンジンをかけるとアクセルをぐいと踏んだ。デヴィッドが無線を入れる。

「ヌドンガ！」彼はどなった。「ヌドンガ、聞こえるかい？」

ヌドンガというのはオヴァンボ族の警備係で、銃撃戦の時、いてくれるとありがたい男だった。軍隊にいたことがあるのだ。彼が何人か引き連れて現場に向かっているとなれば、私たちも心強い。しかしデヴィッドが無線で何度呼びかけても、返って来るのは雑音だけだった。仕方なく私たちだけで先を急いだ。

婚約者のフランソワーズと私が、ズールーランド中部の壮大な動物保護区トゥラ・トゥラを購入して以来、密猟者が私たちの頭痛の種だった。これでもう一年近く付きまとわれている。何者なのか、どこから来たのか、なかなか正体が摑めないでいた。私が話をした周りの田園部ズールー族の指導者インドゥーナたちは、自分たちと関わりはないと言い張った。私はそれを信じた。私たちは地元の人間を中心に雇っていたが、彼らは実に忠実だった。ごろつきたちは他所から来ているに違いない。

夕闇の迫る中、私は速度を落として西側の柵に近づき、ヘッドライトを消した。大きな蟻塚の前に車を止めると、デヴィッドが先に降り、そのまま二人してゆっくりとアカシアの茂みを進み、神経をとがらせ、引き金に指をこわばらせ、眼を見開き、耳を澄ました。密猟者を相手にするときはチョーク（絞り）がきつめで弾《たま》の重いポンプ連射式の散弾銃を選んだ。暗かったり、低木林の中だったりすると、出合い頭ということもあり、とにかく油断も隙もない。アフリカの動物保護区の監視員なら誰でも知っていることだが、プロの密猟者たちは、いきなり撃ってくるし、相手を殺すつもりで撃ってくる。

柵はわずか五十メートル先だった。密猟者としては逃げ道を確保しておきたいところだ。だから、私は腕で輪を描くような仕草をしてデヴィッドに合図した。彼は「合点」と言わんばかりに頷いた。彼には見張りを続けてもらって、私は柵まで這って行き、撃ち合いになったら、私が逃げ道を塞ぐという算段だった。

無煙火薬のつんとくる匂いが夕暮れの空気にほのかに漂った。それは静寂の中に垂れる帳《とばり》のようであった。アフリカの低木林が自分からすすんで静かになることはない。セミの鳴き声がいつまでも続く。それが途絶えるのは銃声がしたときだけである。

数分間の完璧な静寂を経て、私は相手が一枚上だったことに気付いた。私たちのほうがはめられていたのだ。私はハロゲン・ランプを点《つ》けると、その光で柵を上へ下へとなぞった。密猟者たちが侵入したような穴はどこにもなかった。デヴィッドも明かりを点け、動物を殺したり引きずったりした跡や血がないか調べ始めた。

何もない。あるのはただ不気味な静寂だけだ。

保護区の中に何も見当たらないとすると、銃声は柵の外からのものに違いない。

「くそっ！　わなだ」

と言ったら、また銃声がした。くぐもってはいるが、はっきりと「バリバリバリ」といっているのが聞こえる。保護区の外れだ。車で四十五分はかかる。泥道で、春の雨に濡れていればほとんど泥沼と言ってもいい。

再び車に飛び乗って急いだが、どう考えても絶望的だった。まんまとしてやられた。逃してしまった。密猟者らはアフリカで最も美しいレイヨウの一つ、ニアラを二匹殺し、それを戦利品よろしく保護区を後にするだろう。私たちが追ったところで後の祭りだ。

私は自分の浅はかさを呪った。自分ですっ飛んでいく代わりに、まずは監視員に保護区の外れまで行ってもらってさえいれば、密猟者は現行犯で捕まえられたかもしれない。

しかしこれで一つのことが証明できた。こういうことは禁猟区内部の問題――つまり禁猟区内の人間の仕業――と言っていたインドゥーナたちの言い分が正しいことが、これで私にもはっきりした。腹をすかせた部族の人間や痩せっぽちの犬たちが出来心でしたことではない。これは組織立った犯罪行為であり、私たちの動きを逐一追いながら誰かが指図してやっていることだ。でなければ、これほどまでに何もかもタイミングよくやれるわけがない。

保護区の東の縁にたどり着いたときは真っ暗だった。私たちは明かりを点《とも》して追跡を続けた。地面に残された跡がすべてを物語っていた。二匹のニアラは高速猟銃でしとめられていた。血のついた草がペしゃんこになっていて、死体がそこを引きずられたのが分かる。その先の柵はボルトカッターで乱暴に壊され、通り抜けられるようになっていた。十メートルほど先の泥道には低木林走行用の四輪駆動車の残したタイヤの跡があった。車はもう数キロ先に違いない。ニアラは地元の肉屋に売られ、切り干し肉《ビルトゥング》にされるのだろう。切り干し肉はアフリカではどこでも珍重されている。

私が明かりで照らすと、切断された針金の上で、柔らかいネズミ色の毛が血に染まってひらひらしているのが分かった。少なくとも一匹はオスだったのである。メスのニアラは薄茶色をしていて、背中には細く白い縞模様がある。

私は自分の年齢と疲労を感じ、身震いした。トゥラ・トゥラは私が手に入れる前は狩り場で、私はそれを終わりにしようと心に誓っていた。私がここにいる限り、動物が必要もないのに殺されるようなことはもう二度と許すまい、と。その誓いを守ることがいかに大変か私は知らなかった。

私たちはすっかりしょげ返ってロッジに戻った。フランソワーズが、濃いとても香ばしいコーヒーで迎えてくれた。これぞまさに私がほしいと思っていたものだった。

私は彼女を見やると、ありがたい気持ちを微笑みで伝えた。すらりとしてエレガントでとてもフランス的な彼女は、十二年前の凍てつくように寒い朝のロンドンでお互いタクシーを捕まえようとして初めて出会ったときのままの美しさだった。

「どうだった？」彼女が聞いた。

「わなだよ。二手に分かれていた。一方は縁のほうから何発か撃って来たけど、その後僕らの車のライトを見張っていた。僕らがそこまで行くと、もう一方のグループがニアラを二匹、東側から持ち出していた」

私はコーヒーを一口含むと、腰を下ろした。「奴らは組織的だね。よほど気をつけていないと、誰かが殺されてもおかしくないよ」

フランソワーズは頷いた。三日前も密猟者たちが眼と鼻の先に現れ、私たちは弾が頭上をかすめていくような感覚を味わっていた。

「あした警察に通報することね」彼女が言った。

私は何とも答えなかった。レイヨウ二匹が殺されたからといって、警察が何かしてくれるとはあまり期待できなかった。

翌朝、動物がまた殺されたとヌドンガに言ったら、彼はかんかんになって怒った。なんで連絡してくれなかったのだとなじるので、連絡しようとしたのだけど、つながらなかったのだと説明した。

「ああ、それは悪かった、ミスター・アンソニー。ゆうべはちょっと一杯やりに出ていたものだから。今日は二日酔い気味ですよ」彼はそう言って、弱々しく笑みをもらした。

私は彼の二日酔いの話につき合うつもりはないので、先を続けた。「この件にひとつ重点的に当たってくれないか？」

彼は頷いた。「捕まえますよ、このふざけた連中は」

家に戻ったと思ったらさっそく電話が鳴った。マリオン・ガライという女性からだった。ゾウ管理者・所有者協会（ＥＭＯＡ）だという。ゾウの保護に関心のある、南アフリカのゾウ所有者で作る民間団体である。彼らのことはそれまで聞いたことはあったし、ゾウの保護で良い仕事をしているという評判だった。しかし私の所にゾウはいないので直接のつきあいはなかった。

ぬくもりのある声だったので、彼女にはすぐに好感を持った。

彼女は単刀直入に切り出した。トゥラ・トゥラや、そこにいる素晴らしいズールーランド固有の野生の生き物たちのことを聞き及んでいる。私たちが地元住民と協力しながら、生き物の保護に関して人々の意識を高めているという話も聞いた。だからゾウの群れを引き取ってくれないか、というのだ。私には答える間合いも与えずに彼女は続けた。捕獲と輸送の費用は持ってもらうけど、ゾウそのものはただでもらえる、というのが良い話《グッドニュース》よ、と。

私はすっかり呆気《あっけ》にとられてしまった。ゾウ？　世界最大級の哺乳類の？　群れをそっくり引き取ってほしい？　一瞬、私をかつごうというのかとも疑った。藪から棒にゾウを一群れ引き取ってほしいなどという電話は、そう滅多にかかってくるものではない。

しかしマリオンは真剣だった。

そこで聞いてみた。「じゃあ、悪い話《バッドニュース》は？」

「そうねえ」とマリオンが言った。「問題があるの。ゾウたちは『厄介者』なのよ。保護区から逃げ出す癖があるのよ。だからオーナーたちはさっさと片付けたがっているわ。私たちが引きとらなければ、殺される。銃殺よ。一頭残らずね」

「厄介者ってどういうこと？」

「メスのリーダーがとんでもない脱獄の名人なの。電線を張り巡らした柵もなんのそのよ。ワイヤーを鼻に巻きつけて切っちゃうの。そして痛いのも構わず、柵を突っ切って行くわ。信じられないことよ。オーナーたちはすっかり手を焼いて、私たちの協会でなんとかできないかと言って来たのよ」

私は激痛とともに体を突き抜ける八千ボルトの電流に耐える、五トンの野獣の姿をふと想像してみた。よほどの覚悟がなくてはできることではない。

「それにローレンス、赤ん坊もいるわ」

「でもなんで私に？」

私の焦りがマリオンにも伝わったらしい。確かにこれは大変な話だ。

「動物の扱いがうまいと聞いたからよ」彼女は続けた。「トゥラ・トゥラはゾウたちにとって、もってこいだと思うの。あなたもゾウたちにはもってこい。というか、彼らがあなたにとってもってこいかしら」

これには参った。私たちはとてもじゃないが、ゾウの群れに「もってこい」どころではなかった。私はようやく自分の私営保護区の運営を軌道に乗せようかというところだったし、前の日の出来事が恰好の証拠となるけれども、組織的な密猟者たちのことで手一杯だった。

「断るよ」という言葉が口から出かけたところで、なぜか言いそびれてしまった。確かにゾウは昔から大好きだった。この惑星で最も大きく最も高貴な陸の生き物だと思っていたし、アフリカの壮大さのすべてを象徴しているとも思う。そこへ、思いもかけず、ゾウ一群れが自分のものになるという話だ。人助け、ゾウ助けでもある。こんなチャンスがまたとあるだろうか？

「もともと、どこのゾウなの？」

「ムプマランガの禁猟区よ」

ムプマランガというのは南アフリカの北東に位置する州で、国の動物保護区の大半があるところだ。その一つがクルーガー国立公園である。

「何頭いるの？」

「九頭よ。大人のメス三頭、子どもが三頭うち一頭がオス、それに思春期のオスが一頭、そして赤ん坊二頭よ。素敵な一家よ。メスのリーダーには素敵なメスの赤ん坊がいる。若いオスも彼女の息子で十五歳、何とも見事なゾウよ」

「でもよほどの厄介者なんだろうな。ゾウをただでくれるなんて人は、まずいないからね」

「さっきも言ったとおり、メスのリーダーが脱獄の常習犯なの。電線はぶち切るし、門のカギも鼻であけちゃうし、オーナーとしてはこんなジャンボちゃんたちに訪問客のいる辺りをうろついてほしくないのよ。あなたが引き取ってくれなければ、銃殺よ。成獣のゾウは確実に殺されるわ」

私は黙りこくってしまった。この話をなんとか頭の中で整理してみようとした。すごいチャンスだ。でもリスクも大きい。

密猟者たちはどうだろう。象牙に誘われて、密猟者がもっと出没しやしないだろうか？　ただでさえ高速猟銃を持った盗人たちを閉め出せずにいるというのに、保護区全体を電線で囲ってこの巨大な厚皮動物の群れを閉じ込めてどうなるというのだ？　新しい住み処に慣れるまで囲いを作ってゾウたちを隔離してみようか？　お金はどうする？　どこかに当てがあるだろうか？

それにマリオンは「厄介者」だと言い切った。でもどういうことなのだろう。脱走の名人というだけのことなのだろうか？　それとも本当にたちの悪いゾウの集団なのだろうか？　危険すぎて、人間への憎しみに満ち満ちて、人が近くに住む保護区に置いておくことなど、とてもできないようなゾウなのだろうか？

でも群れとしても困っているのだ。リスクはあるが、自分のすべきことはこうだと思った。

「よし分かった」私は答えた。「引きとるよ」

第2章 青天の霹靂

突然降ってわいたような話からゾウの群れを引き取ることになった私は、その動揺も覚めやらぬうちに追い打ちをくらった。今の所有者たちが、ゾウを二週間内に手放したいと言い始めたのである。それができなければ、この話はなかったことにしてほしいという。その場合、ゾウはとにかく大変な足手まといだから、銃で処分するのだという。悲しいことに、ゾウほどの大きな生き物が「邪魔者」となれば、どうなるか相場はだいたい決まっている。撃ち殺されるのだ。

たったの二週間？　その間に大型動物用の柵三十キロ余りを修復し、電気を流し、ボマと呼ぶ伝統的な囲いを何もないところから作り始めて、地上で最も力持ちの生き物を閉じ込められるだけのものにしなくてはならない。

トゥラ・トゥラを購入したのは一九九八年だが、当時はアフリカ原初の姿をそのままに残した二千ヘクタールだった。ただ一カ所だけ人の手の入っていたのが、洗い場付きの猟師用キャンプだった。しかし、その歴史はアフリカ大陸と肩を並べるほど一種独特のエキゾチックなものであった。トゥラ・トゥラは南アフリカ、クワズールー・ナタール州で最も古い民間所有の動物保護区で、かつてはシャカ王の占有する狩り場の一部であった。シャカ王と言えば、十九世紀初期にズールー国を建国し、半ば神格化された戦士である。確かにその狩り場は占有的で、王様の明確な許可なしにそこで狩りをしているのが見つかった者は殺されるのが常であった。

シャカ王以来、野生生物の豊かなトゥラ・トゥラは狩り場として人を惹きよせ、立派なレイヨウをしとめて人に見せびらかそうという、裕福な狩猟家たちがやって来た。一九四〇年代の所有者はケニアの元総督で、高級ロッジには、カクテルをたしなむような狩猟家たちが泊まっていた。

それはすべて昔の話だ。私たちが入手するとともに狩猟は終わった。切り干し肉とブランデーを楽しめる昔のキャンプは、趣はあるのだけれどすっかり荒れ果てていたので、それは壊して、そこに小ぢんまりとした高級エコ・ロッジを建てた。周りには芝生が広がり、ヌセレニ川につながっている。保護区を見下ろすこの切妻造りの農家は、フランソワーズと私の自宅兼事務所となった。

しかしここまでたどり着くのが大仕事だった。私は都市化の始まる前の「古い」アフリカ育ちである。ジンバブエ、ザンビア、そしてマラウィの大空のもと、裸足で大地を駆け巡っていた。友達はみなアフリカの田舎育ちで、我々の裏庭である野生の世界を共にさまよった仲である。

一九六〇年代初め、私の一家は、南アフリカはズールーランドのサトウキビ地帯である海岸地方に移り住んだ。当時この一帯の中心地だったのが、奥地のエムパンゲニの町であった。個性派の、手強い町である。屈強な農家の男たちが一晩中飲み明かしたあげくにトラクターで町に繰り出し、「スプークン・ディーゼル」（サトウキビからつくる蒸留酒にコーラを少し混ぜたもの）をがぶ飲み、といった武勇伝は今なお語り継がれている。私たち十代の子どもは子どもで、荒っぽいラグビーの試合にでも出ないことにはまともに相手にされなかった。

私はアフリカ奥地の低木林地帯で射撃の腕に磨きをかけたが、それが役に立つこともあった。農家から頼まれて、ホロホロチョウやライチョウ狩りに出かけるのである。森林地こそが私のふるさとだった。缶詰の缶を二十歩ほど先の空中に放り投げ、二二口径ライフルで撃ち落とすなど、朝飯前だった。

学校を出ると私は町に移り、不動産会社を始めた。しかし少年時代の野性味あふれるアフリカの思い出を忘れることはなかった。自分でもいつかは戻ることになるだろうと思っていた。

実際にそうなったのが一九九〇年代の初めだった。エムパンゲニの西側の地図を見ていて、部族の土地に未利用地がものすごく多いことに気付いた。厳しい環境に耐える部類の家畜にとっても厳しすぎる環境なのである。これらの共有地の先にあるのが、ウムフォロジ・ススウェだった。それはアフリカに出来た初めての禁猟区で、シロサイを絶滅から救ったことで有名な保護区である。

共有地は人間の手のついていない見事な低木林の広大な土地で、ズールー族の六つの異なる氏族に属していた。そこで私にある考えがひらめいた。もし彼らを説得して狩猟や放牧の代わりに一緒に野生動物の保護ができたら、最高の保護区ができるかもしれない。しかしそのためには、それぞれの氏族の指導者インドゥーナの同意をとりつけ、それぞれの土地を貸し出してもらい、一つの大きな共同管理地にまとめるようにしなくてはならない。名前は「ロイヤル・ズールー」にすればいい。あえいでいる地元の経済には雇用の創出など直接的な恩恵があるはずだ。

トゥラ・トゥラはすでに確実なインフラも備わっていたし、このプロジェクトのカギを握っていた。部族地に隣接した天然のくさびとも言えるし、保護区の大切な東の入り口となっている。そして、五十年で初めて売りに出ていた。運命だろうか？　いやそれは誰にも分からない。

私は深呼吸をすると銀行の支配人に優しく――とても優しく話を持ちかけ、フランソワーズと私はその新しい所有者となった。

私はトゥラ・トゥラを歩いて、一目惚れだった。今でもやることだが、四輪駆動車に飛び乗って樹木のない大草原やいばらの低木の生い茂った野原を走り、車を降りて歩き回る。そして野生の息吹を思い切り吸い込む。これほど元気の出ることはない。雨の後は土が湿気を帯びていて、生命に打ち震える豊かな大地の香りが刺激的だし、冬の乾いた清潔さもこれまた壮快だ。アフリカの奥地では生はその刹那を生きるものだ。大地は、青々と緑あふれるときは生気がみなぎっているが、そうでないときは禁欲的なまでに耐えている。低木林ではちょっとしたことでも、とうに忘れていた強烈な喜びを思い出させてくれる。たとえば草の端くれをトカゲの穴に差し込むと、魚が釣り針にかかったときのような引き具合を感じることができるのである。私は今でもそうやって野生児だった自分の少年時代を思い出す。それは失恋した若者が、初めてのキスで心臓をどきどき高鳴らせ、くらくらと来たときのことをいつまでも忘れないように、いつまでも鮮明な記憶であった。

大地の作曲家、メイチョウたちの鳴き声にしてもそうだ。慌てて警告を発するような鳴き声のときも絶対に音を外さない。あるいは興味の尽きない命のドラマを目にしても記憶は鮮明によみがえる。それは、生きていくのはこんなにも危険がいっぱいという、食物連鎖の詩だ。それでいてその残虐な詩にはあらゆる形と色と姿とが力強く脈打っている。

一人でトゥラ・トゥラを歩き回り、私は、子どもの頃初めて野性の探索をして歩いた道を思い出した。それから数十年経って、私はアフリカの自然の最大の象徴と自分では思っているゾウの集団を、古きズールーランドに里帰りさせようとしているのだった。トゥラ・トゥラの風景はゾウにとってはまさに天国だ。そこにあるのは、肥沃な大草原に連なる林地、栄養分たっぷりの草でむせかえる川縁、そして真冬でも水の涸れない水場であった。

しかし何はともあれ、まずは柵に電気を流し、頑丈なゾウの囲い《ボマ》を作らなくてはならなかった。ボマとは柵で囲うという意味であり、レイヨウ用なら、飛び越えられない高さのものを作ればすむ話である。しかし、トラックよりも丈夫なゾウとなると、話はまったく違ってくる。柵には高電圧の電流が必要になる。なにしろ相手は五トンの巨体なのだ。

電気はゾウに危害を与えるのが目的ではない。近づけないようにするのだ。だから、囲いは保護区の外柵とそっくりでなければならない。ぶつかると痛い目に遭う、ということを覚えてもらえれば、たとえゾウの囲いから出てしまっても、保護区そのものの外柵には近づかないというわけである。

それらすべてをわずか二週間でというのはしょせん無茶な話なのだが、何はともあれ、とにかくやってみないことには始まらない。

私はデヴィッドとヌドンガに無線で連絡をし、事務所まで来てもらった。

「やあ、みんな。ゾウのオーナーになってしまったよ」

二人とも一瞬私の正気を疑うかのように目を見はった。デヴィッドがまず口を開いた。「どういうことなんですか?」

「九頭もらったんだ」頭を掻きながら私は言ったが、自分でもまだそれがあまり信じられないでいた。「今回限りの話でね。私が引き取らないと、銃で処分されてしまうんだ。でも、ちょっとした問題もあってね。この群れには、柵を壊して逃げた前科があるんだ。電気の流れてるのをだよ」

デヴィッドの顔に大きな笑みがこぼれた。「ゾウだって!　すごいじゃない!」と言った後、しばし沈黙があった。私と同じ心配をし始めていることが私にも分かった。「でもどうやったらここに留められるだろう?　今の柵じゃとても無理だね」

「その補強に二週間しかないんだ。ゾウの囲いも作らなきゃならん」

「二週間?　全長三十キロの柵の補強に?」ヌドンガが初めて口をきいた。訝しげな視線を私に投げかけている。

「仕方ないんだよ。前のオーナーたちから押し付けられた期限なんだ」

デヴィッドがそれでもめげないのは有り難かった。私は彼がこのプロジェクトで私の右腕になってくれることを本能的に悟った。

大柄でがっしりした体格のデヴィッドは地中海風の目鼻立ちをした二枚目で、生まれながらのリーダーだ。その使命感の強さは、十九歳とはとても思えない。お互い何十年も遡る家族ぐるみの付き合いがあったし、この大切な時期に彼がトゥラ・トゥラに来ることになったのは運命だったと思っている。デヴィッドはズールーランドに住む四代目で、正式な動物監視官《ゲーム・レンジャー》の資格のようなものこそないが、別に私は心配していない。彼には丸一日分の重労働を任せられるし、自然の世界にすっかりとけ込んでいる。そのことが、どんな職業にも推薦できる最高の資質の一つであることを私は身をもって理解している。彼はまたラグビーのトップ・プレーヤーでもあった。フォワードのフランカーで、神風攻撃のようなタックルで知られていた。そんな彼の粘り強さを試すことになるトゥラ・トゥラであった。

私は次にズールー人のスタッフを集め、人手が必要になったことを地元の人たちに伝えてほしいと頼んだ。一番近くにある村はブカナナだが、その失業率は六十パーセントに及んでいる。人手が集まるのは確実だと思うが、問題は熟練度であった。地方部のズールー人なら、枝木とこね土と草類があれば雨露をしのぐ立派な家を作れるものだが、これから作ろうというのはなにしろ電気を流してゾウが逃げないようにするための囲いなのだ。作業員たちは絶えず厳しく監督する必要はあるだろうが、仕事をしながら技術も身につくだろうし、それは後で仕事を探す段になってまた彼らの役に立つはずである。

実際、その後の二日間、トゥラ・トゥラの入り口には仕事を求めて人が大勢集まっていた。アフリカの田園部では多くの人がぎりぎりの生活だし、私はこのような形で地元社会へ貢献できるかと思うと嬉しかった。

地元の頭目アマコシたちを味方につけようと、私はこれからのことに関して説明会を開くことにした。今ではアフリカの巨ゾウたちはすべて柵で囲った保護区にいるので、信じがたいことだが大方のズールー人はゾウを正面切ってまともに見たことがない。ズールーランドのこの辺りで自由に歩き回っていた最後のゾウたちは、ほぼ一世紀前に殺されていた。だから地元の有力者たちを訪ねる主な目的は、私たちがこれらの素晴らしい生き物を「里帰り」させようとしているのだと説明することだった。もちろん、柵に電気を流すのは内側であって、通りかかる人たちに害はないことを告げて、彼らを安心させる必要もあった。

しかし、地元の人々がゾウを見たことがないからといって、彼らが自分たちの「うんちく」を披瀝《ひれき》しないという保証はなかった。

「作物を食べられてしまうよ」一人が言った。「そうなったらどうすればいいんだ?」

「水を汲みに行く村の女たちの安全はどう確保するんだ?」もう一人が聞いた。

「子どもたちのことが心配だね」三人目が言う。一人で家畜の番をして一人前の仕事をする、少年たちのことを言っているのである。「子どもたちはゾウがどんなものか分かっちゃいないよ」

「ゾウの肉はおいしいらしいね」もう一人が声を張り上げた。「きっとゾウ一頭で村全体の胃袋を満たせるよ」

もちろんこのような反響は私の望んだところではなかった。しかし全体としてアマコシたちの反応は好意的と思われた。

ただ一人だけ例外がいた。私は説明に行けない日があったので、代わりに動物監視員の一人に出向いてもらい、プロジェクトを説明してもらっていた。残念なことに彼はそのアマコシの反発を招いただけだった。何を言っても「私のゾウじゃない。私には関わりのないこと」の一点張りだったという。

幸いフランソワーズがその場にいたので、代わって説明役を務めた。彼女としてはしぶしぶ引き受けた役柄だった。地方部のズールー人社会は一夫多妻制で、徹底して男性上位なのである。誰も女の話に耳を傾けている所など人に見られたくはない。

男尊女卑？　もちろんそうだが、奥地はそうなのだから仕方ない。結局フランソワーズとしては、技量と器量にものを言わせて説得に当たる必要があった。最後にはアマコシも折れてきて、実はそんなに心配もしていないのだということになった。

こうして地元有力者たちの同意を得た私たちは七十人の応募者を合格とし、作業が立ち上がるまでの時間は記録的に短かった。ズールー人の作業員たちは古い戦《いくさ》の歌を歌いながら仕事にかかり、ありえないような期限ではあったが、柵が徐々に出来始めると、私も少し呼吸が楽になった気がした。

しかし、ようやく軌道に乗り始めたと思った矢先、壁にぶち当たってしまった。

デヴィッドが事務所に飛び込んで来た。「まずいよ。西の境目の作業員たちがストを始めた。銃で狙われたと言っている。みんな怖くて仕事ができないと言うんだ」

私は何のことだか飲み込めずに彼を見つめていた。「どういうことなんだ？　作業員たちに発砲だなんて、一体誰がそんなことをする？」

デヴィッドが肩をすぼめて言った。「知りませんよ。ひょっとすると彼らは何か他のことを言おうとしているのかもしれない。賃上げ要求のストのつもりかも……」

それはどうかと思った。なにしろ賃金はすでにちゃんとした額を払っていたからである。ストの原因はムーティ、すなわち呪術の可能性が高い。

ズールーランドの田園部では超自然の崇拝は空気のようにごく当たり前のことであり、呪術が絶対的な力を持っていた。サンゴーマ（呪術医）に善玉と悪玉があるように、呪術にも良いことをしてくれるものと、悪さをするものとがある。悪い呪術《ムーティ》に対抗するためには、善玉の呪術医《サンゴーマ》にもっと強いまじないを掛けてもらわなくてはならない。サンゴーマはもちろん料金を取るが、それを目当てに、呪いがあるなどという話をでっちあげたりもする。今回の出来事もその可能性があった。

「どうしましょう？」

「真相を探ってみよう。でも、できることは限られている。怖くて仕事ができないという連中にはやめてもらって、代わりを探そう。工事をやめるわけにはいかないからね」

警備員には、残った作業員たちの安全のために待機するよう指示を出した。

翌朝、デヴィッドがまたも事務所に飛び込んできた。

「大変なことになった」息を切らしながらデヴィッドが言った。「また発砲だよ。そして作業員が一人倒れている」私は三〇三口径のリー・エンフィールド小銃を摑むと二人で車に飛び乗り、現場まで急いだ。作業員の大半は木陰に身をひそめ、二人が負傷者を介抱していた。顔に散弾を浴びていた。

傷が命に別状のないものであることを確認すると、私たちは低木林の捜索を始め、足跡を突き止めた。足跡というよりアフリカでは「臭跡」という言い方をするのだけれども。それは、私たちが最初恐れたような集団ではなく、一人の男の発砲だったことを示していた。私はベキと警備班長のヌグウェンヤを呼び寄せた。ヌグウェンヤとはズールー語でワニという意味である。ズールー人の動物監視員の中でいちばん優秀でタフな二人だった。ベキほど芯の強い男を私は他に知らない。細身で、静かな眼差しをして、とびぬけて無邪気な顔をしている。ヌグウェンヤのほうはずんぐりとして筋肉質、身辺に静かな威光のようなものを漂わせ、その影響力は他の監視員たちにも及んでいた。

「二人で銃の男の跡を追ってくれ。デヴィッドと私はここで作業員を守る」

二人は頷くといばらの草原を少しずつ進み、とうとう発砲した男の居場所を突き止めた。ゆっくりと後ずさりするとその場に身をひそめ、ひたすら時を待った。

やがて、陽光が金属に反射して一瞬きらりと光るのがヌグウェンヤの目に入った。銃を持った男の位置を指差しながら、ベキに合図をする。背の高い草の生い茂った原っぱに身を屈めて、二人はまず警告の数発をぶっ放した。男はあわてて蟻塚の陰に身を隠し、散弾銃を二発撃つと、深い茂みの中に消えて行った。

しかし、二人の動物監視員は男の顔に見覚えがあった。驚いたことに、男は二人の知り合いだった。数キロ先の別の村にいる「猟師」なのである。

私たちは負傷した作業員を病院に運び、警察を呼んだ。監視員らが散弾銃の男の身元を告げると、警察はその男の草葺き小屋を捜索し、ガタの来た散弾銃を押収した。あきれたことに男は「自分はプロの密猟師だ」と言って、まったく悪びれる所がなかった。そして、電線で柵を建てられた日には自分は生活がやっていけないと、私たちに難癖をつけるのだった。もはや自分は易々とトゥラ・トゥラに入り込めないのだからと。人に危害を加えるつもりはなかった、ただ脅かして、柵作りをやめさせたかっただけだと供述した。当然と言うべきか、これで警察の心証も良くはならなかった。

警察にお願いして散弾銃を見せてもらった。二連式十二口径で、持ち主同様、年季の入ったものだった。銃床は絶縁テープでぐるぐる巻きにされており、藪で作った無数の引っ掻き傷ですり減っていた。銃身は錆びて、へこみが出来ていた。この人物が、私たちの大迷惑している密猟問題の張本人であろうはずはなかった。

では誰の仕業なのだろう?

いずれにせよこの一件が落着すると、柵の建設は夜明けから夕暮れまで一週間無休で続いた。骨の折れる作業が、気温摂氏四十三度の中、汗をかきかき、泥にまみれて続けられた。しかし、骨を折りつつも一キロまた一キロと、電気を流す柵が形を成し始め、北に延び、やがて東に切れ込み、作業員らの熟練度が増すにつれ、工事のペースも上がっていった。

ゾウの囲い作りも同様に大変な作業だった。ただし規模は遥かに小さくて済んだ。原生低木林から九十平方メートルの区画を選り分け、コンクリートの土台に長さ二・七メートルの頑丈なユーカリの支柱を埋めてセメントで固め、それを十一メートル置きに立てていった。そこに強化金網を張り、太さが男の親指ほどはあろうかというケーブルを三重にして巻き付け、端を四輪駆動車のバンパーにつないでエンジンを吹かし、弛みをピンと伸ばしていった。

しかし、いくら太いケーブルを巻いても、思い詰めたゾウを囲いや柵で押しとどめられるものではない。だから、決め手は「電線《ホットワイヤー》」だった。電気を通す工程はウソのように簡単だった。要するに四本の電線を囲いの内側に張るように金具で柱につなぎ、車のバッテリーを電源とする二個の発電機で電気を供給するだけである。

取り付けは簡単でも、それに触れると八千ボルトの電気ショックに見舞われることになる。大変なショックのようだが、そして確かに大変なショックなのだが、アンペア値が非常に低いので、生き物を殺すことにはならない。とは言え、激痛が走るはずだ。皮の厚さが二センチを超えるゾウですらそうだ。私は工事の最中、何度か誤って電線に触れた経験から、請け合うことができる。話がはずんで身振り手振りを交えているうちに、うっかり触ってしまったこともある。作業員たちはそんな私の様子を見て、腹を抱えて笑うのだが、とつぜん電気の衝撃に襲われることほど、気持ちの悪いものはない。全身が激しく震え、すぐに体から電流を逃さない限り、その場にへたり込んでしまう。唯一の救いは、回復が早く、笑って済まされるということである。

柵ができると、後は柵の近くの木を切り倒すだけだった。ゾウが柵にぶつけそうな木を切るのだ。木をぶつけて電線を切断するのが、ゾウの得意技であった。

あっと言う間に期限の日がやって来た。もちろん私たちの工事は完成にはほど遠かった。作業員を増やし、ゾウの囲いの部分ではほぼ二十四時間態勢で、夜も車の明かりを頼りに働き続けたにもかかわらずである。

ほどなく電話がジャンジャン鳴り始めた。ムプマランガ保護区の関係者らが私たちの様子を知りたくて掛けてくるのだ。

「すべて順調です」と私ははしゃぐように、真っ赤なウソで応対した。私たちが期限に到底間に合いそうもない状態であることや、作業員に対する発砲事件があったことなどを知られたら、ゾウを譲り受ける話は立ち消えになってしまっただろう。日によってはフランソワーズを電話に出して、相手方をなだめてもらった。彼女のフランス語っぽい抑揚で煙に巻くのである。

そしてある日のこと、私の恐れていた電話が掛かってきた。

ゾウたちがまた柵から出て、今度は保護区の宿泊施設三棟を壊したというのだ。すぐにもゾウたちを引き取ってくれなければ、「ある決断」をせざるを得ないという。

フランソワーズが電話を受け、祈るような気持ちでこう言った。後はクワズールー・ナタール州野生生物局（KZN）にゾウの登録を認可してもらうだけです、それですべてこちらの問題は片付きます、と。

なぜかゾウのオーナーたちはこの言葉を信じて、期限の延長に同意してくれた。でもあと数日だけだと念を押された。間に合わなければやはり「ある決断」だぞ、と。

また怖いことを言う。

へとへとに疲れた作業員たちが柵に最後の釘を打ち付けているところに、ムプマランガ保護区の責任者が電話を掛けてきた。もう待てない、そちらの準備ができていようがいまいが、ゾウを出発させるというのである。そうやって電話で話しているうちにも、ゾウたちは車に載せられ、トゥラ・トゥラには十八時間足らずで到着する、ということになった。

私は公園委員会のあるクワズールー・ナタール州野生生物局に急いで電話をし、とにかくゾウたちがすでにこちらに向かっているのだからというところを強調して、ゾウの囲いの視察にすぐにも来てほしいとお願いした。幸い委員会ではすぐに対応できて、査察官が二時間内にトゥラ・トゥラに来ることになった。

デヴィッドと私は、すべて完璧な仕上がりにと、最後の見回りに急いで出かけた。ゾウに倒されそうな木が柵から十分遠いことは再確認できたが、ふと、何か変だぞ、と思った。何かおかしい。

そしてそれが何だか分かった。くそーっ！　電線こそ内側に固定してあるが、柵そのものは頑丈なケーブルも含め、柱の外側に取り付けてある。これは致命的なミスだった。ゾウが電流をものかは、ワイヤーに寄りかかったら、柵は紙か何かのように簡単に破れてしまうだろう。だから、柱はせいぜい内側から柵を支えているだけであった。査察官がこれを見たら、たちまち不備を指摘するだろう。そうなればトラックは送り返され、ゾウたちは確実に殺されるはずだ。

私は絶望的な気持ちになって拳を握りしめた。どうしてこんな基本的なミスを犯してしまったのだろう？　この期に及んではすべて後の祭りだ。草原の上空に埃が舞い上がるのが見える。査察官の到着だ。何事もないそぶりを見せて、なんとかごまかし通すしかないと思った。しかし内心私は絶望していた。このプロジェクトは日の目を見ることなく、お蔵入りだろう。

査察官が低木林で使い込んだトヨタのランドクルーザーから飛び降りると、私は、突然の連絡で済まなかった、来てもらって助かると、しきりに礼を言った。なにしろゾウがこちらに向かっているというものだから、と差し迫っているところを強調し、なんとかこちらのペースに持ち込めないものかと頑張ってもみた。

査察官はきちんとした男で、自分の仕事をちゃんとわきまえていた。タンボーティの大木が筋肉のように盛り上がってこぶを作っていて、それが柵の近くに立っているのを確認している。タンボーティは、切れ味のものすごく鋭いチェーンソーでも歯が立たないほど、とても堅い木で、査察官はたとえゾウでもこれほどの「筋肉隆々」としたものは折れないだろうと口を歪めて言った。これなら大丈夫だという見立てだった。

次は柵の点検だ。私は喉がカラカラになった。ワイヤーが反対側に付いていることを気付かれるに違いない。

ところが神様はこの日私たちの味方だった。胃がキリキリしていた私はとにかくほっとした。私たちも最初そうだったが、査察官も、このあからさまなミスを見過ごしたのである。ゾウの囲いは合格ということになった。大切な認可をもらったからには、あとは人手を動員して、とにかく柵をきちんと設置し直すまでだ。

ムプマランガからトゥラ・トゥラまでの百キロの道のりは、一日がかりだ。タイヤが全部で十八個のトレーラーにゾウの群れを載せ、何度も休憩をとってエサや水を与えながらの移動である。ゾウの扱いに関してはアフリカでもトップクラスの獣医、コバス・ラートが同行しているので、移動そのものは心配ではなかった。

そこへフランソワーズから知らせが来た。捕獲の際に群れのリーダー格のメスが、仔ゾウともども撃ち殺されたというのだ。「厄介者」のゾウであり、トゥラ・トゥラでも逃走劇の先頭に立つに違いないというのが、処分の理由だという。それを知らされたのは、群れが出発したあとの電話連絡によってであった。私は脾臓《ひぞう》に一撃をくらったかのような衝撃を受けた。それこそまさにトゥラ・トゥラで私たちが避けようと思っていたことだった。メスのリーダーを殺すという決断の理屈は理解できる。しかし、殺すかどうかの決断は私に任されるべきものだと思った。ゾウは大きくて危険だから、問題を起こして宿泊施設や観光客に危害を及ぼす可能性があるのなら、その場で銃殺されても無理からぬことかもしれない。しかし、私はこの群れを新しい住み処に定住させる自信があった。だから、「脱獄の名人」というメスのリーダーも仔ゾウと一緒に引き取る覚悟だったし、やっていけると思っていた。とはいえ、ゾウが殺されたことで、群れの残りを救おうという私の決意はいっそう固まったのであった。

近くに住むズールー人たちの格言に、何かの事始めのときに降る雨は幸運をもたらす、というのがある。大地とともに生きる人たちにとっては、雨こそ命である。しかしその日は雨などというような生易しいものではなかった。それこそバケツをひっくりかえしたような大雨であった。機嫌のすぐれない空から、怒濤のように雨が降り注いだ。幸運をもたらすというズールー人たちの話は果たして本当なのだろうかと思ったほどだ。連結トレーラーがトゥラ・トゥラにたどり着いたときにはすでに夜の帳がおりていて、水をかぶった車の通り道はぬかるみと化していた。

保護区の門が開いたと思ったら、今度はタイヤがパンクした。強化ゴムの破裂するその音は、まるでライフルでもぶっ放したかのように大きく響いた。リーダーが銃殺されるのを目にしたばかりのゾウたちは、これでパニックになった。トレーラーの中で、巨大な太鼓か何かを打ち鳴らすかのようにドタバタと騒ぎ始めた。その間、スタッフが懸命に車輪の交換に当たる。

「まるでジュラシック・パークね」フランソワーズが叫んだ。みんな笑ったが、必ずしも楽しんでいるわけではなかった。

フランソワーズと私の初めての出会いはもう何年も前のロンドンのカンバーランド・ホテルである。摂氏氷点下十七度の寒い日で、私は人に会うため急いでアールズ・コートに行く必要があった。ホテルの前のタクシー乗り場には長い人の列が出来ている。私が急いでいるのが分かったドアマンが、相乗りでも構わない人がいないか探してみると言った。一番前にいるとても素敵な女性の行き先が、たまたまアールズ・コートだという。ドアマンは相乗りでも構わないかと彼女に聞きながら、私のほうを指差した。女性はどんな相手か見極めようとしたのだろう、少し前のめりになって私を見て、首を横に振った。これほど強烈な「ノー」の仕草も珍しい。

これが人生だ、仕方ない、と私は思ったが、タクシーをこのまま待つよりはと、地下鉄を目指すことにした。ところが驚いたことに、私のすぐあとにあの女性がついてくるではないか。地下鉄の奇跡だった。

「エロー！」とH《エイチ》を発音しない強いフランスなまりで女性は話し始めた。「私、フランソワーズよ」タクシーの相乗りを断って悪い気がするので、罪滅ぼしにどの電車に乗ったらいいか教えてあげると言う。実は、ごくごく控えめな言い方をしても、私はその場で、激しく落雷に打たれたような一目惚れだった。

彼女はロンドンのことをよく知っており、私にジャズに興味はないかと聞いてきた。私は、ジャズに興味はなかったのだが、興味ありませんと正直に答えるほど馬鹿でもなかった。気がつくと、ジャズはこよなく愛しています、と答えていた。彼女が「どんなミュージシャンが好き？」などとその裏付けを詮索してこなかったことを、私は天に感謝した。そればかりか、ジャズを愛する者同士ということで、今夜ロニー・スコットのジャズ・クラブに行かないかと私を誘うのだ。私はあれこれ思いめぐらすこと十億分の一秒のそのまた何分の一かで、「はい」と答えていた。語気に何か必要以上に力が込もっていた。

自分はなぜ今までジャズの魅力に惹かれなかったのだろうと不思議に思いながらも、その夜はもっぱらアフリカの魔力を彼女に語った。イギリスの真冬には悪くない話題だ。アフリカって太陽がいっぱいなの？　と彼女が聞く。冗談でしょ、太陽がいっぱいなんてもんじゃないよ、太陽ってアフリカのためにあるような言葉だよ。

あれから十二年の私たちは、骨の髄まで低木林の雨にひたり、泥まみれのトレーラーの巨大な車輪と格闘中だった。トレーラーはゾウを満載している。最初のデートのときアフリカの魅力を嫌というほど語りまくった私だが、こんな目にあう可能性にも言及していたかどうか、記憶は定かでない。

スペアの車輪をようやく取り付けたかと思った矢先、誰も驚きはしなかったが、トレーラーを引っ張るトラックが数メートル滑ってぬかるみの中に沈んで行った。車輪は空しく空回りし、泥を辺り一面にまき散らしている。いくらなだめても、毒ついても、蹴っても、枝木を下に敷いても、何の効き目もなかった。おまけに、ゾウたちがどんどん興奮していく。

「早いこと何とかしないと、もうここでゾウを出してやるしかないぞ」コバスが言った。不安で額に深い皺が刻まれている。「ゾウはもうこれ以上トレーラーには乗っていられない。保護区の外柵から出ないことをひたすら祈るしかないな」

これだけピリピリしているゾウたちだ。それが無理な相談であることは彼にも私にも分かっていた。ゾウが逃げたら銃で撃ち殺すしかないことも。

幸いなことに、いろいろと指図されるばかりで嫌気がさしたか、運転手が勝手に動き始めた。何の断りもなしにいきなりギアをバックに入れると、巨大なトレーラーを泥沼と化した轍から引き上げ、草地にずらすことに成功。こちらのほうがまだ少しは滑りにくい。タイヤをボロボロにされかねないいばらの林は避け、大きなシロアリの塚を過ぎて、なんとかそのまま勢いを付け、とうとうゾウの囲いの所にたどり着いた。

まるで、スーパーボウルでタッチダウンに成功したかのような歓声が上がった。

ゾウたちをなだめて、なんとかトレーラーから降りてもらうのが次の難題だった。とにかく大きい。ゾウは地球で唯一、飛び跳ねることのできない動物である。だから飛び降りることもできない。そこで私たちはトレーラーが後ろ向きに入れるように塹壕《ざんごう》を掘り、トレーラーの床が地面と同じ高さになるようにしていた。

ところが今やその塹壕は、雨水と泥水がぶくぶくと茶色いあぶくを浮かべて煮汁のようになっている。そこへ車を入れたら最後、抜け出せなくなる恐れがある。泥は氷にも似て、捕まえたら放さない。

しかし載せているゾウたちが動揺しているとなれば、そのリスクは冒さざるを得ない。

そしていよいよ大変なことになった！　トラックが身動きとれなくなったからではない。塹壕が深すぎて、トレーラーのスライド式のドアが土に食い込み、動かなくなってしまったのである。さらに悪いことに、時刻は朝の二時、外は黒曜石さながらに真っ暗、依然として雨は打ち寄せる大波のようなどしゃ降りが続いていた。私は保護区にいたスタッフの全員に緊急警報を送って叩き起こし、シャベルを手にみんなで泥の周りに溝を掘って、ドアが開くようにした。スタッフが怒って暴動を起こすようなことにならなかったのが、不思議なくらいだった。

そしてとうとうその時がやってきた。私たちは後ずさりをして、離れたところからそれを見守った。ゾウたちが新しい住み処に放たれる瞬間である。

ところが、それまでの非常に緊張した数時間がやっと終わったと思ったら、コバスが、まずはゾウに軽い鎮静剤を打つと言い始めた。竿のような注射針を使うのである。彼はトレーラーの屋根に登った。そこには換気用の大きな隙間がある。デヴィッドも飛び乗って彼を助けた。

デヴィッドが屋根に上がると、ゾウの鼻が板を突き抜けて毒蛇マンバのような速さで鞭のようにしなりながら彼の踵を襲った。デヴィッドはとっさによけて、間一髪、当たらずに済んだ。もし当たっていたら、中に引き込まれて、彼は惨たらしい死を遂げていたことだろう。あっと言う間の出来事だったはずだ。コバスによると、前に実際そういう話を聞いたことがあるという。怒ったゾウ七頭が人間一人を狭いスペースに引き込めば、ハンバーガー用のひき肉みたいにされることは間違いない。

ありがたいことに、それから先はスムースに事が運んだ。注射を打ち、ゾウたちが落ち着き、ドアが開いて、新しいリーダーのメスが現れる。ヘッドライトでゾウの大きな影が後ろの木にできた。メスのゾウは、何かを試すかのようにトゥラ・トゥラの地に足を踏みおろした。この地方を野生のゾウが歩くのは、ほぼ一世紀ぶりのことである。

あとに六頭が続いた。新しいリーダーの子どもであるオスの赤ん坊、三頭のメスうち一頭は大人、十三歳のオス。そして最後に出て来たのが十五歳で三・五トンのオス、前のリーダーの息子である。このオスは数メートル歩くと、意識はもうろうとしているのに、後ろに人間がいることに気付いた。頭をくるりと回転させて私たちを睨みつけ、耳をひらひらさせると、トランペットの高音のような怒りの声を上げて向かって来たが、私たちの真ん前の柵にぶつかる一歩手前で止まった。この少年ゾウですら、自分は群れを守らなくてはならないのだと本能的に分かっているのである。

私は笑みを浮かべて、ただただ感嘆した。母親と妹は、目の前で撃ち殺されていた。彼は捕獲され、狭いトレーラーの中に十八時間閉じ込められていた。その十代の少年が、一族を守ろうとしているのである。デヴィッドはさっそくこのゾウを「ノムザーン」と呼ぶことにした。ズールー語で「サー（殿下）」という意味である。

新しいメスのリーダーは「ナナ」と命名した。我がアンソニー家の孫たちが、私の母レジーナ・アンソニーを呼ぶときに使う名前である。母も確かに家母長格の女性ではある。

序列から言って二番目となるメスが、いちばん威勢のいい、負けず嫌いの「フランキー」である。フランソワーズにちなむのだが、理由は明白だ。他のゾウも折にふれ名前が付けられていく。

ナナは群れを集めると柵に近づき鼻を伸ばして電線に触れた。八千ボルトの衝撃で彼女の巨体がおののく。ワオ！　あわてて後ずさり。それからは一族を従えて、ゾウの囲いの全域をゆっくりと探索して行った。電線の下のぎりぎりの近くまで鼻を丸め、電流の脈拍でも計っているような感じだが、群れの前のリーダーだったお姉さんがよくやっていたのを彼女も見ていたはずである。いちばん電流の弱い個所を探そうとしているのである。

私はほとんど息をこらしてじっと見守っていた。ナナは調査を終えると水のありかを感じ取ったらしく、仲間を連れて水を飲みに行った。

電気を流す囲いで大切なのは、生き物を中に入れておく期間をきちんと調節することである。短すぎると、柵の高電圧の怖さをまだ覚えないうちに出て行くことになるし、長すぎると、激しい電気の衝撃も数秒間だけ耐えれば大丈夫であり、前のリーダーがしていたように、少し我慢したあと線を切断すればいいということを覚えてしまう。そうなるともう二度と電気を怖がらなくなる。

残念なことに誰もその「完璧な期間」を知らない。大人しいゾウは数日でいいという説から、もっと粗暴なゾウは三ヶ月だという説まで、様々である。私のゾウたちは大人しいとはとても言えない部類だが、どのくらい入れておくべきかはよく分からない。いずれにせよ、専門家たちが教えてくれたところでは、囲いに入れている間は、人間との接触は避けるべきとのことだった。だから、一旦門を閉じると、みんなにゾウの囲いには近づかないように指示した。ただ二人の動物監視員にだけは、遠くから見張りを続けてもらうことにした。

その場を離れようとした私は、ゾウたちが囲いの角のところに集まっているのに気付いた。真北を向いている。まさに前の住み処の方角だ。体内の磁石で分かったかのようであった。

何か不吉な予感がした。

しかし、ずぶぬれで、震えるほど寒い。私の体内磁石は暖かいベッドのほうにしっかりと針を向けていた。私は何かが起きそうな虫の知らせを感じながらも、その場を後にした。

第4章　脱走

頭の中で太鼓を打ち鳴らすような響きがこだました。一体どこから響いて来る音なのだろうと、私はぼんやりとした意識の中で考えていた。

何やらチラチラして、目が覚めた。夢ではなかったのだ。太鼓のように感じたのは、ドアを叩く音だった。ラッタッタ。ラッタッタッタ。

続いて叫び声が聞こえてきた。ヌドンガだ。「ゾウが逃げたよ！　囲いを壊して逃げた！　もういないよ！」

私はベッドから飛び降り、ズボンに足を突っ込むと、ポゴ・ダンスを片足で踊るようによろめいた。フランソワーズも目を覚まし、騒ぎに驚いて眼をまん丸にし、ナイトガウンを羽織った。

「今、行く。待ってろ！」私はそう叫ぶと、寝室のオランダ・ドア（二段ドア）の上半分を開けた。その先はファームハウスの緑豊かな中庭である。

興奮したヌドンガが、夜明け前の寒空に震えながら立っていた。

「大きいのが二頭、木を揺すり始めたんだ」彼が言った。「二頭で共同作戦だよ。木を揺すって、倒して、柵にぶつけたんだ。電線はショートし、ゾウたちはそのまま柵を壊して出て行ったよ。あっさりとね」

不安が私のはらわたにしみ込んできた。「倒したって、どの木を？」

「タンボーティだよ。野生生物局の査察官が、これならゾウも倒せないだろうと言ったやつ」

私は状況を飲み込むのにしばらく時間が必要であった。あの木なら重さ数トン、高さ九メートルはあっただろう。なのにナナとフランキーは、二頭で力を合わせれば倒せると踏んだのか。驚きはしたが、一瞬、誇りのようなものも感じた。中々やるじゃないか。

私の朝のまどろみの、その最後の痕跡が、水蒸気のように消え失せた。急いで手を打たねばならない。天才でなくても、私たちが大変な危機に直面してしまったことは理解できる。ゾウたちはもう保護区の外周の柵に向かっているはずだ。この最後の柵を突破すれば、トゥラ・トゥラの外に出てしまい、農場がそここに広がっている。野生のゾウの群れが人の住む地域を逃げ回るという状況は、動物監視員の観点から言うと、チェルノブイリ事故に匹敵する大惨事であった。

私はいつまでも激しく悪態を吐き続けた。それをやめたのは、フランソワーズの「だめよ」と言いたげな視線を感じたからである。電線を張り巡らして作ったゾウの囲いは、脱出不可能と思っていた。専門家もそう言ったし、彼らの言うことが間違いだなんて、夢にも思わなかった。

デヴィッドの寝室は芝生を挟んで反対側にあり、私はそこまで駆け寄るとこう言った。

「さあ、みんな起きろ。ゾウが逃げたぞ。捜さないといけない。急ぐんだ！」

私はものの数分で捜索隊を立ち上げると、ゾウの囲いのところにみんなで集まって、被害のすごさに驚いた。タンボーティの巨木は無残な姿だった。倒された木は、薄っぺらい樹皮一枚で、引き裂けた根っこに辛うじてつながり、毒を含んだ樹液がにじみ出ていた。柵はまるでエイブラムズ型戦車の一個師団が突き抜けて行った後かと思えるような有様だった。

打ち砕かれた巨木の横に立ち尽くしていたのが、オヴァンボ族の警備員だ。彼はゾウの脱走劇を目撃していて、ゾウが姿をくらました方角を私たちに指し示してくれた。

私たちはほとんど駆け足でゾウの足跡を追い、保護区の境目までやってきた。手遅れだった。そこの外柵も倒れていて、ゾウたちは保護区の外に出てしまった後だった。

私が最も恐れていた事態になってしまった。それにしても、八千ボルトの電気を流した柵をなぜこんなにも簡単に突き破れたのだろう？

やがてその訳が分かった。足跡から判断して、ゾウたちは高さ二メートル半の柵に出くわすと、しばらくその辺りを歩き回ったあと後退し、電流の供給源である発電機を目ざとく発見したに違いない。一キロ近くも離れた茂みに隠されていたこの得体の知れない機械が電源だと、どうして分かったのか、不思議ではあった。しかしとにかくそのことを突き止めたらしく、まるでブリキ缶をつぶすようにいとも簡単にそれを壊すと、保護区外周の柵の所に戻った。もう電流は流れていない。あとはコンクリートで固めた支柱に体当たりし、まるでマッチ棒か何かのように倒したのであった。

足跡は北に向かっていた。おそらく百キロ先のムプマランガの住み処を目指しているのだろう。彼らの知る唯一の住み処だ。しかしそこはもう彼らを受け入れてはくれない場所だった。たとえたどり着いても、銃で殺されることになるだろう。私たちの動物監視員や追跡要員が先に見つけなければの話である。

暁が東の空を満たす頃、数キロ先で自動車に乗った男性が、自分のほうにノコノコと近づいて来るゾウの群れに気付いた。最初は幻影か何かかと思った。ゾウ？　ここいらにゾウなんていないはずだが……。

一キロ近く行くと、今度はぺちゃんこになった柵を見つけた。そしてこの二つの現象を結び合わせて、彼は思い当たった。彼には幸い電話で通報するだけの心の余裕があった。私たちに貴重な最新情報を伝えてくれたのである。

追跡劇が始まった。私は四輪駆動車のギアを入れ、後部に追跡チームが飛び乗った。保護区の外に出て間もなく、ぎょっとした。カーキ色の迷彩服を着た男たちが道路脇に大口径のライフルを手にたむろしている。彼らのまるで自警団かなにかのような興奮状態が、私にも伝わって来た。血に飢えた臭いがする。

私は車を停め、外に出た。後に追跡スタッフやデヴィッドも続いた。

「何事だい?」

こう聞いた私を、一人が見据えた。目が期待感でギラギラ輝いている。ライフルを持ち替え、銃床を愛撫するようになでた。

「ゾウを追いかけてるんだよ」

「そうかい。どんなゾウを?」

「トゥラから逃げて来た奴らさ。人が殺される前に、ゾウを殺すんだよ。もう撃ってもいい代物だしな」

私はしばらく男を睨んでいた。いよいよ面倒なことになっていくこの状況をなんとか自分でも受け止めようとしながらも、私は静かな怒りを感じ始めていた。

「あのゾウはみんな私のものだ」私は二歩にじり寄りながら語気を強めた。「ゾウの近くで発砲してみろ、次は俺が相手になってやる。そしてその次は、裁判だからな」

そこまで言うと深呼吸した。

「狩猟許可証を見せてくれないか」私はこう要求した。夜明け前にそんなものが手に入るわけがないことは、百も承知だった。

私を睨み返した男は、むき出しの敵意で顔がみるみる赤くなっていく。

「逃げたゾウだろ。撃ち殺しても法律には触れないさ。あんたにいちいち断る必要なんか、ないんだよ」

デヴィッドが私の横に立っていたが、両手の拳を握りしめている。彼の怒りを私も感じた。「いいかい、デヴィッド」私は大声で言った。「この連中を見てくれよ。錯乱状態のゾウたちが逃げて大変なことになっているというのに、銃を持っていないのは私らだけだ。ゾウを殺したくないと思っているのは私らだけなんだ。お互い何を大切にしたいかの違いだよな」

怒りではらわたが煮えくり返りそうな私は、スタッフを車に乗せるとエンジンをふかし、銃を手に怖い顔をして私たちを睨み続ける男たちに土埃を見舞ってやると、道を急いだ。

とげとげしい出会いに私はかなり動揺していた。法律的には町の荒くれ者たちの言い分のほうが正しかった。ゾウたちはもはや撃ち殺されても仕方がない、禁猟の解けた存在だった。ゾウが逃げて、私たちからさっそく通報を受けていたクワズールー・ナタール州野生生物局が、スタッフにライフルを配っているのも、無線を傍受して分かった。ゾウは見つけ次第その場で殺すことも彼らが考え始めていることは、言われなくても分かっていた。彼らがいちばんに考えているのは地元住民らの安全であり、それも無理からぬことであった。

私たちにとっては、もう時間との戦い以外の何ものでもなかった。ゾウは、銃を持った誰かに発見される前に、私たちで発見するしかなかった。事態はもうそこまでになっていた。

さらに一キロ半ほど行くと、ゾウの足跡が低木林のほうに曲がっていた。通報してきた男性が言っていたとおりだ。トゥラ・トゥラは両側を広大なアカシア林とウガゴネ低木林に囲まれている。ウガゴネの木は成長が速く、トゲの生えたその枝は複雑に絡まり合い、ムチさながらにしなやかで厄介であった。見た目は美しく野趣に富むものの、もつれにもつれたその意地悪な藪は、近づくと痛い目にあう。もちろん、たちの悪い鋭いトゲも、ゾウの厚い皮には引っかき傷ひとつ作らないかもしれないが、私たちのように肌の柔らかい生き物となると、その茂みを行くのは、釣り針で作った迷路を駆け抜けるようなものである。

そんな森が北側には見渡す限り広がっている。ほぼ侵入不可能なそんな大自然の中で、ゾウたちを見つけることができるのだろうか?

細目がちに見上げると、金色にギラリと輝くまぶしい空だ。今日が灼熱の一日になりそうなのが分かったが、おかげでどうしたらいいか答えも見つかった。空から援軍をあおぐのだ。銃を持った男たちの先を越すためには、空からヘリコプターでゾウを追跡すればいい。しかしそれには数千ドルの出費を覚悟しなくてはならないし、成功する保証もない。しかも民間の操縦士なら、このような厳しい地形の場所に身をひそめるゾウの捜索など、どうしたらいいのかまったく分かっていないのが普通である。

しかし私は空から追跡のできる男を一人知っていた。しかも彼とは幸いにも家族ぐるみの付き合いがあった。ピーター・ベル。国際的な大型車両メーカーのベル・エクイップメント社で技術を担当している天才的な男である。そして、動物の捕獲を専門とするヘリコプターの操縦士でもあり、緊急のときいてくれると実に心強い味方だった。私はトゥラ・トゥラへ急いで戻ると、彼に電話した。

ピーターにはいかに大変な事態かと、くどくど説明する必要はなかった。二つ返事で協力に応じてくれた。彼がヘリコプターの準備をする間、私たちは徒歩で追跡を続けた。しかしアカシアの密林に足を踏み入れたとたん、オヴァンボ族の監視員・警備員たちが、私たちにはこちこちに固まった土のようにしか見えないものを見据えて、首を横に振っている。しばらく言葉を交わしたが、要するに彼らが言うには、ゾウは戻っているというのだ。

オヴァンボ族の男たちはゾウの前の所有者たちから高い評価を得ており、私はゾウと一緒に彼らも譲り受けていた。今ではズールーランドにも何千人というオヴァンボ族の人々がいるが、彼らの中には南アフリカ軍の一員としてアパルトヘイト（人種隔離政策）の時代に実戦経験のある者も少なくない。彼らは大半が警備の仕事に従事しており、勇敢で兵器の扱いに長《た》けているという定評がある。そして、私のズールー人スタッフとはほとんど交わらない。

ヌドンガからは彼のチームが追跡・狩猟の専門家だと聞かされていた。だから私は今回彼らを雇っているのである。

「ほんとにそうかい？」私は追跡チームのリーダーに聞いた。

彼は頷くとトゥラ・トゥラのほうを指差した。「向きを変えたね。ゾウはあっちに向かっている」

それは私が待ち望んでいた知らせでもあった。ゾウたちが自主的に保護区へ戻ってくれまいか、と密かに思っていたのだ。私はにんまりとしてデヴィッドの肩をぽんと叩き、低木林を抜けてトゥラ・トゥラに戻ることにした。

ところが、これほど辛いのは生まれて初めてという二十分ほどの移動を耐えたところで、どうも腑に落ちなくなった。私は汗が滝のように流れていたが、追跡チームのリーダーを呼んだ。

「ゾウはいないじゃないか。足跡がない。フンも、枝を踏み倒したりしたような跡もない。通った痕跡が一切ないよ」

彼はそれでも首を横に振った。まるで子どもを辛抱強く諭すようであった。そして先を指差してこう言う。「あっちにいるんだ」

私の判断のほうが正しいとは思ったが、私たちはそのままもう少し先まで進んだ。そして私はやっぱりここまでにしようと思った。何か変だ。この辺りにゾウがいないのは明らかだった。馬鹿でかい図体をして、ものすごく力持ちのゾウだ。こそこそしても始まらない。足跡ははっきり残してしまうし、フンは山のようになるし、枝木は折れたりへしゃげたりする。ゾウには人間以外に敵はいないのだから、こそこそするのはゾウの性分に合わない。

それに、ゾウたちはどう見ても前の住み処に戻ろうとしていた。どうして突然、方向転換をしなくてはならないのだ？

私はデヴィッドとヌグウェンヤとベキを呼び、オヴァンボ族の男たちに君らは間違っていると告げた。彼らは肩をすくめると、私たちに付いて来るそぶりは見せなかった。しかし私はそのことには構っていられないほど、追跡のことしか考えていなかった。

一時間後、私たちは再びゾウの足跡を見つけた。出来たばかりのもので、まったく逆の方向に向かっていた。なぜオヴァンボ族の男たちはその逆のことを言ったのだろう？　意図的にだろうか？　そんなはずはないが、もし意図的とすれば、厳しい自然の中で突然ゾウの群れと鉢合わせになることが怖かったとしか思えない。これが危険な作業であることは確かである。

事実、数年前、ジンバブエのサファリでは経験豊富なゾウ狩りの男ですら、私たちとまったく同じ状況――つまり低木林の奥深くゾウを追跡している最中に、殺されている。一頭しかいないと思ってオスのゾウを追っていたところ、ふと気付くと実は低木林に散らばったゾウの群れのまっただ中だったのである。後ろに複数のゾウの気配を突然感じたら気を付けるといい。それはつまり、知らずにゾウの群れの前を横切ってしまったということだ。そうなるとゾウの逆襲である。この時も、逆上したゾウたちが、ゾウ狩りの男とその随員たちに向かって来た。ゾウの群れに囲まれては、まったく勝ち目はなかった。彼らは全員むごたらしい死を遂げた。

私たちはピーターと無線で緊密に連絡を取り合っていた。彼は私たちより先の低木林の上空から、しらみつぶしの捜索を続けていた。フンディムヴェロという隣の保護区からやってきた州の野生生物局の監視員は近くの集落を訪れ、ゾウを見た人がいないか有力者らに聞いて回っていた。いないという答えは、朗報だった。私たちがいちばん心配したのは、ゾウが村に紛れ込み、茅葺きの小屋をぺしゃんこにしたり、もっとひどい場合、人を殺したりしないかということだった。

暑さと引っかき傷にやられ、シャツを汗まみれにし、カリカリと神経をとがらせながら、私たちは先を進んだ。私たちがゾウの進路から外れていないことを確認する痕跡がときどき見つかった。私はゾウより少なくとも二時間は遅れていると思った。しかし、誰にも正確なところは分からない。ひょっとすると、すぐ先で待ち伏せをしているかもしれない。ジンバブエの群れもそうやって猟師を待ち受けていた。その恐怖が私たちを去ることはなかった。クーズーやブッシュバックといったレイヨウの仲間たちが隠れ処からいきなり飛び出してきて、枝をバリバリと折るので、私たちは一度ならず腰を抜かしそうになった。しかも飛び出してくるのはほんの数メートル先だったりする。それほど藪は深かった。それは本当に危険と隣り合わせの作業だったし、緊張がいよいよ高まってくるのも分かった。私たちはどんどん苛立たしい気持ちになっていった。

前進は難儀を極めたが、これ以上速くは進めない。一人がいばらを避けて通っても、トゲの付いた枝は跳ね返ってスズメバチのように後の者を襲う。

私が望みをつないでいたのは、ゾウたちが水たまりを見つけて休憩してくれることだった。そうなれば私たちは遅れをとりもどせる。私たちに有利な材料は、ナナが二歳の子どもを連れていることだった。私たちは幼い彼がこの長い追跡劇の間、ずっと群れに付いて行っているそのスタミナに敬意を表して、マンドラと名前を付けた。ズールー語で「力」という意味である。しかし、この子のおかげで群れの速度はかなり遅くなるだろう。それともそれは我々の希望的観測に過ぎないのか。

長くて暑くてひたすら喉の渇くこの一日も、結局何の収穫もないまま終わろうとしていた。太陽は地平線のかなたに沈み、我々は歩みを止めた。夜中にいばらの密林でゾウを捜し回る人間などいない。昼間でも大変な作業だ。夜にそんなことをしたら、自殺行為である。

私はしぶしぶ今日はここまでと捜索の中断を一行に告げた。ピーターも明日また飛ぶと言っている。

私たちはくたくたになり、すっかりしょげ返って帰宅し、家の前の芝生にばたんと倒れた。そこへフランソワーズが出て来て、あとを引き受ける。食事をどうしたらいいか指示を出し、よく冷えたビールを手渡してくれた。

私たちは疲労困憊であった。しかし、美味《おい》しい料理をたらふく食べて、熱いお風呂につかると、奇跡のように元気がよみがえる。一時間後、私はベランダに出て、星空のもと、いろいろ考えた。

スタフォードシャー・ブルテリアの愛犬マックスが後を付いて来た。体重十八キロの筋肉質、この犬種の傑作だ。生まれたてのところを手に入れたのだが、一日で私になついてきて、これまでずっと無条件に尽くしてきてくれた。血統名はボーリンジャー・オブ・アルファ・レイヴァルといったのだが、マックスのほうがぴったりだった。品評会《ドッグショー》に出していればトロフィーを持ち帰っただろうが、一つ肉体的な欠陥があった。睾丸が一個しかないのだ。これは皮肉なことだと思った。人であれ、獣であれ、彼ほど肝っ玉の大きい生き物も珍しいからである。文字通り恐れを知らぬ犬であった。

それでいて、子どもたちにはおもちゃにされ放題だった。耳をひっぱられ、目をつっつかれても、子どもたちをぺろぺろなめ返すのがせいぜいである。

マックスは私の足下に横たわり、しっぽで床をぱたぱたと叩いた。私の心の動揺を感じ取っているかのようだった。そのしめった鼻できっと私を励まそうとしているのだ。

マックスの頭をなでながら私はこの日のことを振り返った。ゾウの群れは何に取り憑かれて電気柵を二つも壊したのか？　オヴァンボの男たちは追跡中、なぜあんなうっかりミスをしてしまったのか？そしてなぜ追跡を途中でやめてしまったのか？

何かおかしい。このジグソーパズルには何かが抜けている。

マックスが低い声で唸るので、私はふと我に返った。見下ろすとマックスはひどく警戒して、頭を持ち上げ、耳も立てて、暗がりを見つめている。

すると優しい声が私を呼んだ。「ムクルー」

ムクルーというのは私のズールー名だ。「おじいさん」という意味なのだが、欧米の言葉で使うときほど狭い意味ではない。ズールー人は年上を敬う。誰かをムクルー（おじいさん）と呼ぶのは、敬ってのことなのである。

見上げると数メートル先にあぐらをかいた人影があった。ベキである。

「サウボナ」私は伝統的な言葉で挨拶した。私はあなたが見える、私はあなたに会う、というのが文字通りの意味だ。

「イェボ（はい）」と彼は頷き、やや間を置いた。次にどうつなげようかと考えているかのようであった。

「ムクルー、不思議なことが起きている。人が問題を起こしている」彼は何か企んでいるかのような口調で言った。

「カンジャネ？（どうして？）」

「ゆうべはゾウの囲いのすぐ近くで銃声がした」私が聞き耳を立てているのを意識して彼は続けた。

「そしてゾウたちが大騒ぎした」

彼は立ち上がると、腕を持ち上げ、ゾウの鼻の真似をした。「ゾウは大暴れ、一頭は撃たれたのかもしれない」

「ハウー！」私はズールー式に驚きの言葉を発した。「でも君はどうしてそんな重大なことを知っているんだ？」

「そこにいたからだよ」彼は答えた。「ゾウが大切なことは分かっているから、ゆうべは囲いから離れずに、ずっと監視していたんだ。私はアマグウェラは信用しない」アマグウェラとは、「外国人」という意味だが、彼はオヴァンボ族の警備員たちのことを言っていた。

「そのあと大きなメスが二頭で力を合わせて木を倒し、柵にぶつけた。大きな力が加わって木は倒れ、柵を壊し、ゾウたちは柵を抜け出して逃げた。私のすぐ近くを通って行ったので怖かったよ」

「ヌゲムペラ？（本当かね？）」

「ヌゲムペラ（本当だ）」

「どうもありがとう」私はこう答えた。「よくやった」

言いたいことが伝わって安心したようで、彼は立ち上がると闇の中に姿をくらました。

私は大きな音が出るほど深く息を吐いた。さあ、これでいろんなことが説明つくぞ、と私の頭が急回転し始めた。ゾウがいることを知らずに密猟者が囲いのすぐ近くで発砲したのなら、確かにゾウたちも驚くだろう。なにしろ前のリーダーとその赤ん坊が撃ち殺されてから四十八時間経つかどうか、という所だったのだから。

しかし、ベキのことは気に入ってはいたが、彼がオヴァンボ族の警備員を疑っているということに関しては、注意してかからないといけないと思った。アフリカでは部族の対立が根深いし、私はズールー人とナミビア人の間に因縁があることも知っていた。地元のスタッフが、今回のゾウの脱走による混乱を利用してオヴァンボ族に濡れ衣を着せ、地元民にもっと仕事が行くようにし向ける可能性もあるのである。

それでもベキはいろいろ参考になることを言ってくれた。


朝日がきらめき始めると、私たちは前の日に捜索を打ち切ったところまで車で戻った。ピーターのヘリコプターが、穴ぼこだらけの細道になんとか着陸できる場所を見つけようとして、タカのように旋回しながら降りて来た。ズールーの子どもたちが近くの村から出て来て、大きな音を立てるヘリコプターの周りに駆け寄り、興奮気味にしゃべっている。

捜索隊はトゲだらけの藪に舞い戻ってゾウの足跡を探し始め、私はピーターの空からの捜索につきあった。離陸して見下ろすと、歴史のしみこんだ、人を惹き付けてやまない、アフリカの大パノラマが、見渡す限り広がっていた。それはアフリカのすべての自然生物の故郷であり、その自然は、かつては豊かだったが今では大半が死滅し、私たちのような活動家が、その流れに何とか歯止めをと、抵抗している。カギは地元の共同体を巻き込んで、野生生物保護とエコ・ツーリズムの利益や恩恵に預からせる点にあった。それは困難で苦しい戦いではあったが、戦うべき、そして勝利すべき戦いであった。アフリカの保護活動が健全であるためには部族間の協力がカギを握っているのであり、私たちはそれを無視して、あやうく墓穴を掘るところだった。ヘリコプターの周りに集まって大はしゃぎのこのような農村部の子どもたち、低木林の地域に住みながらも一度もゾウを見たことがないような子どもたちが、これから私たちと一緒に環境を守る戦士となっていくことが肝心であった。

私たちはヘリコプターでヌセレニ川沿いに北に向かい、槍のような葉っぱを突き立てたヨシの湿原にゾウの足跡はないか走査し、そのくねった根っこが急勾配の土手にニシキヘビのように巻き付いているイチジクの木すれすれに飛んだ。雨が大量に降ったあとだし、草木の繁茂は戦車も隠れるほどだったので、それほど見ることはできなかったのだけれども。

そこへついに知らせが入った。クワズールー・ナタール州の野生生物局からで、ゾウ発見の通報があったという報告だった。ゾウの群れは、前の日の午後、オスの子どもやメスを先頭に水場から離れようとしていたという。

これで、状況がやはり非常に緊迫していることが分かったが、少なくとも場所は特定された。ピーターは追跡チームの近くに私を降ろすと、再び離陸、急降下して進路を変えた。私は待機していた四輪駆動車に飛び乗った。

そこへ再び野生生物局から連絡だ。ゾウは方向を変え、ウムフォロジ動物保護区のほうに向かっているという。それはトゥラ・トゥラから三十キロあまりのところにある、野生生物局にとっては目玉の禁猟区だ。方角を推測で知らせて来たので、それをヘリコプターにもそのまま無線で伝えた。

ピーターがゾウたちを見つけたのは午後になってからで、ウムフォロジ保護区の柵からわずか数キロのところだったが、私たちのいる地点からはかなりの距離だった。ゾウの移動の速度は安定しており、ピーターによれば今を逃せば、もう永久にチャンスはないということだった。今、向きを変えさせなければ、ウムフォロジに入って行ってしまい、一旦そうやって保護区の柵の中に入ってしまえば、戻るように空からし向けるのは無理だというのである。

ヘリコプターで空からゾウを誘導するやり方は一つしかないという。そして、けっこう乱暴なやり方だ。ゾウをめがけて直進し、しつこくそれを繰り返し、くるりと反対向きにさせ、この場合トゥラ・トゥラのほうに向かわせるということである。

ピーターは機体を傾けて降下し始め、バタバタと音をたてながらナナめがけて突進、そのあと再び戻って同じ角度で同じことを何度も繰り返し、ゾウたちの前方に立ちふさがるような飛行を続けた。

これこそまさに胃のきりきり痛む思いがするというやつだ。高度な操縦術、確かな腕、そしてそれ以上にしっかりとした心が要求される。高すぎればゾウたちは下をくぐり抜け、逃げてしまう。低すぎればヘリコプターを木にぶつけてしまう恐れがある。

この段階でゾウたちはかれこれ二十四時間以上の逃避行となっていて、疲れきっていたはずだ。頭上を大きな音をたてながら必死になって襲って来る巨大な鳥からは、嫌々そっぽを向いてもおかしくない。動物の九十九パーセントは——たとえゾウほどの巨大な生き物でも——そうするのがこれまでの常だった。

このゾウたちは向かって来た。

これでもか、これでもかと、ヘリコプターが襲いかかる。ローターがリズミックにバタバタと鳴り響き、木のてっぺんをほとんどかすめるようなところまで降下してくる。それでもナナとその群れは向きを変えなかったのである。ピーターが距離を慎重に計りながら降下するごとに、まるで彼をあざ笑うかのように鼻をねじまげ、向かって来た。ピーターは状況を逐一無線で知らせてきたが、私は、このゾウたちは別格だなと思い始めていた。ひいき目もあったかもしれない。しかしこのゾウたちは特別だ。ただ者ではない……。

しかしついにピーターの見事な操縦によって、ゾウも根負けしてきた。ピーターが少しずつ追いつめると、ゾウたちはとうとう最後にはトゥラ・トゥラの方向を向いていた。そして今度は追い立て始める。空からヘリコプターでゾウを誘導するのだ。その巧みな操縦ぶりは、さながら空飛ぶ牧羊犬であった。

私は息をするのが楽になってきた。これですべてうまく行きそうだとまで思い始めていた。この日トゥラ・トゥラでは作業員たちが、ゾウの囲いの部分でも保護区の外柵のところでも柵の修復に忙しかったが、受け入れ準備オーケーと私に無線で連絡してきた。それでも外柵の一部は一度また壊してからゾウを中に入れなくてはならなかったが、それをどこにするかは、ゾウが着いてみないことには判断がつかないだろう。

何時間も続いた激しい空からの誘導のすえ、とうとう私たちの視界に、低空を行くヘリコプターの姿が入った。成功だ。私は柵の一部を大きく切り開いて、ゾウが保護区の中にすぐ入って行けるようにするよう、修復チームに指示を出した。私は、疲れてよれよれになったメスのリーダーがとにかく中に入ってくれることを祈った。

そしてついに彼女が初めてその姿を現した。大きな音をたてるヘリコプターのすぐ下をゆっくりと歩きながら低木林を進んでいた。私の目に入ったのはその耳の端と背中のふくらみだけであったが、これほど有り難いものを目にしたのは生まれて初めてだった。

やがて群れのすべてのゾウが現れ、道のところまでとぼとぼと進んで行った。さあ柵を開放したところまでいよいよあと十五メートル。というところで、ナナが、鼻で空気を調べ、立ち止まった。

雰囲気が一気に変わる。疲れて従順になっていたかと思ったら、ゾウたちは突然、反抗的な気持ちをみなぎらせていた。ナナは好戦的な響きのけたたましい鳴き声を上げ、群れに典型的な防御の姿勢を取らせた。足を揃え、みんなで外向きに丸く自転車の車輪のスポークのように放射状に並んで、ここはテコでも動かないという、ものすごい決意の表れである。ピーターは相変わらず空からしつこく攻めたてた。最後の短距離走でひょいと保護区に入ってもらおうというつもりなのだが、うまく行かない。

らちが明かないと見るやピーターはその上空を離れ、着陸した。ヘリコプターのエンジンはそのまま止めずに、彼は私に駆け寄った。

「やりたくはないんだが」彼は言った。「こうなると、上から背後に銃を撃って、追い立てるしかないね。拳銃を貸してくれるかい？」

「いや、それはやめよう……」

「ローレンス」ピーターがさえぎった。「ここまでさんざん時間をかけてしまった。それに明日私は来られないんだ。今やるしかない。決断してくれ」

銃を使うのはどうしても嫌だった。すでに十分辛い思いをしたゾウたちにさらに辛い思いをさせることになる。

しかしピーターの言うとおりだった。もう手は尽きていた。私は九ミリ口径のCZ型拳銃をホルスターから外し、弾倉に十三発ちゃんとあることを確かめると、彼に渡した。

ピーターは黙ってそれを受け取ると空へ舞い上がり、ゾウの後ろから、地面めがけて撃ち始めた。パン、パン、パン。銃声が何度も何度も響き渡った。

紙つぶてか何かを使っても同じことだったかもしれない。ゾウたちは微動だにしなかった。最後の抵抗なのだ。もうテコでも動かないと言っている。私には嫌というほどよく分かった。これ以上一歩も譲れないという最後の防衛線なのだ。

夕闇が訪れ、輝き始めた星空のもと、鉄のような意志で依然として一歩も譲らぬ構えのゾウたちの姿が、おぼろげに見て取れた。

私は残念で仕方なかった。もう少しのところでうまくいきそうだったのに……。ピーターは旋回すると、その上空を離れ、無線をくれた。明かりがないと暗くて着陸できないので、拳銃はトゥラ・トゥラに落として帰る、と言うのである。

「迫害者」がいなくなったのに気付いたナナは、骨まで疲れきった仲間をくるりと回転させると、深い茂みの中に消えて行った。

私は悔し紛れのうなり声を上げた。明日またやり直しだ。

第5章 群れを処分？

またしても、朝四時に合わせた目覚ましの鳴るよりも先に目を覚ましてしまった私は、鉄砲玉も浮かぶかと思うほど濃厚なコーヒーをごくりと飲み下すと、さあ何とかしなくては、と思った。すやすや熟睡とはいかぬ一夜だった。

デヴィッドと追跡チームのメンバーが待機し、淡紅色の夜明けが徐々に闇をうがち始めると、私たちは、ゆうベナナとゾウの群れがヘリコプターの前に決然と立ちはだかった場所から、足跡を追った。それはやはり北に伸び、ウムフォロジ動物保護区のほうに向かっていた。私たちは彼らの新しい足跡を追って、トゲだらけの茂みを、可能な限りの速度で突き抜けて行った。

ここまで来ると、相手が非常に興奮して気まぐれな野生のゾウであることは私たちにもはっきりしていたが、彼らが村を駆け抜ける可能性を、私はどうしても頭からぬぐい去ることができなかった。「動物保護のチェルノブイリ」という表現も私の脳裏に刻み込まれていた。私たちは深い藪の中を急いだ。

この日はピーターが加われないので、追跡は縮小版となった。群れと私たちとで、徒歩による単純な追いかけっこである。しかし彼らのほうが十時間先んじているので、私たちにとっては非常に不利な競走であった。

一方、フランソワーズは家で待ちくたびれるのが嫌になり、自分でも独自に探索をすることにした。彼女はゾウたちが昨夜はこの近所にいたのだからと、私たちが飼っているほぼ純白のブルテリアで、マックスより二歳若いペニーを連れて車に飛び乗り、保護区の周りの道を走っては、出会う人ごとに「私のゾウを見ませんでした?」と聞いて回るのだった。

地元のズールー人で英語の分かる人はほとんどいないし、ましてやフランス語なまりの強い、ややこしい英語である。それに、生まれてこのかたゾウにお目にかかったことのある人など、もっと少ない。なのにこんな辺鄙《へんぴ》なところで見知らぬ金髪の美女が、真っ白な犬を連れて、この辺を何か生き物がさまよっていないかと聞いてくる。地元の住民たちは、この外国人は太陽があまりに強烈なので脳が焦げてしまったのだろうと思ったに違いない。

しかしフランソワーズの捜索は地元の通信社が取り上げたおかげでかなり有名になり、記事がパリの町に届いた頃にはいろいろと尾ひれがくっ付いて、彼女はゾウの群れを一人で追いかけ、複数車線のハイウエイを突っ走ったことになっていた。

ゾウの脱走と私たちの追跡の記事は、地元の新聞にも載るようになった。読者は事態の進展を追い続けた。そして、私たちにとっては有り難いことだったが、報道のもっぱらの関心は、ゾウの苦しみと、群れに赤ん坊がいることだった。

この日の朝、私が少しほっとしたのは、ゾウがウムフォロジの保護区に夜のうちに入っていたと州の野生生物局から知らされたことである。ゾウたちは数キロを隔てた二カ所で電気柵を難なく壊していたという。電気が通してあるのは内側からなので、柵を外から突っ切るのは容易であった。保護区の中ならゾウたちは安心だ。少なくとも荒くれ男どもから撃たれる心配はない。

群れは夜の間に二つに分かれていた。一つはナナと二頭の子どもとノムザーン、もう一つはフランキーとその子どものオスとメスの一頭ずつ、である。保護区のずっと中に入ったところでようやくこの二つの集団が合流した。なぜそれができたかは人間の理解を超えている。磁石も無線もなしに暗闇の中をこれほど正確に移動するのは、とてもじゃないが無理な芸当に思える。しかし、この二つの集団は最大で十キロあまり離れつつも、最後は深い茂みの中で一カ所にまとまったのだった。このことを考えれば、ゾウに並外れたコミュニケーション能力があるらしいことが分かる。ゾウは人間の可聴周波数帯よりはるかに低いゴロゴロという音を胃の辺りで発し、数キロ離れた先からもそれを聞き取れることが知られている。ゾウはその大きな耳で、あるいは新しい説によると足で、その振動を感じ取るのだという。しかしいずれにせよ、この驚くべき生き物は、私たち人間よりはるかに優れた感覚を持っているのである。

ゾウの合流地点の近くにあったのが、州の野生生物局が密猟対策班のために使っているロンダヴェル——草葺きで円形のズールー式の小屋である。中の監視員たちはぐっすり眠っていたが、突然、貧弱な造りの建物が地震のように揺れるのを感じた。すると小屋の扉の上半分が急に開いたかと思うと、月明かりに照らされてゾウの鼻がくねりながらニョキッと突き出るのが見えた。監視員の食糧を嗅ぎ付けたのである。それはいくつもの袋に入ったズールー人の主食、トウモロコシであったが、ゾウは自分たちの分け前としてそれを頂くつもりである。そしてそれはもちろん、そっくり全部ということであった。男たちは急いで寝台の下にもぐって身を守り、ゾウは小屋の周りを特大の掃除機か何かのように行きつ戻りつしながら、トウモロコシの袋をドサドサと運びだした。

他の何頭かのゾウも鼻をねじって窓を割ったりした。群れは家具類を蹴散らしながらさらに食糧を探し回る。ある監視員は制服をもぎ取られ、めちゃめちゃになったドア越しにのぞくと、若いオスの影が見えた。ゾウたちは服を地面に踏みつけ、それをさらに空中に飛ばし合って、遊んでいた。

男たちは床に這いつくばりながら、一度ならず銃に手を伸ばした。彼らは動物を守るために命を捧げている。動物を殺すのはいよいよ最後に残された手だ。心理的に動揺し、自分たちの持ち物が目の前でめちゃめちゃにされた彼らであったが、最後の手段に訴えようという誘惑には、かられなかった。巨ゾウたちの大暴れが終わると、監視員たちはさっそく動物保護区の本部に無線を入れた。

夜が明けるとウムフォロジのベテラン動物保護部長ピーター・ハートリーは、現場の状況を自分で視察することにした。オフロードを走行中、彼は遠くにゾウたちの姿を認めたので、車から出て、驚かさないように注意しながら近づいた。頭数と特徴からトゥラ・トゥラのゾウと確認できた。用心深く近づいて、距離は保っていたのだが、フランキーが突然くるりと身を翻した。彼の匂いを嗅ぎ付けていたのである。

近づき過ぎない限りゾウが人間を襲うことはまずないが、フランキーは怒りをこめたうなり声とともにどしどしと進んで、彼に向かって来た。ハートリーは不意をつかれ、命からがら、あちこちに傷を作りながらトゲだらけの茂みを走り抜けた。車に飛び乗ると幸いエンジンがすぐ掛かったので、ほうほうの態でその場を後にした。わずか数メートルに迫っていたのは重さ五トンの巨大な生き物である。藪の中で恰好つけても始まらない、という古い監視員の格言はやはり本当だったようだ。

よりによって動物保護部長を襲うとは、すでに賛否入り交じっていたゾウたちの評判が、いよいよ怪しくなってきた。険しい顔をして保護区の本部に戻ったハートリーは、すんでのところで難を逃れて来たことを報告した。監視員の幹部らは大変心配した。いよいよ状況は手に負えなくなりつつあった。ハートリーはムプマランガにいる前の所有者たちに連絡してこのゾウたちに関するもっと詳しい情報を入手するよう、本部の人々に勧めた。そして実際その情報を手に入れた彼らは、すっかりおかんむりになってしまった。

無線連絡を受けたのは私がまだ藪の中にいるときだった。ウムフォロジに来てほしい、状況を一緒に検討しよう、というのだ。緊急に、とのことである。

いかにも不吉な感じがして、私は部族地域に轍で出来た車の通り道を走り、気落ちして保護区の本部に向かった。ゾウたちが無事だったのにはほっとしたが、次にどうなるかが心配だった。ゾウの死刑宣告を聞かされるのではないかと、嫌な予感がした。

事務所に入ると、お通夜のような雰囲気だった。低木林で働くここの誠実な人たちの大半を、私は知っていた。温かく挨拶を交わしてくれたが、楽しい感じではなかった。

冗談を少し言ったあと、彼らは切り出した。私が恐れていたとおりの話だった。このゾウたちの過去の面倒ないきさつを知っていれば、トゥラ・トゥラに許可は与えなかった、というのである。電気柵を二つ突き破ったこと、家畜を追いかけ、監視員の小屋を襲い、ヘリコプターの誘導には従わず、動物保護部長に襲いかかったということは、明らかに危険で不安定なゾウの群れということである。ならず者のゾウだ。地元住民の住む地域に彼らを残したままにするのはあまりに危険すぎる、というのである。

「保護」の常識では、結論は一つしかない。群れを処分するということだ。

私は話に割って入った。不吉な方向に向かいつつあった議論を、後戻りできなくなる前に、なんとか方向転換させようと思ってのことだ。「いいですか皆さん。今回の脱走に関してはメディアが盛んに取り上げていることを忘れないでおいてほしいね。あちこちにこの話は伝わっているし、大衆はかなりゾウに同情的だ。リーダーの赤ちゃんが特に注目されているし、全国の人が追跡に関心を示して、ゾウたちに声援を送っている。今、ゾウは安全だ。人に危害を加えたわけでもない。なのに銃で殺したりしたら、メディアが大騒ぎするに決まってる」

こう言うと私は、ゾウが逃げたのは運が悪かったからだというところを強調しておいた。すべて規則どおりにやってのことだ。州の野生生物局の査察官も、ゾウの囲いには合格点を付けていた。彼も、この群れが木を倒して囲いを抜け出せるとは思っていなかった。

一旦脱出すればゾウたちがもとの住み処に戻ろうとするのは当然のことだった。彼らの心に深く刻み込まれている場所である。しかし彼らをトゥラ・トゥラに慣らすことができれば、もうこちらのものだ。私はゾウがまだ人間に危害を加えていないことも改めて指摘しておいた。三日間も逃走しているのに、と。

私はゾウの命乞いの最中であることを十分意識して間を入れ、こう言った。「どうか皆さん、もう一度チャンスをもらえませんか？　もう二度とこんなことにはなりませんから」

暗い沈黙が部屋を覆った。私にはもうそれ以上、付け加える言葉もなかった。

動物監視員たちは、どうしても避けられない場合以外、動物を殺そうとは思わない道徳的な男たちだった。しかし今回の件でナナとその一族にはあまり勝ち目はないと言う。自分たちの実地の経験によれば、電気柵も平気で突き抜けるというゾウは一線を越えており、更生の見込みはほとんどない、というのである。

私もその通りだと思う。

「いいかい、ローレンス」と一人が言った。「気持ちは分かるが、君にも面倒な結末は十分予測できているだろう？　この群れは処置無しだよ。余りにも人間からちょっかいを受けすぎて、人間のことは敵としか見ることができないんだよ。危うくピーター・ハートリーは殺されるところだった。ゾウが向かって来るなんてことは、彼はこれまで聞いたこともなかったはずだ。大人のゾウは、処分するしかないね」

「でも、どうやって？」私はもう藁をも摑む気持ちだった。「メディアが大騒ぎするよ。あなたたちはひどく評判を落とすことになると思うよ」

「そのことも考えたさ。我々が提案したいのは、ゾウたちには睡眠剤を撃ち込んで捕獲し、トゥラ・トゥラに戻すようにすること、でも大人のメスと赤ん坊は薬殺し、若者のゾウだけをお返しする、ということだ」

私はあきれ返ってしまった。「マスコミが嗅ぎ付けるよ」私はなんとか殺すことだけはやめさせようと思った。「あるいは無能だと批判されるよ。どの道、あなたがたの負けだ。皆さんは今、注目を浴びているのだから、ことを荒立てずにいきましょう。ことを穏便に運んで、うまく収めましょう。ゾウたちはトゥラ・トゥラのゾウの囲いに戻して、そこからもう出さないから。様子を見極めて、それからまた決めることにしましょう。二ヶ月たっても手に負えないようなら、もうやりようはない。私が全面的に責任をとるよ」

そのあと長い沈黙が流れた。どうやら私の言葉が彼らの癇に障ったようだった。その時間は気が遠くなるほど長く感じられたが、結局彼らは、考えてみるとだけ言った。

私は疲れ果てて意気消沈してトゥラ・トゥラに戻ると、デヴィッドにこれまでの経過を説明した。

翌日、藪から棒に見知らぬ男から電話が掛かって来た。野生動物の取引業者だという。

「いやはや」受話器から男の声が鳴り響いた。「あんたがゾウで苦労しているって聞いたものだからね」

私は顔をしかめた。ずいぶん知れ渡ってしまったものだ。

「私が完璧な解決策を教えてあげるよ」

私はとたんに好奇心を刺激された。「というと?」

「私がゾウを買ってあげる。そっくりそのまんま。さらにだ、代わりのゾウも私から差し上げよう。まともな群れをね。あんたには何の面倒もかけない普通のゾウだ」

「サーカスのゾウかな?」私は皮肉っぽい口調を隠せなかった。

「いやいや。そんなんじゃないよ。野生のゾウだ。ただあんたのところのやつほど攻撃的ではない。その上、二万ドルを払うよ」

「なんでそんなことをする?」

「あんたのゾウがそこに留まるなら、どのみち殺される。私が引き取れば、アンゴラの保護区に引っ越しだ。そこは人間もいないから安心だ。ゾウたちは少なくとも生きることを許される」

私もこれにはさすがに心が揺れた。この男は私の問題を一気に解決しようというのである。私は、ゾウの輸送と囲いの建設にかかった当初の費用を回収できる上、代わりのゾウが只《ただ》で手に入る。ウムフォロジ保護区からゾウを戻すときの捕獲と輸送の費用も私持ちになることを考えると、これはかなり魅力的な申し出である。この話に乗らなければ、私は結構な出費を覚悟しなくてはならない。

「電話番号を教えてくれ、折り返し電話するから」私は言った。

でも何かあやしい。余りにもうまくできた話だ。私はいつも自分の勘を当てにしてきたが、何か臭い。

実際、この売人のことは、考えれば考えるほど苛立たしかった。ゾウが生き延びるようにという話をもちかけられたのだから、私は有り難く感じていいはずだった。しかし、解決策が見えてきてほっとさせられる、というのではなく、なぜか苛立たしかった。

そしてふと気付いた。何か根源的で、生来的で、それでいてはっきりとは言い表せない何かが、起きていたのである。突然掛かって来たこの電話のおかげで、私は驚くべきことに思い至った。私はこの行いの悪いゾウたちと、まだ良くは知らぬ仲でありながらも、無意識のうちにつながりが生まれていたのである。その絆がいかに強いものか、それに気付かされて私は衝撃を受けた。

ここまでの数日の経験が教えてくれたのは、エコ・ツーリズムなるものが流行《はや》っても、現実の世界では、ゾウは大した存在ではないということであった。私が手に入れたのは、困惑し必死に逃げ惑うゾウたちである。しかし片手にブランデー、もう一方の手に銃、という連中にとって、ゾウは象牙めあての標的でしかなかったし、地元の部族の人々にとっては脅威であった。ゾウが知覚力のある生き物で、その先祖たちが太古の昔からこの惑星を歩き回ってきた、ということには、誰もまったく関心がないのである。

昔からずっとこうだった訳ではない。ほんの数十年前ですらズールー人たちはゾウを大切にしていた。今でも、公の席で王様を讃えてこう叫んでいる。「ウェナ・ウェ・ヌドロヴー（あなたはゾウだ）」何千人という戦士が一斉に声を張り上げるこの雄叫《おたけ》びには大変な迫力があり、この象徴的な生き物が崇敬されていた時代を私たちに思い出させてくれる。

しかし今は違う。今日のアフリカでは、ゾウとて、生存のために土地を求めて争い合う生き物の一つにすぎない。欧米においては好奇心の対象でしかなく、東洋では象牙のために珍重されるだけのことである。

三日間の必死の追跡劇で痛感したのは、この物凄く力持ちの巨大な動物も本当は赤ん坊のようにか弱い存在だという現実であった。この行き場のない混乱したゾウの群れは、どこに行こうと味方となって戦ってくれる者はおらず、ただ危険にさらされるだけなのである。ナナとフランキーはこのままだといよいよ処分されそうな雲行きだ。

私がそのことを理解したとたん、非理性的とも言えるこの絆が生まれたのだった。それによって私の人生も一変したのである。私は、好むと好まざるとにかかわらず、自分もこの群れに属していると感じた。ゾウたちは酷い運命にさらされたが、私は自分にできる範囲でその状況を正そうと思った。このゾウたちに対して私には少なくともそのような負い目があると思った。

このところ憂鬱な毎日が続いてトゥラ・トゥラには良い知らせがなかったが、ついにその良い知らせが少しばかり舞い込んで来た。州の野生生物局が処分の延期に同意したという。ゾウはすべて捕捉し、トゥラ・トゥラのゾウの囲いに戻されることになった。ナナとフランキーは助かったのである。

しかし、もう一度脱走したら、そのときはゾウをすべてその場で処分する。前回のような追跡はもうしないし、話し合いもなし、という。これはただならぬ脅しだった。アフリカで悪名高いゾウ狩猟用の四五八口径銃が、標準装備として地域の監視員の全員に配られたという。

ゾウにとっても私にとっても、いよいよ最後のチャンスとなった。

第6章　運命的な絆

条件付きながら刑の執行猶予を得た形となった私は、ここ数週間のストレスがようやく和らいで、また息ができるようになった気がした。再びチャンスを与えられ、とにかくほっとした。

しかし今度は失敗が許されない。それは文字通り生かすか殺すかの問題であった。クワズールー・ナタール州の野生生物局はその点では一切妥協の余地がなかった。これが最後のチャンスだ。失敗したら、考えたくもないようなことが待ち受けている。

ゾウの囲い、ボマを修復した後、私は、州の野生生物局がゾウの捕捉を準備する間、ただ待つしかなかった。私は、ゾウが戻ったらそのあとどう落ち着かせたものか、ただそれだけをあれこれ考えていた。ゾウたちのためということを考えなくてはいけないが、興奮した行いの悪い群れを保護区に置いておくことで生じるさまざまな事態に関しても、配慮が必要だった。囲いから出して保護区に放つ前に、まずは彼らを完全に落ち着かせなくてはならなかった。でもどうやって？

そんなことをあれこれ頭の中でこねくり回している間、ＥＭＯＡゾウ管理者・所有者協会からまた連絡があった。マリオン・ガライの声が聞けて嬉しかった。今回の失敗劇で唯一私の味方と言ってもいい人物だった。

「ローレンス。アイデアが浮かんだのよ。あなたの助けになるかもしれないと思って」

「助けならいくらでも欲しいさ。どんなアイデア？」

「動物相手の霊能者がいるって聞いたの……」間を置いて彼女は神経質そうに笑った。「断る前に、最後まで言わせてね」

むむ。彼女が超常的な解決策を考えるほどいよいよ状況は厳しくなってきたのかと、私は少し心配にもなった。

「ちぇっ、何だよ！」と言ってしまったところで、いけないと思い返し、私は続けた。「ご免。今のは悪かった。先を続けてよ」

「どうやらこの霊能者、問題のある動物たちを相手に、いい仕事をしているようなの。独特のコミュニケーション術を持っているのよ。彼女なら群れのリーダーとも会話ができて、落ち着かせることができるかも知れないし、そうなると群れもリーダーの例に倣ってくれるかもしれない。変な話で悪いけど、それに何も保証できないけど、やってみるだけのことはあるかもしれないわ」

なるほど。そういうことか。私は動物たちとのやりとりに常識が通用しないということがあることも、実地で知っていた。低木林では正統的なやり方が必ずしも答えとはならない。しかし霊能者を巻き込むのは、かなりやり過ぎに思えた。しかし他に何ができるというのだ？　うまく行けば大成功。悪くても、ドンキホーテだ。

「分かった。でも彼女には私の邪魔はしないよう、丁重に申し合わせておいてほしい。ゾウが戻れば、私は手一杯になってしまうから」

霊能者は二日後にやってきた。赤い巻き毛の中年のカナダ人女性だった。

次の日のお昼ご飯に、彼女はピーナツバターのサンドイッチを注文した。

フランソワーズが仰天した。彼女のフランス式台所では、ピーナツバターなど、一言つぶやくだけでも冒瀆《ぼうとく》であったのに、サンドイッチがちゃんとしていないと言って、突っ返されてしまったのだ。「そもそもピーナツバター・サンドなんて、どう作っても同じでしょ？　ちゃんとしてるもしてないも、ないじゃないの？」フランソワーズが抵抗した。

私たちはそのあとゾウの囲いのところまで行ったが、この女性は数時間、低木林の匂いを嗅ぎ、柵に、彼女の言うところの「家族と愛と尊敬の気」を送ったのだった。

「これでゾウたちは外に出ません」

次の日、彼女は庭にある私のお気に入りの木を指差した。見事な野生のイチジクの木で、男の足ほどの太い根が、ところどころで地上に姿をのぞかせながら、芝生の下を這っている。

「あの木」身震いしながら彼女が言った。「悪霊がとりついているわ。あなたも感じるでしょう？　さあ、私がお祓いをしてあげましょう」

一緒に近づきながら私は素晴らしく節くれ立ったその幹を仔細に点検した。前からこの木は大きな優しい傘のような存在だと思っていた。鳥たちは恰好の隠れ処をもらって、毎朝、妙なる調べを奏でてくれるのであった。私にとっては森の目覚まし時計だった。どんな悪霊がその枝々に潜んでいるというのだろう……と思ううち、ふと我に返らされた。

彼女が何か呪文を唱え始めたのである。私は何とか早く終わってくれと、祈るような気持ちで脇に立ち尽くした。

「いなくなったわ」数分経って彼女はいかにも満足気にのたまった。

その場をあとにしようとすると、彼女は向き直って空を指差した。

「雲が見えるでしょ？　でもほんとは雲なんかじゃないの。あれは宇宙船で、中には悪い宇宙人が乗っていて、ゾウの帰還を邪魔しているの」

私の目には綿のような積雲しか見えなかった。彼女にもそんな私の疑念が見て取れたにちがいない。「私には分かるの」そのふくよかな胸をポンと叩いて彼女が言った。そして私のほうに身を寄せると耳打ちするようにこう続けた。「私、乗ったことがあるのよ」

次の日彼女は台所まで足を運んで、自分の主食――ピーナツバター・サンドイッチを注文した。しかし今回は監視員のデヴィッドに部屋まで届けさせるようにとの指示だった。

サンドイッチが彼女の注文どおりふんだんにピーナツバターを使って完成し、トレーに載せられた。デヴィッドは指示されたとおりに、それを部屋の前まで運んでドアをノックした。ドアがいきなり開いたかと思うと、彼の目前に霊能者が立っていた。彼女は素っ裸であった。

デヴィッドはトレーを置くと「サンドイッチをお持ちしました」と言うなり、踵《きびす》を返してそそくさとその場を後にした。頬をさながら火焔菜《レッドビート》のように赤らめながら。


ついに動きがあった。州の野生生物局から連絡があり、ゾウの群れを翌日私の所に届けるというのである。

ゾウの捕獲は南アフリカの至る所で行われている。しかし、クワズールー・ナタール州は違う。ウムフォロジではシロサイの捕獲を手がけ、絶滅を回避して有名になったが、大人のメスとその子どもたちというゾウの群れを一族ごとそっくり運ぶための重装備は、実際のところ、持ち合わせてはいなかった。捕獲の際、大人のオスなら必ず一頭ずつ運ぶが、赤ん坊たちを別々にすることは決してしないのである。しかし、キリンとゾウを運ぶための汎用トレーラーを最近購入していて、いよいよそれを実地に試すこととなった。問題は、ゾウ七頭全部を一度に運ぶだけの強度と広さがあるかどうかだ。このチームは、国内の他の地域では使われている特殊装備やソリを使わずに、これらの巨大な動物をトレーラーに載せられるのだろうか？　私のゾウはいわばその実験台だった。

私が安心したのは、ウムフォロジにいる私の友人、国際的に尊敬を集める野生動物の獣医で、おそらく世界随一のサイの専門家、デーブ・クーパーがゾウの面倒をみてくれることだった。

捕獲は暑さのストレスを避けるために、いつも早朝に行われる。朝六時に、ヘリコプターが経験豊富な射手をシューター席に乗せ、ゾウの最後の確認地点に向かった。デーブは地上に残り、何か問題が起きた場合に備え、迅速に対応できる態勢をとった。何度か見間違いもあったが、ついにゾウたちの居場所が突き止められ、操縦士がヘリを急降下させた。木のてっぺんぎりぎりで急旋回すると、徐々に高度を下げたあと、地面近くで安定させ、走り始めたゾウを追い返そうとした。

まさにアフリカ低木林を飛ぶヘリ操縦士の腕の見せ所である。操縦士はヘリをもてあそぶかのように右に左にと揺らしながら、ゾウの行く手を阻むと、高度を上げ下げしながら、脅しつつ、なだめつつ――かと思うと、今や半狂乱になったゾウたちに向かって突進し、一本の道に追いやった。草原がその先数百メートル踏みならされて、一筋の道になっているのが見える。原始的ながらこの道路は極めて重要だった。地上のチームは運送用の大型トラックを、できるだけゾウのいるところに近づける必要があったからである。

射手がダートガンに弾を籠めて準備を終えると、操縦士は今の位置を地上のチームに無線で伝えた。

群れはヘリコプターのバタバタという音に煽られ、低木林を突き抜け、今や逃走まっしぐらであった。

突然ナナが一族を従え、林を抜けて、捕獲場所に選ばれた何もない野原に出た。操縦士は巧みに、ゾウたちの突き進む真後ろに付けた。ゾウたちの大きな背中が丸見えである。

バシッ！　二二口径銃が大きなアルミニウムの矢を放った。中に詰まっているのはM九九という、ゾウなどの大型草食動物用の強力な麻酔薬である。それがナナの臀部に撃ち放たれた。いつも決まって最初に撃たれるのがメスのリーダーであり、そのあとがその他の大人のゾウ、最後に子どものゾウの順となる。大きなゾウの下敷きになって傷ついたり呼吸できなくなったりするのを防ぐためである。ナナの子どもは空から狙うにはまだ小さすぎて危険なので、デーブに連絡をし、地上でうまいこと麻酔を撃ち込んでもらうことにした。

一発命中するごとに急いで次の矢を籠めてはまた発射、その繰り返しである。矢のひらひらした赤い羽根が、逃げ惑うゾウのお尻から信号灯のように突き出ていた。射手は作業を手早くこなさなくてはならない。発射の間隔が開きすぎると意識もうろうのゾウたちが低木林のあちこちに散らばって、ものすごく面倒なことになってしまう。

最後の矢が命中すると射手は親指を突き上げてオーケーの合図、操縦士はヘリコプターの高度を上げて空中に停止、その間、ナナを筆頭に地上のゾウたちはよろめき始め、ひざまずき、最後はスローモーションのように倒れた。走っていたゾウたちがたちまち勢いを失い、木の幹のようにがっしりしていた足がゼリーのようにふにゃふにゃになって、地面にくずおれていくのは、信じられない光景であった。

地上チームのトラックは速度を上げ、あと一・五キロ足らずくらいのところにまで来ていた。タイミングはぴったりで、ヘリコプターは赤い埃を舞い上げながらドスンと着陸した。

デーブは地面に横たわるナナの元に急いだ。赤ん坊のマンドラは倒れた母親に寄り添うように立っていた。耳をぱたぱたさせ、小さな鼻を立てて、ひれ伏した母親を本能的に守ろうとしていた。デーブが位置について、軽いプラスチックの矢を赤ん坊の肩に撃ち込んだ。中には麻酔が効くための必要最小限の薬が入っている。

マンドラがひざまずくと獣医は近くのグアリの木の枝を折り、ナナの鼻の先に突っ込み、空気の通り道を確保した。他のゾウにも同じことをするとナナの元に戻り、開いた瞳孔に軟膏を塗布し、彼女の大きな耳を引っ張って顔を覆い、昇りつつあった太陽から目を守った。

意識がもうろうとしてきた他のゾウたちにも同じ処置をほどこすと、獣医は一頭ずつ、怪我をしていないか入念に調べていった。幸い、倒れ方のまずかったゾウは一頭もおらず、骨折も靭帯の損傷もなかった。

地上のチームが到着すると、すぐにナナの方向に向かった。群れのメスのリーダーとして、彼女をまずは載せたかったのである。これはウインチを使って足からつり上げ、大型の特殊トラックの後部積載口に降ろすという、実に素っ気ない作業であった。それからゾウを押したり引っ張ったりしてトラックに載せ、デーブはM五〇五〇の注射でゾウを覚醒させるのである。五トンの肉と筋と血と骨を宙吊りにというのは、決して愉快な光景ではないが、可能な限り優しく迅速になされた。しかしながら特殊な装備がないので、この手順には通常より余計に時間がかかってしまった。大きいほうのゾウを苦労しながらトラックに積み込む間に、順番を待つ他のゾウたちには麻酔薬の効果が薄れ始めるものも出て来た。麻酔薬を打たれたゾウが目を覚まし始めると、のんびりとはしていられない。鼻がぴくぴくしだしてゾウたちが頭をもたげ始めると、デーブは忙しくその間を動き回りながら、ゾウの耳の後ろで脈打つ巨大な静脈に追加の注射を打っていった。ゾウが全部載せられて目を覚ましたところで、トラックはトゥラ・トゥラに向けて出発した。

九十分の移動の間にゾウたちは回復し、ナナは少しぐらついてはいたが、一族の先頭を切って囲いに入り、そのあとを、これまで以上に反抗的な態度を見せるフランキーが続いた。自由を求めた一連の行動の果てに、この有様だ。彼らはとらわれの身であることへの反発をいっそう募らせているようであった。これからの数ヶ月のことが思いやられた。

捕獲チームは車で去って行ったが、一人の動物監視員が肩越しに叫んだ。「じゃ、またね！」

これは決して嬉しい挨拶ではなかった。彼の言いたかったことは明白だ。このゾウたちは厄介者だよ、ということを言っていたのである。この群れは必ずやまた脱走するから、また連れ戻すはめになるよ。その時はもう睡眠薬ではなくて、実弾だよと。私は怒りを込めて言い返してやろうと思ったが、気の利いた文句が思いつかなかった。

次の日、例の野生動物売買業者がまた電話を掛けてきて、大人しい群れを代わりに進呈するからゾウを売ってくれ、という話を繰り返した。言い値は前回の倍、四万ドルである。やはり、あまりにも出来過ぎた話で信じられない。私は前回と同じで即答を避け、考えてみると返事した。そして前回同様、私はこの話に苛立ちを感じた。私は運命がからんでいると思わざるを得なかった。この群れを私のもとに送り込んだのは運命である。私が自分から御願いしたことではない。こうなるのだと前から決まっていた何かが、あるのかもしれない。

夜の帳が降りる直前、私は車でゾウの囲いに向かうと、少し離れたところで車を止め、慎重に柵のところまで歩いて行った。ナナは茂みにしっかり隠れて、立っていた。後ろに家族を従えている。私の一挙手一投足をじっと追いながら、毛穴の一つ一つに私への敵意をにじませていた。遅かれ早かれ彼らがまた脱走を試みるであろうことは間違いないと思った。

そしてある思いに私は襲われた。人が何と言おうと、私はこれからこの群れと一緒に暮らしてみよう。そう心に決めたのである。ゾウたちを野生の状態に留めておくためには、囲いを設けて人間との接触は最小限に抑えなくてはならないと何度も指示を与えられていたし、専門家たちが「何てことを」と呆れ返ることは分かっていた。しかし、この群れは人間との最悪の部類の接触をすでに嫌というほど味わっていたのであり、そしてもし回復ということが可能であるのならばの話だが、群れの回復のためには常識を超えた、何か尋常でない措置が必要になると思ったのである。彼らの命を救う最後の努力を私がすべきというのであれば、私は私流のやり方で事に当たるべきだ。たとえそれでうまく行かなかったとしても、私は最善をつくしたことになる。

私はもちろんゾウの囲いの中には入らないが、彼らとともに暮らし、エサを与え、語りかけ、そして最も重要なことだが、昼も夜も彼らから離れないつもりだった。この素晴らしい生き物は、大変苦しみ、何が何だか分からないほど混乱していた。そしてひょっとしたらのことであるが、もし誰か彼らのことを気遣う者がいたら、生き延びるチャンスがあるのかも知れないと思った。私たちが何かこれまでと違うことを試みなければ、ゾウたちはこれからも脱走を繰り返し、その中で死んで行くはずである。

結局、私たちはお互いを理解し合うようにならなければ、お互い勝ち目はない、ということだ。専門家たちの勧める「近寄らない」というやり方を試みる時間的余裕はもはやなかった。ある日の夕方デヴィッドに言ったのだが、メスのリーダーには少なくとも人間を一人信用するようになってもらわなくてはならない。そうならない限り、この群れは人間をいつまでも疑い続け、決してここに落ち着くことはないだろう。

「それはあなたでなくてはならない」と彼は言った。

私はうなずいた。「どうなるかね」

フランソワーズも、普通のやり方ではゾウを新しい住まいに落ち着かせることはできないだろうと言った。デヴィッドは、「私につき合ってくれるかい?」と聞くと、満面の笑みで応えてくれた。ゾウの囲いは五キロ近く先だ。私たちは日用品をランドローバーに積み込んだ。この四輪駆動車がしばらくは我が家だ。いつまでかかるかは分からないが。

戸外でいつも最高の相棒であるマックスも連れて行くことにした。彼がまだ幼くて、低木林にも足を踏み入れたばかりの頃は、視界に入るものは何でも追いかけたがったものだが、これは保護区では問題行為でもある。動物たちは嫌がるし、犬の鳴き声を聞きつけて逆に捕食性の動物が集まって来るかも知れないからである。幼かった頃の過ちはもう許されないよと、マックスには早く教え込む必要があった。

マックスは驚くほど飲み込みが早かった。しかし、彼の野生生物との初めての出会いは決して愉快なものではなかった。オナガザルの大群が私たちの家の周りに住み着き、マックスに悪さをしては面白がっていた。マックスには届きそうで届かない低い枝まで降りて来ては転がり回り、キーキーとからかうような鳴き声を上げ、時にはマックスに小便をひっかけ、大便を落とした。それがまた見事に命中するのだ。マックスは逆上するのだが、一矢報いることもできない。

一年あまりこの拷問は続いたが、とうとう最後にありえないようなことが起きて終わった。からかいの大合唱の先頭に立とうとした若いオスが足を踏み外し、木から落ちたのである。着地地点がちょうどマックスの前足のところであった。一瞬、呆気にとられ、猿も犬も互いを見つめ合った。マックスが黙って円を描くように動くと、オスザルは歯をむき、二匹はそのまま相手に襲いかかった。私がなんとか間に入ったが、それはマックスがそれまでの十数ヶ月分のいじめの復讐を果たした後であった。

少しして私は現場に戻り、オナガザルの死体を片付けようと思ったが、サルの群れがまだそこにいた。近づくと敵意をあらわにしたので、私は後ずさりした。そして私は、それまで見たこともないような実に不思議な儀式を目にすることになった。サルたちが木から降りて来て、死んだ仲間の周りに静かに集まったのである。しばらくたって、その仲間の亡骸《なきがら》を優しく持ち上げると、それを枝から枝、木から木へと運び、さながら葬列のように進みながら、姿をくらまして行った。一時間ほどたってサルたちは戻って来たが、遺体をどうしたか、私に知る由はなかった。

しかしそれは、マックスにとっては一つの転換点だった。それ以来、サルたちは彼にちょっかいを出さなくなった。停戦が成立したのである。

マックスはまさに低木林犬だった。私が小声で命令を出すと、私の脇や車の座席で身を屈め、神経を研ぎすまし、動物が近づくとさながらヤモリのように静かに息をひそめるのであった。彼ならゾウの周りでも行儀よくしてくれるに違いないと思った。

マックスにとって、私たちと一緒にゾウの囲いの近くでキャンプ暮らしというのは、彼の冒険に満ちた生活の新たな幕開けとなるはずであった。私たちはゾウと一日中一緒で、低木林で共に暮らすということになるだろう。腕時計のアラームは柵の見回りの時間にセットし、車の荷台で昼寝をし、星空の下で大の字になるのだ。冷え込む夜も灼熱の昼もゾウたちと一緒である。心理的にも肉体的にも大変疲れることになるだろう。ゾウたちが私たちを歓迎しないであろうことは、すでに嫌というほど思い知らされていたのだから。

最初の日は三十メートル近くのところから観察していた。毎日その距離を縮めていくが、徐々にである。ナナとフランキーがずっと私たちを警戒し続けた。私たちのことを近過ぎると感じると、この二頭は柵のところまで足早に駆け寄ったりもした。

アフリカの夜はあっと言う間に、そして静かにやって来る。三十分ほどの黄昏《たそがれ》のあと急に暗くなる。しかし闇は友達でもある。原野が生命で沸き立つのである。夜行性の生き物たちが穴や木や亀裂や隙間から出て来て、活発に動き回る。捕食性の動物のほとんどが寝ているのを、承知の上のことである。都市部の明かりにも邪魔されずに、夜空には星々の輝きが全開となる。私は星座を見つけては心躍り、流れ星のはかない片時の栄光に目をみはり、満天のきらめきに飽きることを知らなかった。

デヴィッドの囁きで目が覚めた。「早く！　何か柵のところで始まったよ」

私は毛布をはねのけると、目をしばたいて夜の視界に慣れようとした。私たちは茂みを抜けてゾウの囲いのところまで忍び寄った。何も見えない。すると突然目の前に巨大な体軀が出現した。ナナだった。柵から十メートル近くのところだ。すぐ横に息子のマンドラを従えている。

私は目を凝らして他にもゾウがいないか捜してみた。大きな図体をしているゾウだが、低木林の茂みの中では昼間でも見えにくいところへもってきて、今は夜である。しかし次の瞬間、他のゾウたちの姿を認めた。みんな闇の中、ナナの少し後ろに身動きもせず突っ立っていた。

時計を見ると四時四十五分だった。ズールー語には朝のこの時間帯のための言葉があって「ウヴィヴィ」という。夜明け前の暗がりという意味である。確かにそのとおりだった。ズールーランドの低木林では、地平線に朝もやが掛かり始めるその直前が、いちばん暗い。

突然ナナがその巨体をこわばらせ、耳をひらひらさせた。

「うわっ、彼女を見てよ！」デヴィッドが囁いた。私の隣で身を屈めている。「なんて馬鹿でかいんだ」ナナは一歩踏み出した。「なんてこった！　彼女のお出ましだ」とデヴィッドはもう小声ではなかった。

「電線が持ってくれなきゃ困る」

私は深く考えることもなく立ち上がると柵に向かって歩いていた。ナナの方向に一直線、巨ゾウはわずか数メートル先だ。

「駄目だよナナ」私は精いっぱい冷静に話しかけた。「やっちゃ駄目だって」

彼女は体こそ動かさなかったが、陸上選手がスターターの銃声を待つように体をこわばらせている。彼女の後ろで群れの他のゾウたちが立ちすくんだ。

「ここが君らの新しい住まいなんだ」私は続けた。「お願いだからやめてくれ」

薄暗がりの中彼女の表情はよく分からなかったが、私は彼女の目が私を覗き込んでいるのを感じた。

「ここを出たらみんな殺されるよ。ここが君らの住まいなんだ。もう逃げなくていいんだよ」

それでも彼女は動かなかった。そして私は状況の馬鹿馬鹿しさに突然気付いた。暗がりの中、私は、赤ん坊を抱えた野生のメスのゾウという、この世で最も危険な組み合わせを目の前にして、仲良し同士か何かのように囁きかけていたのである。

馬鹿馬鹿しいかどうかはともかく、私は続けることにした。私は一語一語、彼女がその意味を汲み取ってくれるようにと念じながら囁いた。「出て行ったら君らはみんな殺される。ここに留まりなさい。私がずっと一緒だよ。ここはいい場所なんだから」

彼女はさらに一歩前に踏み出した。彼女が再び緊張するのが見て取れた。脱走し始める覚悟だ。私も覚悟を決めた。彼女が痛みを覚悟の上、電線を突き切れば、柵は持たない。彼女は外に出るだろう。フランキーたちも彼女のあとに続いて、あっという間に脱走するに違いない。

私がまさに彼らの行く手に立ちはだかっている形であることは、自分でも分かっていた。柵のワイヤーはあっけなく切られてしまうだろうから、私はほんの数秒のうちに脇によけて木に登るかしないことには、ぺしゃんこに踏みつぶされてしまう。いちばん近くの木はトゲだらけのアカシア・ロブスタだが、私の左側十メートル近く先だろうか。間に合うだろうか？　駄目かもしれない。それにトゲのある木に最後に登ったのは、もう思い出せないくらい昔のことだ。

するとそのとき、ナナと私の間に何かが起きた。何かかすかにお互いを認め合う気持ちのようなものが、閃光のように一瞬ほのめいたのである。

かと思えば次の瞬間、それは消えていた。ナナが鼻でマンドラを促し、向きを変えると茂みの中に消えて行った。群れがそれに従う。

デヴィッドが破れた風船のようにふーっと息を吐いた。

「いやはや！　あのまま脱走かと思ったよ」

私たちは火を起こしてコーヒーを入れた。語るべきこともさほどない。私は、一瞬メスのリーダーと気持ちが通じた、などとデヴィッドに言うつもりはなかった。気が変になったと思われるに違いなかった。

しかし何かが確かに起きていた。それが私にはほのかな希望であった。

それからは毎日が同じことの繰り返しだった。太陽が昇り、ゾウの群れはいつまでも柵沿いに行ったり来たりを繰り返し、私たちが近づき過ぎようものならこちらに向かって来るが、電気の流れている柵の所に来てようやく止まる。動物のこれほどまでに激しい、むき出しの攻撃性と興奮は、私がそれまで経験したことのないものだった。そしてそれは、私たちが柵に近づくたびに、いつまでも続いた。ゾウは、私たちがその場から離れ、遠くから眺めていても、獰猛《どうもう》な目つきで睨み返すのであった。

彼らは囲いの中に閉じ込められているので、私たちが外から食糧を提供しなくてはならなかったが、私たちがアルファルファを囲いの中に投げ込むために柵に近づこうとするたびに、厄介なことになった。ゾウたちは、エサには目もくれず、ただ怒りを爆発させるのである。これではエサを投げ込めない。

唯一の解決策は、アルファルファの包みを囲いの両端に置き、私がその片方で群れの注意を惹き付ける間に、屈強の若者デヴィッドがその反対側で車の荷台に飛び乗り、大きなアルファルファの包みを囲いの中に放り込むというやり方であった。

ゾウは彼に気付いて彼のほうに猛然と向かって行く。彼が後ずさりする間、私がこちらから食べ物を投げ込むという手はずである。すると今度は私に怒ってこっちにやって来るので、今度はデヴィッドが投げ込む番、という具合に続けるのである。彼らが食べ始めるのは私たちが十分その場を離れてからであった。

彼らの攻撃性は、あっちに向かい、こっちに戻りと、私たちの作業が終わるまで続いた。柵がなければ、凶暴さそのものと化した彼らは、そのまま私たちを殺していたであろう。その憎悪の激しさに、それまで彼らは一体どんな辛い思いをして来たのだろうと私は考えてしまった。マリオンが話してくれたところによれば、まだ赤ん坊だった頃、ナナとフランキーには人間との接触もあったということだった。しかし、肉体的な虐待があったとは聞いていないので、もっと何か根の深いことなのか。狩猟で絶滅の瀬戸際まで追いつめられた先祖から、恐怖が伝わっているのか。閉じ込められているのは人間のせいだと、本能的に分かっているのか。先祖たちがしたように大陸を大移動することが、私たちのおかげでできなくなったと恨んでいるのか。それとも単に家母長を殺されてついに堪忍袋の緒が切れたということなのか。

この日はこのあと、激しい怒り以外に何かこの群れに関する感触を得ようと、私はゾウたちをただ眺めて過ごした。ここに来て分かってきたのは、群れの序列で二番目のフランキーがどうやら攻撃性の核らしいということであった。それに比べてナナはやや大人しかったが、落ち着いたということでは決してなかった。しかし、彼女に何か通じないだろうか？　自信はなかったが、そう期待したいところだった。

デヴィッドと私は食糧を毎日九百キロ囲いの中に投げ込み、まるでヘビが皮を脱いでいくように体重をすり減らしていった。わずか一週間で二人とも五キロ痩せた。その大半は汗である。心配事さえ別とすれば、身が締まるのは私としても喜んでいいところではあった。

しかし一つ確かなことがあった。ゾウたちは、デヴィッドと私が近くにいることがいつもちゃんと分かっていたのである。私は毎日何時間もゾウの囲いの周りを歩いては柵を点検し、ゾウたちに私の声が聞こえるよう意識的に大声で話をし、ときどき歌も歌った。ただし私の歌は、デヴィッドから、電気の流れる柵に飛び込みたい気持ちにさせられる、と酷評されていた。それでも、私がナナの注意を少しでも惹くことができたときには、彼女をしっかり見据え、優しく心を通じ合わせようと念じた。そして、ここは彼女の一家の新しい住まいであって、彼女の必要とするものはすべてここにある、ということを繰り返し伝えようとした。しかし、ほとんどの時間は、ただ柵の近くの特定の場所に座るか立つかしているだけで、わざと彼らを無視するようにしていた。ただそこにいて、何もせず、何も言わず、私はただ、彼らが近くにいようがいまいが、私は平気だよというところを見せようとした。

こうして徐々にではあるが、確実に私たちは彼らの生活の一部となっていった。彼らは私たちのことを「知り」始めたが、それが良いことか悪いことか、私にはよくは分からなかった。

しかし、ウヴィヴィ——夜明け前の暗がり——に行われる恐怖の儀式は続いた。ゾウたちが脱走の意欲を見せるのである。毎朝四時四十五分だ。これで時計の時刻が合わせられると思うほど正確だった。ナナは群れを全員、かつて住んでいたムプマランガの方角に向けて並ばせるのである。そして彼女は柵から数メートルのところで身をこわばらせる。そしてそれからの十分間、私はアドレナリン分泌しまくりの興奮状態で彼女のそばに歩み寄り、命を大切にしてほしいと嘆願し、ここが君らの新しい住まいなのだと説得した。私が発する言葉そのものは、さほど重要ではなかった。当然のことだがナナは英語が分からない。私はただ出来るだけ穏やかな口調を心がけた。毎回はらはらさせられたが、ナナが一族もろとも暗がりに戻って行くたびに、私はとにかくほっとするのであった。

太陽がようやく昇ると、デヴィッドと私は車のところまで戻ったが、ゾウと向き合って緊張を強いられた後だけに、肌寒い早朝とはいえ二人とも汗をびっしょりかいていた。

デヴィッドは黙りこくってランドローバーの近くで火を起こし、コーヒーのポットを置く。二人とも、今日はどんな一日になるのだろうと思っている。食べ物をあげているのに、なぜゾウたちはいつもこんなに攻撃的なのだろう？　なぜこんなにまでも私たちを憎むのか。ゾウは頭のいい生き物だ。私たちが危害を加えようとしていないことは、もう分かっているはずだ。私だって閉じ込められれば暴れたくもなるだろう。しかしそれとはまた話が違う……。いずれにせよ、この難問をなんとか解き明かす必要があった。

「僕たちに勝ち目はあるの？」意気消沈したデヴィッドがコーヒーの湯気越しにこう聞いてきたことがある。その日も散々な一日を終えた後だった。私たちは注意力が散漫にならないようコーヒーを何リットルも飲んだ。

「勝つしかないさ」私は力なく肩をすくめながら答えた。「なんとか群れを落ち着かせなくては」

しかし依然として、その方法が分からなかった。私に分かっていたのは、失敗したら、考えたくもないような話が待ち受けている、ということだけだった。彼らを落ち着かせることは出来るのだろうか、何か突破口はあるのだろうかと、自信もなくし始めていた。彼らの敵意はあまりにも激しく、ひょっとすると、私たちを隔てる壁は決して突き破ることのできないものなのかもしれないと思えたのである。もう取り返しのつかないところまで来ていたのかもしれない。

とにかく私には分からなかった。

第7章　囲いの中のデヴィッド

霊能者がゾウの囲いのところに現れたのは、群れが再び脱走を試みた、格別に厄介な「夜明けのパトロール」の後だった。彼女は時々やって来てはいたが、今回、私は近づく彼女の姿を認めるなり、反対側の柵を点検に行かなくちゃと、とっさに言い訳を思いつき、彼女のことはデヴィッドに任せた。

三十分たって戻ってみると、彼女はもういなかった。

「彼女、何だったの？」

「例によって『気』を入れに来たんだよ」

私の質問にそう答えたデヴィッドの顔が歪んでいた。爆笑しそうなのを必死にこらえている。「ゾウと交信したところ、もう人が囲い中に入っても安全で、並んで歩いても大丈夫だとさ」

この言葉に私たちは、それまでの緊張もあってか、一気にはらわたがよじれるほど笑い転げてしまった。

しかし咳き込むのが収まると、私はこの「霊能者」が別段役に立っているとも思えなかったので、彼女には私たちの邪魔をさせないのが一番だと思えて来た。

私はフランソワーズに無線を入れ、霊能者にはもう結構ですからと丁重に伝え、航空券を手配してヨハネスブルグに帰ってもらうように頼んだ。フランソワーズにしてみれば、これでやっとメニューからピーナツバター・サンドイッチを外せる。

しかし、不思議なこともあるものだ。霊能者の予言が、数日後に的中した。ゾウたちのいる囲いの中に、人が入るはめになったのである。

ナナとフランキーは相変わらず木を倒しては柵にぶつけようとしていたが、柵を傷めそうな近くの木はほぼ倒し尽くされていた。しかし、少し離れた茂みにとりわけ背の高いアカシアの木があって、ゾウはそれを倒そうとし始めていた。電線からはずいぶん離れていたので、最初私はさほど心配していなかった。しかし実際に木が倒れると、地面に叩き付けられて跳ね返り、上のほうの枝がワイヤーにひっかかって、今にもちぎれそうになった。

電線がショートし、パチパチという音が盛んにしたので、ゾウたちは恐れをなし、脱走には至らなかった。さらに幸いしたのが、ワイヤーが切れずに、電流が流れたままだったことである。しかしゾウたちにもやがてここが弱いことが分かって、壊しにかかるだろう。あとは倒れた木を前に押すだけでワイヤーは切れる。そうなるともう群れを止めることはできなくなる。

急がなくてはならない。いろいろな選択肢を検討したが、解決策は一つしかないことがやがてはっきりした。誰かがのこぎりを持って囲いの中に入り、柵にひっかかった枝を切り落とすのだ。しかしいったい誰に、どうやって、そんな無謀なことができるというのか。

デヴィッドが志願した。「僕が行くよ。あなたが群れを僕から引き離しておいてくれればね」遠くで怒ったように耳をひらひらさせている巨ゾウたちに視線を投げかけながら、彼は言った。

私は慎重に考える必要があった。デヴィッドが志願したのは、前代未聞の大仕事だ。電流を流したワイヤーで囲んだ中には、七頭の野生のゾウがいて、非常口もない。そこに人が忍び込もうというのだ。どう考えても普通じゃない。

私は一時間ほど悩んだ。こんなことを許したら、私は一人の若者を死に追いやっていることにはならないか？　何か間違えたら、家族ぐるみで懇意にしている彼の両親には、どう申し開きができるというのか？

計画を立ててみれば決断もつきやすいだろうと思い、その光景をまず頭に描いてみた。その後はちゃんと実行できるようになるまで、予行演習を繰り返せばいい。デヴィッドの命はそこにかかっていた。

まず食事を一回分飛ばして、ゾウたちが空腹になるのを確認した後、囲いの反対側からアルファルファの包みを投げ込み、ゾウをできるだけデヴィッドから遠ざける。

それから動物監視員に無線機を持たせて発電機のところに配置し、電流を調節する。これでデヴィッドが柵を越えるときに電気を止められる。しかしそのままだとゾウたちが電気の切られたことに気付いて、私たちが手いっぱいの時に脱走しかねない。だから、彼が囲いの中に入ったら間髪を入れず電流を戻さなくてはならない。つまり、デヴィッドは八千ボルトの電流に囲まれ、ゾウたちとともに囲いの中に閉じ込められてしまうということである。

次に、動物監視員を一人「通信係」として私に付け、無線で私の指示を伝えてもらう。私はライフルを準備するが、それはデヴィッドの命が危ないと確信できる場合にのみ使うことにする。

私たちはこの手順を何度か練習し、完璧に仕上げた。デヴィッドは冷静な様子で、呑気に構えているようにすら見え、私はその勇気に感嘆した。ゾウたちの激しい敵意の矢面にこの一週間休みもなく毎日立たされながら、それでも囲いの中に入る用意があるのである。

私が合図すると動物監視員たちがエサを柵越しに投げ込み始めた。そうやって群れが私たちから注意をそらし、そのまま食事に没頭する間に、デヴィッドに仕事をやり終えてもらおうという算段である。

ナナが、腹を空かせた群れを引き連れて食べ物の山のほうに向かうので、私はデヴィッドにもう一度質した。

「ほんとにやる気かい？」

彼は肩をすぼめて言った。「やらないことにはゾウを失ってしまう」

「よし」と私は言った。彼がこれから始める大仕事のことを考えるだけで、私は汗をかいてしまった。

私が脇にひかえる動物監視員に頷くと、彼は、発電機のところで無線機を手に待ち構える同僚に伝えた。「電源カット！」

デヴィッドが柵を越える。彼が中に入るや私はのこぎりを投げ入れて、叫んだ。「電源オン！　今だ」

スイッチが入った。デヴィッドはゾウの囲いの中に閉じ込められてしまった。

私はライフルに弾を籠め、銃身を車の開いたドアで安定させ、遠くのゾウの群れに照準を合わせた。

デヴィッドは群れに背を向け、のこぎりをしきりに前後させながら、倒れた木の枝を切り落としにかかった。私はライフルの照準をのぞきながら、指示を出した。「すべて順調だ。何の問題もない。順調、順調。その調子。その調子。簡単だね。あと少しだ……」

ところが状況が一変した。フランキーは群れから少し離れたところにいたが、音を聞きつけたにちがいない。頭をもたげると、縄張りを侵されたとばかりに逆上し、向かって来た。ミサイルのように猛然と突き進んで来る。

「デヴィッド。出るんだ！　急げ！　電源を切れ！　電源を切れ！　急げ！　急げ！　やって来るぞ！」私は叫んだ。

ところが指示は発電機のところにいる監視員には届いていなかった。ゾウが向かって来るこの劇的な展開に、私の脇にいた監視員が、腰を抜かしていた。猛然と突き進むゾウの恐ろしくも壮大な眺めを目の当たりにしてびっくり仰天、凍りついてしまったのである。

フランキーが一目散に駆け寄って来る。デヴィッドはヘビに睨まれたカエルも同然である。倒れた木に必死によじ登ると柵に摑みかかるが、たけり狂う五トンのゾウは信じられないスピードでドシドシと迫って来る。逃げようにも彼にはほんの数秒の余裕しかない。

私も肝をつぶしたが、悪態をつくと、狙いを定めた。もう手遅れなのは分かっていた。すべてがすっかり台無しだ。弾丸はフランキーの頭にぶち込もう。でも時速四十五キロは超えている。生きていようが死んでいようが、彼女の勢いは止まらない。そのままぶつかってデヴィッドは木っ端みじんだ。ゾウにぶつかられて無事で済む生き物はいない。

引き金の指に力を入れようとしたまさにその瞬間、これ以上の汚い言葉はないというほどの極上の罵り言葉が私の耳元に響いた。

「電源を切れ」の指示を伝えそこなった通信係を、デヴィッドが、私のすぐ横で罵倒しているのである。私はあわててライフルの銃口を上にずらした。フランキーは向かって来るのを止め、私たちの前を通り過ぎて行く。鼻を高く上げ、耳をひらひらさせながら、急カーブを切って電線をよけて行った。

私は力なくライフルを下ろすと、呆然とデヴィッドを見つめた。彼は電気の通った二メートル半の柵を乗り越えて出て来たのである。彼が震えているのは、怒りからであって、したたかに電流を浴びたからではない。

人が危険な状況で信じられないようなことをやってのけたという話は、いろいろ聞いてはいるが、八千ボルトという電流に触れたら、いくらアドレナリンがほとばしり出ていようと、人間ならたちまちひっくり返ってしまうこと請け合いである。体重が何トンもある生き物でも止まってしまうだろう。そして地上にはそれ以上の大物もいないのである。

しかしデヴィッドは逃げて来た。まったく勝ち目のない状況であったにもかかわらず、電気の流れる四本のケーブルのどれも触らずに、ゾウを逃れ、命からがら出て来たのである。どうやって？　それは分からない。本人にもである。

しかし一つだけはっきりしていた。もしデヴィッドが電線に触れてそのショックで囲いの中に押し戻されていたら、私が銃でフランキーを殺そうが殺すまいが、彼は踏みつぶされていたであろう。すぐそこまで来ていたし、物凄いスピードだった。デヴィッドを救う術はなかったはずである。

みんなが落ち着くと、デヴィッドは、また柵を越えて囲いの中で仕事をやり終えると言って聞かなかった。私はすっかり感服して彼を見つめた。この若者はとにかく肝がすわっている。

フランキーとゾウの群れが再び囲いの反対側で食べ物に気を取られていたので、デヴィッドがまた柵を乗り越えた。しかし彼はまず通信係に警告した。今度ヘマをしたら生かしておかないからな、と。

「でもその前に君が殺されるんだよ」

この言葉に、デヴィッドを始め、みんながどっと笑った。

第8章　変化の兆し

動物監視員を二人、ゾウの囲いに残して、デヴィッドと私は母屋に戻り、久しぶりの休息と冷えたビールにすることにした。と言ってもこの二つ、必ずしもこの順番で来たわけではなかった。芝生の上でおしゃべりをしていて、何かがしっくりいかないことにふと気付いた。何かが違っているのである。

それは、私が気に入っていたイチジクの木だった。葉っぱがすっかりしおれている。もっと近くから見ようと歩いて行くと、死にかけているのが分かった。ショックを受け、私はデヴィッドを呼んだ。病気にかかっているような様子もなく、腐ってもおらず、他に外面的な問題も見当たらない。ただ生きるのを諦めたようにしか見えなかった。

「こんな大木がただ死んでしまうということはないよ」驚いて私は言った。「どうしたんだろう?」

デヴィッドは幹をつついた。「分からないね。でも覚えてる? 霊能者はお祓いをしていたよ」皮肉っぽく笑みを浮かべて彼は言った。

私は、迷信は全然信じない質《たち》だが、それでも家に戻りながら背筋に寒気が走るのを感じた。

ズールーランドの低木林地帯では迷信は空気と同じくらいありふれたことだ。これがとにかくアフリカなのである。何年も前のこと、まだトゥラ・トゥラを購入するずっと前のことだが、近くの村でパフアダーに噛まれたズールー人を病院に運び込んだことがある。猛毒のヘビで、彼は死ぬかもしれなかったのだが、本人が心配していたのはそのことではなかった。いちばん心配なのは、それが偶然ではないと思えた点であった。彼によればそのヘビには、彼が何か間違いを犯し、それを罰するために送り込まれた精霊が乗り移っているのであった。幸い病院に運び込むのが間に合い、彼は一命をとりとめた。「となると、この木は悪霊によって殺されたということだね?」と言うデヴィッドの言葉に、ふと我に返った私は、とにかく家に戻ることにした。彼はクスクス笑っていた。あの霊能者の話をとことんダシにしようという腹らしい。

私は笑ってこう言った。「アフリカってとにかくこうなんだよ」するとフランソワーズの叫び声がした。

彼女がこちらに向かって走って来る。

「どうしたの?」私は聞いた。

「ヘビよ。大きいやつ! レンジの上よ」

「なんでまた?」

パスタを作っていたところ、レンジの上の排気口からネズミが飛び出して来て、彼女のそばの鍋の上に着地したのだという。その直後、何か灰色のものがスルスルッと降りて来て、オーブンの取っ手のところに飛び乗り、身動き取れなくなったネズミに、目にも留まらぬ早業で、毒牙を突き刺した。こんなに間近にヘビを見たことのなかったフランソワーズはフライ返しをその場に落とすと、家を飛び出して来たのである。

調理場に走って行くとヘビがこちらのほうにスルスルと動いて来た。居間に向かっている。地元でムフェジと呼ばれる、モザンビーク「毒吐き」コブラだ。フランソワーズの印象とは違って、一メートル二十センチくらいの普通の大きさだった。しかしムフェジはマンバに次ぐアフリカで最も危険なヘビとして有名である。噛まれてそのまま手当をしないと死ぬことにもなるが、彼らの最も得意な防御法は毒を吐きかけることであり、そのときは、どんな体勢からも毒をたっぷりと吐き出すことができる。

フランソワーズのほうに向かってきたので、私は捕獲するために急いで箒《ほうき》を取りに行った。トゥラ・トゥラでは、命に危険が及ばない限りヘビは殺してはならないという、厳しい規則を設けていた。家の中なら捕まえて藪に戻す。私はこれまでの経験で、コブラは、ゆっくりと箒を近づけ、コブラが立ってきたところでその下に箒を這わせ、そのまま箒に乗せるのがいちばん簡単なやり方だと思っている。あとはそれを持ち上げ、外へ出し、スルスルとどこかへ消えてもらえばいいのである。

私もヘビに出くわすと脳波が大きく乱れる。そしてそれは、洞窟住まいの我々の先祖たちに生き延びることを可能にした衝動であり、それを我々が遺伝的に引き継いだものであろう。それでも私は、ヘビはいたって平気である。ヘビは環境にとって欠かせぬ存在であり、害虫の大発生を抑えて、害よりも益のほうがはるかに大きい。ほとんどの野生の生き物がそうであるように、ヘビも攻撃するのは自分が脅威を感じたときだけである。逃げて済むものなら、ヘビたちもそちらのほうがはるかに有り難いと思っているのである。

箒を取って急いで戻ったが、手遅れだった。マックスがすでにヘビを追いつめていた。ヘビのほうは体の三分の一ほどをまっすぐ持ち上げ、その薄くて長いフードを広げていた。露わになった黄色っぽいピンクの下腹部は黒い線で区切られている。あっと驚く光景だった。ぞっとさせられるのだが、同時に、はっとするほど美しかった。

「こっちへ来るんだ、マックス！　そっとしとけ」

しかしいつもと違ってマックスは言うことを聞かない。ムフェジにかかりっきりである。マックスが、持ち上がったムフェジ・コブラの周りを静かに歩くと、コブラのほうはマックスから目を離すまいとして体をよじる。

「マクシー。かまうんじゃないよ。そっとしておいてやれ」私は命令した。ヘビに噛まれたら死ぬ可能性もある。その神経毒・細胞毒系の毒素は人間より犬のほうが、はるかに回りが速い。

「マックス！」

するとマックスは飛びかかってヘビの頭の後ろに噛み付いた。マックスの顎は、クマを捕らえるための罠が閉じるときのような、ガチンという音を発していた。彼は何度も噛み付いた。

マックスはヘビを放すとしっぽを振りながら私のほうにやって来た。ヘビの体ははっきりと三つに分離していた。頭部は痙攣《けいれん》するようにまだピクピクと動いている。

マックスは自分のしたことに、いたくご満悦の様子だった。私はとにかくほっとしたが、彼の目を見て驚いた。しきりに目をしばたかせている。毒吐きコブラとはよく言ったもので、見事に命中していたのである。ムフェジは二メートル半先にも正確に毒を飛ばすし、それは毒を吐くというより噴射であった。つまり極めて毒性の強い霧が、点ではなく面となって襲うのである。だから、ムフェジに襲われそうになったときは、特に箒で他所へ運ぼうというときなど、眼鏡をかけ、口を閉じることが大事である。

フランソワーズが急いで牛乳を持って来た。それでマックスの目を洗い、車に乗せた。いちばん近くの獣医は三十キロほど先のエムパンゲニにいる。急がないとマックスは失明の恐れがあった。しかし、すぐに牛乳で毒素を洗い落としていたので、大丈夫かとも思われた。

獣医は牛乳が毒に対して効果があったことを認め、マックスの目に軟膏を塗り込むと、これで大丈夫だろうと言った。

獣医のもとを後にするとマックスは車に飛び乗った。嬉しくて仕方ないといったふうにしっぽを盛んに振る様は、さながら元気のあり余る車のワイパーだった。

「いったい何様のつもりだい？」私はたしなめた。「リッキ・ティッキ・タヴィにでもなったつもりなのかね」

実際マックスは、キプリングの『ジャングルブック』に出て来るマングース「リッキ・ティッキ・タヴィ」顔負けの素早さだった。ヘビと戦っている間、彼は一度も吠えなかった。これは犬としては非常に珍しいことだ。彼はとても物静かなところが取り柄だった。大概の犬はヘビを見つけると跳ね回り、キャンキャンと吠え立てるものだが、それによってヘビの恰好の餌食になってしまう。しかしマックスの場合は、ヘビの周りをゆっくり歩いて、まったく音を立てなかった。ムフェジはつるつるしたタイルの床の上がすべりやすいので、体をマックスのほうに向け続けるのに苦労し、後ろに回られてしまったのである。

私は彼の頭をなでた。「お前はほんとに生粋の〈藪犬〉だよなあ」

その夜、デヴィッドと私は再びゾウを相手にすることとなった。マックスは回復中の目を私が点検しようとすると、迷惑そうなそぶりすら見せるようになっていたが、私たちについて来た。

私たちはゾウの囲いを点検した後、車で数時間うたた寝をした。そして早朝の四時四十五分、柵の近くで何やらガサゴソ音がした。やっぱりかと思った。ナナが例によって夜明け前の脱走未遂だ。私は現場に向かった。もうどの辺かはちゃんと見当がつく。案の定、マンドラを脇に従え、群れがそのあとに続いていた。

「頼むからやめてくれよ、お姉さん」私は言った。

彼女は動きを止めたが、警戒は緩めず、私をじっと見つめた。私は話し続けた。ここに留まるようにと、声は低く抑え、なだめるようにして説得を続けたのである。ずっと彼女の名前で呼びかけた。

すると彼女は突然、姿勢を変え、私と真正面に向き合った。粘液でふちどられた彼女の目の鋭さが、一瞬緩んだ。そして代わりに何か別のものがちらりとほの見えた。好意の表れとまでは言わないが、敵意にも満ちていなかった。

「ここが君たちの住み処になったんだよ、ナナ。いい住み処だ。私もずっと一緒だ」

彼女は慌てる様子もなく、悠然と向きを変え、柵から引き返して行った。他のゾウたちは列を崩して彼女を通すと、そのあとに続いて行った。

数メートル行くと彼女は立ち止まり、他のゾウたちを先に行かせた。これまでこんなことは一度もなかった。彼女がいつも先頭で藪の中に消えて行ったのである。彼女は振り向くともう一度私をじっと見た。

ほんの数秒の出来事だったが、とても長く感じた。

そして彼女は闇の中に消えて行った。

第9章 野営の日々

その後数週間で群れは落ち着き始めた。エサを与えるために柵に近づいても、ゾウは怒って向かって来るようなことはもうしなくなった。おかげで私たちもようやく睡眠不足が解消しつつあった。自然の中で野宿すると魂が癒される。忘れかけていた本能が呼び覚まされ、失った技が磨き直され、意識が研ぎすまされ、生活はこれまでより豊かなテンポで跳ねるようになる。

荒野を行くというのであれば毎日が次の新しい場所への移動だが、デヴィッドと私はただの通りすがりではない。私たちは、ゾウというこの自然保護区の住民たちに受け入れられるよう、順応しなくてはならなかった。湖に棲む魚のように、ここの環境にすっかりとけ込まなくてはならなかったのである。

最初、豊かな自然は私たちのことを迷惑な入植者と見ていた。そして、我々が何者で、何を彼らの縄張りでしようとしているのかを知りたがった。どこへ行っても何百という目が私たちに注がれていた。私は絶えず監視されているような、何かぴりぴりした感覚を味わっていて、ふと見上げると、必ずマングースとかイボイノシシあるいはソウゲンワシが、遠くからこちらをうかがっているのだった。彼らは私たちの行動を何一つ見逃すまいとしているようであった。

しかしやがて私たちもそんな自然の生き物の一つになっていた。大型の動物たちは、慣れてくると、私たちが危害を加えないことを感じ取り、私たちの周りを自由に動き回るようになった。インパラのオスやそれに従うメスの群れも、いつも仔馬のようにビクビクしていたくせに、今では、私たちがまるで風景の一部であるかのように、三十歩ほど先で草を食《は》んでいた。シマウマやヌーもよく近くを通り過ぎたし、クーズーやニアラもすっかり安心しきって草を食んでいた。

だからといって、私たちがすっかり歓迎されているかというと、そうでもなかった。ヒヒの群れが毎日川で水浴びをするために近くを通って行ったが、群れを率いる非常に気取ったオスは、いかに不満に思っているかを見せつけた。私たちがうっかり彼らの縄張りのど真ん中にキャンプを構えていたものだから、その怖いボスは何のためらいもなく怒りを露わにしていたのである。短剣の形をした黄色い歯をむき出しにして「フーフー、ハー」とうなるヒヒ独特の鳴き声が、ナタール・マホガニーのてっぺんから渓谷一帯に響き渡る。「ボー、ボー」という、縄張りを主張する深い鳴き声は、川床にまでこだました。彼にしてみれば私たちはいつになっても侵入者である。

春も終わりにさしかかり、様々の形の様々の寸法をした鳥たちが、アフリカの極彩色にいろどられ、さえずり、歌い、彼らに耳を傾けるあらゆる生き物に物語を聞かせてくれる。ヘビたちは猛毒のブラックマンバに至るまで、灼熱の太陽を避けて、日陰を求めた。私がいちばん好きだったのは渓谷の岩々にひそんで暮らす一匹の美しいアフリカニシキヘビだった。まだ若くて一メートル半足らずだが、その暗く黄色っぽい茶色の体がくねくねと地面を這って行く様は、たとえようもなく見事だった。

このしなやかな肉体がそばを通り過ぎるとき、私はいつもマックスの首輪を強く押さえた。彼はかなり前から、野生の動物はもう二度と追いかけないという賢さを身につけていたが、ヘビにだけは、今もって特別の思い入れがあるようだった。私が少しでも油断したら、このニシキヘビにもあっという間に飛びかかっていたはずである。

四輪駆動車の無線用のアンテナを建設現場の足場のようにして、二・五センチのコガネグモ（バーク・スパイダー）はちゃっかりと住み着いてしまっていた。とても小さな生き物ではあるが、そのスタミナは大したものだった。毎日夕方になるとアンテナを支柱にしてクモの巣を張る。そして毎日朝になると、そこに捉えられた貴重なタンパク源を自分の巣ごと余すところなく飲み込むと、夕暮れにはまた新しい巣を張るのである。私たちはそんな彼女にウィルマというあだ名を付けたが、彼女の作る幅三メートル近いクモの巣は驚異の構築物であり、恐るべき粘着性の罠であった。十センチのカミキリムシはおろか、空中を舞うありとあらゆる虫を、その生糸のようにつややかで鋼のように強靭な網に捉え、ひたすらストイックに体液を吸い尽くしては、殺していくのであった。

私たちは時々ゾウの囲いの反対側にも行く必要があった。車を動かし始めると、彼女はエンジンの振動に最初こそ大慌てはしても、完成したばかりの自分のクモの巣にしっかりしがみつくので、私たちは、結局最後は可哀想になって歩くことにするのが常であった。

夕暮れになると、昼間活動する生き物たちは、自分がいちばん安全と感じる場所に行って眠りにつく。一帯から生き物の姿が消えるが、いつまでもというわけではない。やがてアフリカの星空のもと、今度は夜行性の生き物たちが姿を現すのである。イボイノシシに代わって短い錐のような牙のあるカワイノシシが現れ、ソウゲンワシやゴマバラワシに代わってクロワシミミズクだ。このミミズクは音もなく羽ばたいて空を偵察、急降下してはヴォンドを襲う。ヴォンドというのはぽっちゃりとした野ネズミで、動きが鈍くて狙われ易いが、その旺盛な繁殖力が唯一の頼みの綱である。ヨタカ（アカクビヨタカ）は、口が昆虫を空中で捉えるよう特別仕立てになっていて、さながらクマの罠である。太陽に照らされて焼け付くように熱かった地面も冷め始め、体を暖めるための熱がなくなってくると、ヨタカは空に舞い上がる。無数のコウモリが飛び交い、地上でもっとも愛くるしい生き物の一つ、小柄なくせにとても大きな目をしたガラゴ（霊長類）が、交尾の相手を求めて激しい鳴き声を木のてっぺんから響かせる。

死体をあさるという不当な評判をたてられ、アフリカの動物の中でも最も誤解され、悪者にされてしまっているのが、ハイエナであろう。しかし、私の大好きな生き物の一つである。ハイエナは夜陰にまぎれて夕食を探し、「ユープ、ユープ、ユウウープ」と鳴いて、その盛んなおしゃべりで縄張りの宣言をした。次の日にキャンプの周りに大きな犬のような足跡が残っていることがあり、彼らが私たちのことを詳しく調べようとしてやって来ていたことが分かる。

私たちは照明を断続的に使って、このめまぐるしい舞台の展開を追った。断続的というのは、あまり長く明かりを点けたままにしておくと虫の大群に襲われるからである。低木林で明かりを点したままにしておくのはまずい。虫を惹き寄せ、虫がカエルを、カエルがヘビを惹き寄せるからで、ずっと消さずにいるのはかがり火だけである。

ある朝、私たちは車のそばにヒョウの糞を見つけた。私たちがまさに寝起きしているその場所を、オスのヒョウが自分の縄張りだと宣言したのである。

「現場」で暮らしていると、じっくりとゾウの群れを観察する時間もあった。私はそれぞれの性格に大変興味を覚えた。ナナは巨大で支配的、メスのリーダーとしての務めを真剣に受け止め、ちょうど細かいことにうるさい主婦のように、ゾウの囲いの限られた空間を最大限、活用しようとした。日陰を求めるならどの場所、風をよけるならどこ、と決めていて、食事の時間もなぜか正確に把握していた。私たちがいつ水たまりや池に水を補給するかも、ちゃんと分かっていた。

フランキーは自分から群れの守護神役を買って出ていた。群れから離れ、私たちのほうに全速力で走って行くのが大好きで、最後には頭を高く持ち上げ、獰猛な目つきで私たちを睨むのだが、ただおどかすだけである。

ナナの息子でまだ赤ん坊のマンドラは、生まれながらの道化者で、彼のいろいろな仕草は私たちを絶えず楽しませてくれた。空威張りが得意で、よく私たちを襲う真似をしたが、それはママが近くにいれば、の話であった。

フランキーの十三歳の息子マブラと十一歳の娘マルラは、いつも静かでお行儀が良く、母親から離れることは滅多になかった。

ナンディはナナの生き写しという十代の娘で、自立心が強く、自分だけで囲いの中をあちこち探索に出かけて行った。

そして亡くなった前のリーダーの息子で、まだ若いのがノムザーンである。母親が亡くなって皇太子の身分から一転、嫌われ者になってしまっていた。彼はもはや群れの中核には属さず、だいたいは独りぼっちにしているか、群れの周辺に位置していた。これが太古の昔から少しも変わらぬゾウの掟である。群れは母系社会であり、オスは成年に達すると群れを追われる。これが、大自然に備わった、種《たね》を拡散させる方法である。そうしないとすべての群れが近親交配になってしまう。しかし、一族を追われる若いオスの悲劇には、やはり切ないものがある。男の子が家から遠く離れた寄宿制の学校に入れられて、どうしようもないホームシックにかかるのにも似ている。自然界では、同じようにして群れから追い出された若いオス同士が何頭か出会って、年上の賢いオスをリーダーとし、緩い独身部隊を形成するのが一般的だ。

不幸にもノムザーンの場合は、父親代わりとも言える存在がいないので、母親と妹に死なれる悲哀と、自分の唯一愛する一族からの追放という、二重の苦しみであった。食事の時間になるとナナとフランキーから乱暴に追いたてられるので、他のみんながお腹いっぱい食べ終わったあとに、ようやく残り物に預かる、というノムザーンであった。

みるみる体重を減らしていくので、デヴィッドは彼だけ別にして食事を与えることにした。ノムザーンがどんなに有り難がったことか、見ていて気の毒なほどだったが、デヴィッドは野生の生き物と自然につながりの持てる人で、毎日ノムザーンには特別にアルファルファやアカシアの枝を余分に与え始めていた。

ノムザーンの地位の低さを確認したのがある日の夕方、繰り返される長い高音の鳴き声を聞いたときである。愛車はウィルマのクモの巣張りのおかげで使えなくなっていたので、私たちは囲いの反対側まで、走って行った。するとナナとフランキーがこの若いゾウを追いつめ、電気の流れる柵にぶつけていた。

「見てよ、これ」着くなり喘ぎながらデヴィッドが言った。「彼をハンマー代わりに使ってるよ。これで柵を壊そうというんだよ」

確かにそうだった。ノムザーンは電線と二頭の巨大な肉と牙に挟まれ、電流をその若い体に浴びて、喉をからさんばかりに鳴き叫んでいたのである。彼が鳴き叫べば鳴き叫ぶほど、二頭のゾウは彼を押しやった。

私たちがまさに助けてやろうとしたとき――と言ってもどうやって助けたらいいのかはっきりとは分かっていなかったのだが――二頭はようやく彼を放免した。哀れにもノムザーンはその憤りを鼻から大音声で響き渡らせながら、囲いの中を全速力で跳ねて回った。

やがて落ち着くと、彼は群れからいちばん離れた静かな場所を見つけた。そこに立ち尽くした彼は、すねながら、すっかり惨めな気持ちになっていた。

この事件で、ナナとフランキーが、電気を通した柵がどう機能するかを完全に理解していることが、決定的となった。ノムザーンを押してワイヤーにぶつければ、自分たちは電気ショックを受けずに脱走も可能であることを、知っていたのである。

それでも、もうあの嫌な夜明けのパトロールがなくなって、私は安堵した。ナナはもう北の柵の所に群れを集めての大脱走を試みなくなっていた。私たちは大変不利な戦いを強いられていたが、それがもう終わった。ゾウたちがここに来てから数週間のうちに、少しは進歩もあったのである。とは言え私たちは、次に起きることばかりは、予測できていなかった。

翌朝、日の出の少しあと、ふと見上げると、私たちの小さなキャンプの真正面の柵のところに、ナナが、赤ん坊のマンドラを連れて立っていた。こんなことは初めてだった。

立ち尽くす私を前に、ナナは鼻を持ち上げ、私を正面から見据えた。耳は下げていて、落ち着いていた。私は直感的に、近づこうと思った。

私はこれまでの経験からゾウがゆっくりとした落ち着いた動きを好むことを知っていたので、のらりくらりと歩きながら、わざとらしく草を手で払ったり、止まって木の株を調べたりして、時間をかせぎかせぎ先に進んだ。彼女には私が近づくのに慣れてもらう必要があったのである。

柵から三メートルほどのところまで来ると、私はこの巨大な体を正面に見上げた。そしてゆっくりと一歩進んだ。さらにもう一歩。柵からはあと二歩ほどになっていた。

彼女はじーっとしていて、突然私は安心感に包まれる気がした。それまで私のことは殺したいとしか思っていなかったであろう、この意地の悪い野生の動物から、わずか一歩のところなのに、私はこんなにも安全を感じたことは初めてだった。

安全のカプセルに収まったかのような私は、頭上にそびえ立つこの見事な生き物に、ついうっとり見とれてしまった。彼女が針金のようなまつげをしていることに初めて気付いたし、その皮膚には何千という皺がひろがっていて、牙は片方が折れていた。彼女の優しい目に引きずり込まれる思いだった。するとまるでスローモーションのように彼女が鼻を、私のほうに差し出した。目を奪われた私は、催眠術にでもかけられたようになり、この世界にこんな自然なことは他にないと思った。

この世のものとも思えないこの情景の背後で、デヴィッドの声がこだました。「ボス!」そしてそれがどんどん大きくなる。「ボス! 親方! いったい何事ですか?」

彼の叫びの、差し迫った感じに、私は夢から覚める思いだった。ふと気付いたが、もしナナが私に手出ししようと思うなら、それまでだったのである。私は縫いぐるみの人形か何かのように、柵越しに持ち上げられ、地面にたたきつけられて、踏みつけにされていたであろう。

私は後ずさりしようという衝動にかられたが、なぜかその場を動かなかった。何かが私をその場に押しとどめた。そこにはやはりあの催眠術にかかったような不思議な静謐《せいひつ》感があった。

もう一度ナナが鼻を差し出して来た。そして私はひらめいた。彼女は私にもっと近づいてほしかったのである。私は深く考えることもせず、柵に身を寄せた。

時間が止まったかのような瞬間だった。ナナの鼻がニョキニョキと伸び、注意深く電線を避けながら柵から突き出て、私の体に達した。彼女は優しく私に触れた。私は彼女の鼻の先端の湿り気に驚き、彼女の体臭の香ばしさに驚いた。しばらくして私は手を持ち上げ、彼女の大きな鼻の上面を触り、その剛い体毛にも軽く触れた。

しかしその瞬間はあっけなく終わった。彼女はゆっくりと鼻を引っ込めた。彼女は立ち尽くし、しばらく私を見ていたが、ゆっくりと向きを変え、二十メートルほど先に集まって私たちの動きを逐一追っていた群れのほうに戻った。面白いことに、彼女が群れに戻ると、フランキーが前に踏み出して彼女を迎えた。お帰りと言わんばかりであった。あえて言うなら「よくやった」とでも言っている感じだった。私はキャンプに戻った。

「今の、何だったの？」デヴィッドが聞いてきた。

私はこの深い経験にしばらく言葉もなかった。そして、やっと言葉を絞り出した。「さあ、何だろう。でも一つ分かったのは、群れを出すときが来たということだね」

「群れを出す？　囲いから？」

「そうだ。休憩にして、少しその話をしよう」

私たちは車で家に戻るとコーヒーをいれ、今日の出来事を盛んに話し合った。

「ナナがここに来たときからすると別人なのは確かだよ」デヴィッドが言った。「というか、群れ全体が変わった。もう攻撃性がない。すっかり消えてしまったよ。州の野生生物局に電話して、彼らが何と言うか、確かめるといいのでは？」

「いや。私たちでゾウの囲いから出せばいいんだ。野生生物局は、三ヶ月は囲いの中でと、前から言っている。彼らが今になって考えを変えることはないさ」

デヴィッドも頷いた。「そうだね。群れがウムフォロジから戻って来たあと、僕らが何と言っていたか、憶えている？　群れをこちら側に付けるためには、メスのリーダーに少なくとも人間を一人、信用してもらわなくちゃいけないって言ったんだよ。そのとおりになったね。彼女はあなたを信用している」

「よし。ヌドンガに無線を入れてくれ。保護区の外柵に電気を流すように言うんだ。群れは明日の朝、保護区に放つよ」

私たちはゾウの囲いに戻った。私はこれからやろうとしていることの重大さを強く感じた。もし私の判断が間違っていてゾウたちが保護区から脱走したら、彼らは殺される。考え直そうかとも思い始めたが、この夜最後の柵の見回りをしながら、私はゾウたちがこれまで以上に落ち着き、大人しいことに気付いた。それはまるでこれから何か特別なことが起きようとしていることを、彼らが予知しているかのようであった。そう思うと私は気が少し楽になった。

朝の五時、動物監視員が発電機の小屋から無線で連絡してきた。ゾウの囲いの電源を切ったという。デヴィッドが、門のところの大きなユーカリの柱を蝶番《ちょうつがい》から外した。

私は五十メートルほど先に立っていたナナに合図をし、入り口のところを出たり入ったりして、囲いが開放されたことを知らせせようとした。そのあとデヴィッドと私は、入り口から安全な距離にある蟻塚に登って、正面観覧席の特等席に陣取ることにした。

二十分間は何も起きなかった。その後ようやくナナが門の所までおもむろに進んで、何か目に見えない障害物がないか、鼻で点検していた。大丈夫と思ったらしく彼女は先に進んだ。あとを群れが付いて来る。すると入り口の途中で立ち止まってしまった。なぜか彼女はそれ以上先に進まないのである。

十分たっても、まだ彼女は動かない。私はデヴィッドに言った。「何してるんだ？　なぜ外に出ないんだ？」

「門の前の水でしょう」デヴィッドが言った。「トレーラーの溝に雨が溜まってるのが嫌なんだよ。マンドラには深すぎるから、止まったんだろうね」

そのあと私たちはナナの怪力を改めて見せつけられた。

門の両側には幅二十センチ、高さ二百四十センチのユーカリの柱が二本ずつ立っていて、下はコンクリートに七十五センチ埋めてある。ナナはそれを鼻で点検すると頭を低くして一押し。柱は曲がり、コンクリートの礎石はまるでコルク栓か何かのように地面にむき出しとなった。

デヴィッドと私はお互い顔を見合わせ、呆気にとられた。「なんてことだ」私は言った。「あんなこと、トラクターを使ったってできやしないぜ。でも、私は昨日、あの鼻でなでられていたんだからなあ！」

溝を迂回する通り道はこれではっきりした。ナナは群れを急がせ、けもの道をつたってまっすぐ川に向かった。ゾウたちは、緑生い茂る夏の林に消えて行った。

「正しい決断だったと思いたいね」私は言った。

「正しかったよ。彼女もそれを待っていたね」

彼のこの言葉を信じたいと思った。

群れが消えたところで、私たちはキャンプをたたむことにした。といっても寝袋と焼けて黒ずんだヤカンを車の後ろに積み込むだけのことだったが、物事が先に進んでいるという象徴的な意味合いがあった。

マックスはまだゾウの囲いの門のところにいて、ゾウたちを飲み込んだ低木林のほうを見つめていた。呼ぶとマックスは、ゾウを追いかけてほしいの？　と聞くように私を見上げた。私が「行け！」と言っていたら、彼は茂みの中にすっ飛んで行っていただろう。ゾウの体軀は彼には全然問題ではなかった。まったくの怖いもの知らずの犬で、ナナが足をひと踏みするだけで自分がホットケーキのようにひしゃげてしまうことなど、まったく思いも寄らなかったのである。

デヴィッドをロッジで降ろすと、私はオヴァンボ族の警備員の小屋に報告をしに行った。

私があと百メートルほどのところまで来ると、ヌドンガが手を振りながら駆け出して来た。「早く！アンソニーさん。エンジンを切って、静かにして」彼が囁く。「四十メートルほど先にヒョウがいるんでね。私たちの右側だよ」

私はエンジンを切って茂みに視線を転じ、彼が指差した辺りに目を凝らしたが、何も見えない。

「真っ昼間からヒョウ？　まさか」

ヌドンガは指を唇に当てた。「つい二分前に見たんだよ。あなたが近づいて来るときにね。静かにして……また出て来るから。あの大きな藪を見てご覧よ。あそこから出て来たんだ」

茂みは確かにヒョウ一匹を隠せるほどではあった。しかしヒョウというのは夜行性の動物だ。真昼に徘徊するヒョウなど、見かけることはまずない。

すると家陰からオヴァンボ族の一人が出てくるのが目にとまった。ヌドンガに頷いている。両手を布で拭うと、私から見られているのに気付いて、すぐにポケットにしまいこんだ。

車のそばで身を屈めていたヌドンガが立ち上がった。

「なるほど。あなたの言う通り、いないのかもしれない。車に驚いて逃げたんだろうね。残念。トゥラ・トゥラで初めてお目にかかったヒョウだったんだけど」

私は頷いた。ここの保護区にヒョウが何匹かいることは、足跡などの痕跡で分かっていた。最近も車の近くで足跡が見つかっていた。しかし、私たちがここに来る前に盛んに狩猟の対象となり、その結果、人の気配をとても怖がるようになって、あまり見かけなくなっていたのである。だから、ヌドンガの言うように、そんなまだら模様のネコが白昼、こんなにも人の住居の近くで木から飛び降りて来たとすれば、実に驚くべきことであった。

「ところで、何の御用で、アンソニーさん？」彼が聞いた。

「ゾウの群れを放したんだよ。監視員にはみんなで見回りをして後を追ってほしいんだ。それから柵を調べてほしい。電気がずっと流れたままになっていることを確認するんだ。それと、近くに木がないように徹底してほしい。ゾウたちにまた電線をショートさせられたくないからね」

「それはもう済ませてあります。柵の近くの木は全部切りました」

前回もそう聞かされていたのだが、群れは柵から脱出した。同じ危険は冒したくなかった。

「本当に？」

「もちろんですよ」

「そうかい。じゃあ、また後でね」

こう言って私はその場を後にした。このところの雨で低木林は緑と黄金色に彩られ、豊穣なる大地は命の律動で脈打っている。残念なことに、林が緑豊かに生い茂ると、美しくはあってもそれだけゾウを見つけるのが難しくなる。再び脱走を試みるかもしれず、やはり彼らの正確な位置は把握しておく必要があった。

私たちの忠実な庭師で、みんなの友達であるビイェラが走り寄って私たちを出迎えた。マックスと私は車を降りた。帰宅できて嬉しい。中に入ると、フランソワーズから、警備班長のヌグウェンヤが会いに来ていると知らされた。

彼は私たちの家から三十メートルほど先にある監視員宿舎のベランダの前で、切り株に腰掛けていた。珍しいことだ。彼はどうやら私に近づくところを人に見られたくないらしい。私のほうから歩いて行った。

「サウボナ（こんにちは）、ヌグウェンヤ」

「イェボ（はい）、ムクルー」

私たちは異常に雨の多い天気とゾウのことを少し話した。それから彼が用件を切り出した。

「ムクルー、何だか変なことが起きているよ」

「たとえばどんな？」

「たとえばトゥラ・トゥラで猟獣類《ニャマザーン》が撃たれてる」

私は体がこわばった。ゾウのことにかかりっきりになって、密猟のことはしばらく後回しにしていたのだ。

「そして今では変な話も耳にしている」ヌグウェンヤが続けた。「いちばん変なのは、銃で撃っているのはヌドンガだと、みんなが言っていることだよ。あの男が私たちの動物を殺しているって」

「何だって？」私は顔から血の気が失せる思いがした。「何でまたそんな恐ろしいことを言う？」

ヌグウェンヤは自分でも信じられないとでも言うように首を振った。「ヌドンガがオスのレイヨウを撃ち殺すけど、皮を剝ぐのは他のオヴァンボ族と門番のピネアスだ。時々夜遅くに氷を積んだトラックがやって来て、肉を持って行く。肉は、ヌドンガが町に持って行くこともある」

「どうして分かった？」

「ここのみんなが言っているからだよ。それと、他のオヴァンボ族の連中は、面白くないそうだ。きつい仕事をさせられるだけでヌドンガからお金はもらえないと、村でこぼしているよ。もらえるのは肉だけ。しかもいい所ではない。せいぜい頭とか脛《すね》のところだよ。それしかくれない」

「いつ頃からそうなんだろう？」

ヌグウェンヤは肩をすぼめた。「あなたたちが来てからずっとだよ。でもこの話を私が知ったのは今だ。だからあなたに会いに来たんだ」

「ありがとう。ヌグウェンヤ。良い仕事をしてくれた」

「いよいよ危ないことになってきたね」彼は切り株からゆっくり腰を持ち上げた。「オヴァンボ族の連中には、私があなたにこの話をしたってことを知られたくないね。サラ・ガーシェ（お気をつけて）、ムクルー」

「ハンバ・ガーシェ（元気でね）、ヌグウェンヤ」

　私は頭をがつんと殴られたような気がした。立ち上がることもできなかった。とんでもない話だ。密猟者たちが動物をたくさん殺したというだけではない。それだけでも十分ひどいことだが、さらにまずいことに、もしヌグウェンヤの言っていることが本当なら、私の雇っている人々が、私の動物を、私のライフルで密猟していたということになる。オヴァンボ族に渡した三〇三口径のリー・エンフィールド銃は、トゥラ・トゥラのものである。

「親方」

　見上げるとデヴィッドが目の前に立っていた。

「電気工の人が来たよ。門のところにいる。発電機のところに連れて行こうか？」

　私は頷いた。ゾウたちが出て行った今、柵の所の電気系統を徹底的に点検しておこうと思って呼んだのだった。車に乗り込むと、無線がやかましく鳴った。ヌドンガだった。私は強い怒りを覚えた。この警備班長は、濡れ衣かも知れないし、推定無罪ではある。しかしヌグウェンヤの話が心に重くのしかかった。

「ゾウを見つけました。ちょうど北の外柵のところです」

「素晴らしい」私はこう答えながら、怒りが声に出ないよう苦労した。「ゾウから目を離すなよ。十五分くらいで着くから、それまで待っていてくれ」

　電気技師を間に挟んで、車のギアを摑むと、マックスをデヴィッドの膝の上に乗せて出発だ。群れが保護区のいちばん北の端で見つかったのはもっともな話だった。前の住み処の方角だからであるが、ぎょっとさせられる話でもあった。まだ脱走するつもりでいるのだろうか？

ヌドンガが言っていたとおり、作業員たちは柵のワイヤーに届きそうな木はすべて切り倒していた。密猟を監視するための見回りと、保護区の外柵の保守のために、車が通れそうな狭い大まかな道も切り開かれていた。これで、遠くからでもゾウたちを監視し続けることは、比較的容易であるはずだった。

ナナは柵沿いに進み、鼻の先をいちばん上の電線のすぐ下に持っていって、電気の脈を測るような仕草をしていた。あとに群れを従え、彼女は保護区の外柵沿いにどこか弱い個所がないか、柵のどこかに電気の来ていない所がないか、自分の天然電圧計で調べながら、その全長三十キロあまりをほぼ歩きつくしていた。

そろそろ四時になろうとしていた。ゾウたちはほぼ一日中保護区の外周沿いに歩いていたが、電気の途絶えている所はないかと探し回りながらも、ナナが柵に直接触れようとしなかったことで私はほっとしていた。彼女は痛みをこらえて柵を壊すという、前のメスのリーダーがムプマランガでしたようなことは、しようとしていないのである。

しかし、群れが保護区周遊を終えようとしていたまさにそのとき、電線のすぐそばにそそり立つ大きなアカシアの木が、私たちの目にとまった。ヌドンガのチームがなぜか切り忘れた一本である。外柵全体で木を切っていない「危ない」個所はここだけであった。何か記念碑のようにしてそびえている。

「くそ」デヴィッドがうなった。彼も私も、これからどういうことが起きるか、分かっていた。

果たせるかな、ナナとフランキーが立ち止まり、木を眺めていた。そして、もっと詳しく観察しようと、走り寄ろうとしかけた。

「駄目だよ、ナナ、駄目だ」私は叫んだ。彼らは二頭横に並んで、肩でアカシアの木を押し始めた。木がどこまで持ちこたえるか、その強度を試しているのである。彼らは確実にこの木を倒すだろう。そして彼らが必ず試みるであろう脱走を、私たちがもし食い止めるつもりでいるのなら、もっと近づく必要があった。幸い出入り口が近い。私たちは車を急がせ、保護区の外に出ると、一つ隣の轍を伝って柵の反対側に出た。

たどり着くと木の根元からミシミシという音が盛んにしていた。ナナがぐいぐい力を込めている。「バキッ」という音がして幹が裂け、柵に向かって落ちて行く。それをぶつけられた支柱が倒れ、電流も切断、はでなショートを起こしてしまった。えい、ままよ、とばかり私は飛んで行って、電線を掴み、まだ電気が通じているかどうか確かめようとした。案の定、電流は止まっていた。見れば、ゾウたちがまさに私たちを乗り越えて出て行きそうな気配だ。これは本当に困った。

「駄目だよ、ナナ、やめてくれ!」私は叫んだ。ゾウと私を隔てているのは、切れた電線のからまりと、ひしゃげた支柱だけであった。私の声が絶望的な響きを帯び始める。「やめてくれ!」

幸い、電線のショートするパシパシッという物凄い音にひるんで、ナナは慌てて一歩あとずさりをした。でもいつまでそのままでいてくれるというのか?

有り難いことに電気技師がやって来た。興奮したゾウたちに私が哀願する間、彼とデヴィッドが仕事に取りかかった。ナナとフランキーと若いゾウたちからわずか十メートルくらいしかない所で、二人は鳥の巣のようにこんがらがった電線を冷静にほぐし、慎重に木を切り落とし、ケーブルをつなぎ合わせ、支柱をまっすぐにして、再び電流を流すことに成功した。

その間私はずっと直接ナナに語りかけていた。ゾウの囲いでやったときと同じように、彼女の名前を幾度となく使い、ここが彼女の新しい住まいなのだと、繰り返し繰り返し言い聞かせた。

彼女は私を見つめていたが、最後の少なくとも十分間はお互い見つめ合ったままだった。その間、私は説得を続けた。

　ナナは突然、まるでこの騒ぎに面食らったと言わんばかりに踵をめぐらし、茂みの中に戻り始めた。他のゾウたちもあとに続き、私たちは安堵のため息をついた。

　その時になって初めて気付いたことだが、私はその間、何かまずい方向に事が進んだ場合に備えてライフルを手にしよう、などとはまったく考えもしていなかった。私とゾウの群れとの関係は明らかに改善していた。

　しかしこの騒ぎの最中、私は他のあることにも注意を惹かれた。もっと不吉な何か。オヴァンボ族の男たちのことである。木が倒れた時、彼らは全員一人残らず、まるで驚いたウサギか何かのように飛び跳ねたのだ。これは変だぞと私は思った。屈強の動物監視員《ゲーム・レンジャー》のはずだった。それが、ゾウにおびえているのである。経験豊富な藪の男たちにしては様子が変だ。

　そしてやっと分かった。ついに謎が解けた感じがした。奇跡的に霧が晴れてきた。いろいろと自慢話は聞かされたけれども、彼らは動物監視員なんかではないのだ。レンジャーであったことなど一度もないはずだ。射撃が得意な兵士ではあった。しかし野生生物の保全などということに関しては、まったく関心も知識も持ち合わせていないに違いない。まったく筋違いのところに来ていたのである。最初からおかしかった。そもそも、獲物追いの名人であるはずの彼らが、最初の脱走劇のときなぜ反対の方向を指差したのか、私はずっとおかしいと思っていたが、これでやっと分かった。

　最後まで残っていたわずかばかりの疑問もこれで消え失せた。照りつける太陽さながらに、一気に明々白々なこととなった。ヌグウェンヤの言っていたとおり、この監視員たちは実は密猟者だったのである。彼らこそ、この一年、レイヨウの数を減らす保護区の疫病神だったのだ。その彼らにとっていちばん有り難くないのが、野生のゾウの群れがトゥラ・トゥラに住み着くことだった。

ただでさえゾウとの付き合いのなかった連中だ、ましてやこれだけ気まぐれな群れが相手では勝ち目はない。怒った巨ゾウたちが周りにいては自分たちの密猟業も終わりだと思ったのだろう。単純な話だ。密猟というのはたいてい夜陰にまぎれて行われる。よほど肝がすわっていなければ、あるいはよほどの馬鹿でなければ、気性の荒い群れが放たれている藪の中を夜中にさまようようなことはしないだろう。自殺行為だ。彼らがこの美味しい副業を続けるためには、どうしてもゾウたちには脱走してもらわなければならなかったのである。

すべて状況証拠でしかなかったが、謎がつぎつぎに解け始めた。群れが初めて脱走したとき、ゾウの囲いで「銃声がした」とベキから聞かされたこともふと思い出した。ゾウたちを狼狽《ろうばい》させ、錯乱させて大脱走をけしかけようと、誰かがわざと発砲したのかもしれない。

電線がなぜ最初ゾウの囲いの支柱の間違った側に取り付けられたかも、これで説明がつく。そしてもちろん、あの小屋に今朝ヒョウなど現れていなかったこともだ。彼らは違法に食肉を処理していたに違いない。私が前触れもなく突然現れたものだから、あやうく現場を見つかるところだったのだ。彼らが証拠を隠す間、ヌドンガはヒョウの話で私の注意を惹き付けておかなくてはならなかったのである。だからあの監視員は家の後ろ側から出て来たとき手を拭っていたのだ。あの手は血に染まっていたに違いない。

そして柵のすぐ近くに立ったままになっていた木はどうなのか？　これがいちばん明白な証拠に違いない。意図的でないと言うには、あまりにもうまくできすぎた偶然である。

私は騙されていた。すべてが仕組まれていた。

しかし、確かに私たちは醜い裏切りの犠牲者ではあったが、もっと大事なことは、今、ゾウたちに危険が及んでいるということだった。

「デヴィッド」彼を身に引き寄せながら私は言った。「君に話したいことがある」

第11章　敵を追いつめろ

四輪駆動車に乗り込むと、私はエンジンを入れた。私は怒り心頭に発していた。オヴァンボ族のことだけではない。いともたやすく騙された自分に対しても腹を立てていた。私は無邪気な子どものように、まんまとひっかかったのである。

「何か問題なの？」デヴィッドが聞いた。

「問題？　いまいましいオヴァンボ族の動物監視員だよ。それが問題さ」

「間抜けだよ、ほんと。あの木を切り損ねてただなんて。間抜けにもほどがある」

「いや」私は首を盛んに振って車を出した。「そうじゃないんだ。密猟のことさ。彼らが密猟者だったんだ。監視員なんかじゃないんだよ。彼らこそいまいましい密猟者だったんだ」

しばしの沈黙が彼の驚きを表していた。

「え？　冗談でしょ」デヴィッドが言った。「まさか……」

「いや、ほんとなんだ」私は怒りに顔をほてらせ、ゾウの囲いで支柱の反対側にワイヤーが張られたことに始まって、ヌグウェンヤから聞いたばかりのことまで、証拠をすべて並べ立てた。

デヴィッドが顔をこわばらせながら、話をなんとか消化しようとしていた。彼こそこれまで密猟者たちの矢面にいちばん立たされてきた人間である。

座席にじっと座ったデヴィッドは、拳を握りしめていた。そして静かにこう口を開いた。「車を戻してよ。奴らとちょっと話をつけたい」

デヴィッドはズールー語であだ名をエスコーロと言った。ボクサーあるいは戦士という意味である。がっしりとした体、健康そのもので怖いもの知らず。彼とは面倒を起こしてはいけないという定評のある男だった。その彼が今やオヴァンボ族の男たちに狙いをつけた。

「駄目だ」私は断った。「君が頭に来ているのは分かる。私も同じ気持ちだ。でも賢いやり方でいかないとね。いまいましい密猟を一気にやめさせる最大のチャンスだよ。彼らはまだ勘付かれたとは知るまい」

デヴィッドは私を見ている。納得はいっていないようだ。

「証拠がそろうまで、何も気付いていないふりをしなくてはいけない」私は続けた。「でなくてはチャンスを逃すよ。今のところ噂でしかないからね。しらを切られるだけだ」

「分かった」と彼は言ったが、少し無理をしているようだった。「でも一旦けりがついたら、話をつけたい」

「それは君の好きにするがいい。しかしそれまで監視員から目を離したら駄目だ。一分たりともね。信頼のおける者を二人、彼らの宿舎に常駐させることだな。事情はヌグウェンヤに説明してもらうよ。二人には一日二十四時間、オヴァンボ族と寝起きを共にさせ、彼らの動きを逐一報告してもらおう。これでもう銃は撃てなくなるだろうし、私たちも時間が稼げる」

「了解です、ボス」と言うと、デヴィッドの顔にいたずらっぽそうな笑みがみるみる広がっていった。

「ヌドンガとも、もっと連絡をとりあうことにする。僕が彼のいちばんの友達になるよ。今夜からね」

翌朝私たちは早くから外に出るとゾウの様子を見に行った。茂みの多い低木林をあちこち二時間ほど動き回ったあと、私たちは保護区の真ん中、柵から一番遠いところで草を食んでいるゾウたちを見つけた。ノムザーンは集団の中心から百メートルくらい離れて小さなアカシアの木の葉っぱを引きちぎっていた。私たちははっきりと見える所までゆっくり近づいた。数えてみると七頭。全員そろっている。背の高い草や樹液をたっぷり含んだ木に囲まれ、ゾウたちは誕生パーティーの子どものように、食べることに忙しそうだった。ここの雨量は彼らの昔の住まいからすると二倍近くはあるから、食糧も二倍というとことになる。トゥラ・トゥラはまさにゾウの天国だった。メスのリーダーとしては、ずば抜けて賢いナナだ、これまでの冬の乾燥したムプマランガや狭いゾウの囲いのあとだけに、ここの豊かな恵みに気付かないはずがない。

一帯の平穏もここの価値を一層高めている。これまでのストレス、波瀾万丈、危険と焦燥を思えば、この非常に攻撃的な群れも、この新しい住み処でついに落ち着こうかというところであった。少なくとも今のところは。

「ゾウたちは今ここをいろいろ調べているところだね。そして気に入ってきたんだと思うよ」デヴィッドが言った。「これまでいたどこよりも良いはずだ」

私は頷いた。ひょっとすると、彼らをゾウの囲いから出すという私たちの賭けは、成功したのかもしれなかった。

家に戻るとフランソワーズが大食漢用の朝食で迎えてくれた。ベーレヴォールというスパイスの効いた、アフリカーナー風ソーセージにベーコンと卵とトマトとトースト、そして自家製のコーヒーを何杯も。フランソワーズの飼っている小さなマルチーズ・プードルのビジューと、ブルテリアのペニーが一緒だった。私はいつもこの二匹の対照的なところが可笑《おか》しくてならなかった。二匹とも雪のように真っ白だが、一方は毛がふわふわして柔らかく、もう一方は筋肉質で堅い。ペニーは徹底的に忠実な犬だった。トゥラ・トゥラを自分の家と決めていて、この土地を守るのが自分の役目と引き受け、それこそ命をかけて守ってくれた。

「ピネアスに、私が話をしたいと言っていると伝えてください」

私がこう言うと、ヌグウェンヤが気まずそうに立ち上がった。どういうことになるのか、彼には読めている。

「マンジェ？」今かと彼が聞く。

「そう。今だ」

ヌグウェンヤはしぶしぶドアのところまで行くと振り向いてこう言った。「よほど注意しないといけないよ、ムクルー。私たちがピネアスと話をしているとオヴァンボ族の男たちに知れたら、彼は殺されるかもしれない。彼らは前にも人を殺したことがあるよ。みんなツォツィ——最悪のならずもので、村の人たちはとても怖がっている」

「だから警察に行くときには、村の人たちが助けになってくれるさ」

ピネアスは出入り口の守衛で、殺した動物の皮剝ぎをやらされている男である。彼は単純で病弱な若者で、現代アフリカの災難であるエイズに長いこと感染していた。エイズは下世話には「時間のかかるパンク」と言われているが、この病気がいかにじわじわと人の生気を奪っていくかを見事に言い表している。ピネアスも例外ではなかった。私たちが彼を作業班から外して、肉体的にははるかに楽な守衛の仕事に回したのは、彼の負担を軽くしてあげようと思ってのことだった。

私は彼が私たちに協力して、重要な証言をしてくれるものと踏んでいた。ただ私は、切り出し方を間違えないようにしなくてはならなかった。

ピネアスがやってきた。ズールーランド地方部の習慣でもあるが、彼はノックせずに入ってきた。低く身を屈め、部屋を横切ると、私が何も言わないのに腰掛けた。彼は私から目をそらし、床を見つめた。これが作法とされている。

「イェボ、ピネアス」私はまず挨拶をした。

「サウボナ、ムクルー」彼は視線を落としたまま答えた。

まずは丁重に体調や天候のことを話すというのも、ズールーランド地方部の習慣ではあるが、私はいきなり切り出した。

「ピネアス、オヴァンボの男たちが密猟をしていて、君はその皮剝ぎをさせられるはめになっていると聞いたんだが」

効果てきめんだった。ピネアスはまるで非常口を探すかのようにきょろきょろし始めた。落ち着かない。病人の青白い顔がいよいよ蒼白になり、苦しそうに息がぜーぜー言い始めた。きっと自分の運の悪さを呪っているに違いない。この件で呼び出されるということが分かっていれば、彼は山に逃げ込み、帰って来なかったかもしれない。しかしもう逃げも隠れもできない。

「いいかい、ピネアス」私は言った。驚かせばこちらのものだ。「何が起きているかは皆の知るところとなった。でも君を警察に突き出したくはない。刑務所というのは君にとって良い場所ではない。君には私たちに協力するチャンスをあげたいと思うんだ」

彼は頭が胸に埋まるかと思うほどどうな垂れた。そして突然、しくしく泣き始めた。彼がエイズで免疫力が弱り、肉体的にも精神的にも辛い思いをしているということは知っていたが、こんなに早く彼がくずおれるとは思いもよらなかった。私は彼のことを本当に気の毒に思った。ただでさえ気弱になっているところへ、良心の呵責《かしゃく》も重くのしかかって来たのだろう。

「ヌドンガがお金を約束した」彼は言った。声が震えている。「でも払ってくれなかった」

「本当のことを言ってくれてありがとう」私は言った。「でも警察には洗いざらい言ってもらわないといけない。そうすれば、君はオヴァンボ族の男たちから守られることにもなるし、仕事も続けられる」

「あなたの言うとおりにするよ」彼は目をこすりながら言った。「すみませんでした、ムクルー」

それから彼は、いつどんな動物を何匹撃ち殺したかなど、密猟のことを事細かく話してくれた。私はその規模にすっかり驚いた。このろくでなしたちは少なくとも百匹は殺していた。つまり何トンもの肉を売りさばき、何千ドルもの利益を手にしていたということだ。

こうして最初の証人の話は聞き終えた。この日はそのあといろいろな話をつなぎ合わせ、ピネアスが教えてくれた他のスタッフからも話を聞き、情報を集め、さらに証言を集めるという作業を、これで立件できると思えるところまで続けた。しかしそれらは一旦すべてそのままにしておいて、その後数日のうちに他にどんな話が出て来るかを待つことにした。

一方、私の信頼する動物監視員がオヴァンボの男たちのすぐ隣に引っ越し、デヴィッドがヌドンガの「新しい親友」として影のようにつきまとった。おかげで、密猟活動は激減した。私もヌドンガにひっきりなしに無線連絡し、昼となく夜となく、オヴァンボの男たちが今どこにいるのかを聞き出し、林の中で落ち合い、予告なく彼らの宿舎を訪れた。

この緊張のおかげで成果が上がり始めた。ヌドンガは私たちが何かに気付いているとは思っていなかった。しかし、次にどうなるか予測がつかず、彼はとても神経質になった。オヴァンボの男たちが集団で外出すると、必ず私の監視員たちから無線が入り、突然何の前触れもなく私たちが現れ、冗談を交わし、一緒にたむろした。彼らの困惑の表情は笑いたくなるほどであった。要するに、狙いは彼らから密猟の機会を奪うことにあった。

しかしナナとその一族は、そんな人間たちの企みはどこ吹く風か、トゥラ・トゥラに落ち着き始めているようで、私はある朝、自分の目でそれを確かめてみようと、出かけて行った。

一時間車を走らせた私は、ゾウたちが川のほとりの巨大なイチジクの木陰で涼んでいるのを見つけた。まだ早かったが、すでに気温は摂氏三十七度近くにまで上がっている。私は車を止めると、這うようにして進み、五十メートルほど風下の鬱蒼たるマルーラの木陰に腰を落ち着けた。ゾウはじっと立ち尽くしていたが、ゆっくりと耳を揺らして涼んでいるのだった。ゾウの耳は大柄の女性のスカートくらいの寸法で、天然エアコンと言ってもいい。その巨大なひらべったい軟骨の裏には血管が網の目のように張りめぐらされていて、皮膚のすぐ下で何リットルという血液を運んでいる。耳を優しく扇ぐことによって血球の温度を下げ、それがまたゾウの体温を下げるという仕組みである。

ノムザーンは二十メートルほど群れより私に近く、私がいることを意識している。彼は少し近づいて来ながらも、慎重に距離を置いて私の様子をうかがい、草を食べ続け、ときどきこちらを見上げていた。彼は群れより私と一緒のほうが良さそうで、群れに警戒を呼びかけるようなこともしなかった。

見れば見るほど彼は見事なゾウであった。均整のとれた体に、しっかりとした牙。やがて堂々たるオスのゾウに成長し、森や草原に君臨することだろう。しかし今のところはまだ母親の死から立ち直れずにいる、悩めるはぐれ少年であった。

彼の後ろではナナが樹液の豊富なアカシアを見付け、群れの昼食にもってこいだと思ったところだった。ナナは木を軽く押してみてまずその強度を試し、次に角度を調整した。そして頭を低くして、押しては力を緩め、徐々に勢いを付けながらその動作を繰り返していった。木は激しく揺れ、それが持ちこたえられるぎりぎりのところまで曲がったところでナナが最後のひと突きをくれると、木はたまらず、めりめりと張り裂けるように崩れ落ちたのだった。

群れがごちそうにあやかろうと、おもむろに近づいて来た。ゾウたちに確実にあるものがあるとすれば、それは時間だった。ゾウほどは恵まれていない私たち人間と違って、通勤する必要もなく、時間だけはたっぷりといつまでも贅沢にあった。樹液したたる森の宴会のときも、慌てることはしない。

木の倒れる音が響き渡ったあと、森はしばらく沈黙に包まれた。私は近くのニアラの家族が聞き耳を立てるのに気付いた。オスが風の香りを嗅いだ。何が起きたか、本能的に分かったのだ。ゾウたちがいなくなれば、ニアラのオスと彼に従うメスたちも、この倒されたアカシアの葉っぱにありつけるだろう。こんなことにでも巡り合わなければ、木のてっぺんのほうのみずみずしいアカシアの葉には、とても背が届かないのである。実際、草や葉の乏しい冬の乾期には、レイヨウの群れがゾウに何日も付きまとい、ゾウのリーダーが木を倒すのを待っていることも珍しくない。

川縁に赤い花を咲かせて茂るシダレボーアマメの木で、レグアーンというアフリカのオオトカゲが鳥の巣を襲っていたが、そのレグアーンも、木の倒れる音でびっくりした。この一メートル二十センチの黒と灰色のハ虫類は、慌てて高い枝から体をくねらせて宙を舞い、腹をしたたかに打って川に飛び込んだ。

私の足下にいたマックスがその音を聞いてヘビと思い、弾丸のように葦の茂みにすっ飛んで行こうとするので、私は押しとどめた。ワニの縄張りに飛び込むというのは大型の動物でも自殺行為というのに、犬などたまったものではない。川から上がり、体を震わせてスプリンクラーのように水を払うマックスを、私は軽くたしなめた。しかし、いくら叱ったところで、彼のヘビへの執着はやめさせられるものではなかった。

こんな動きにもゾウたちは動揺しなかった。ナナとナンディとマンドラが倒れた木の片側に、フランキーとマルラとマブラがもう片方に陣取り、動物界きっての頑丈な臼歯を使ってむしゃむしゃと木の葉と樹皮をひたすら咀嚼していた。今でこそ一つの家族だが、前はそれぞれ別個の二つの大きな群れだったものが、酷たらしくも売却と殺戮《さつりく》で小さくなった名残が、この二つの集団であった。今でもときどき本能的に元の集団に戻るのである。

若木の合間を漏れてきた風のそよぎを、私は背中に感じた。南に向かって吹き始める風である。ここにたどり着いたとき、私は風下だったが、風向きが微妙に変わり始めている。私は急いで動く必要があった。

立ち上がると、ナナの鼻先が突然曲がって私のほうに向かって回転するのが見えた。微かな匂いを嗅ぎ付けたのである。彼女はそこで後ずさり、鼻を高く掲げて匂いを確認し、私のほうに向き直った。

私は双眼鏡と水の瓶を手に取ると、マックスと一緒に車に飛び乗った。見るとナナが私に向かって進み始めている。群れの残りもあとに続いた。車で走り去る余裕はじゅうぶんあったが、ナナが私のほうに向かって来るのに私は興味を覚えた。普通なら群れを反対側に急がせるはずである。

私は車でいつでも逃げ出せる態勢を整え、神経を研ぎすまし、待ち構えた。わずか数メートル先というぎりぎりのところで、ナナは方向をわずかにずらし、車をかすめるようにして通り過ぎた。他のゾウもあとに続くがどれもこちらを睨むようにして通り過ぎて行った。フランキーがしんがりで、耳を広げ、頭を私に向けて攻撃的に揺すった。

するとと突然、フランキーは群れの最後尾を離れ、粗暴な鳴き声を上げると、私に向かって来た。トラックのような速度だ。耳をひらひらさせ、鼻を高く上げている。私は直感的に、これは襲うふりをして脅すつもりだと思った。こうなると、逃げるのだけはやめたほうがいい。逃げようものなら、フランキーは調子に乗ってさらに向かって来る。ひょっとしたら本気になるかも知れない。私が覚悟を決め、身構えると、彼女はわずか数メートル先で派手に急ブレーキを踏んだ。耳がひらひらして、つむじ風と埃が、怒りにまみれて舞い上がった。腹立たしげに頭を一、二回揺すると、彼女はのしのしと群れに戻って行く。怒りでしっぽが立っていた。

遠ざかる彼女の姿を私は呆然と見つめていた。何度見ても、人に向かって来るゾウというのは壮観である。ようやく頭が機能し始めた私は、フランキーには注意しなくてはと思った。まだまだ機嫌が悪い。怒りをぶちまけたがっている。ナナがリーダーだけれども、フランキーのほうがはるかに危険だ。

私は彼らの後を少し追って行った。藪のトゲが車の塗装をキーキーと引っ掻いたり、バチバチとひっぱたいたりした。最後にはもうこれ以上進むのはとても無理というところまで来たので、草木の生い茂る古い道を引き返して、家に戻ることにした。

冷えた水を半リットル飲み下したところで電話が鳴った。野生動物の業者だった。

「いや、ローレンス、どうしても信じられないよ。なぜこの群れでいつまでも時間を無駄にしているんだ?」彼が言った。「私がもっといいやつを一週間内に届けてあげるから。それで問題は片付くのに。君はこの群れに殺されかねないよ。この群れにはもっと空間が必要だ。人間から完全に離れる必要がある。この群れにはそうしてあげなくてはいけないよ」

「あなたの言うとおりかもしれない」手でペンと紙をさぐりながら私は言った。「ところであなたの会社の名前をまだ知らなかったよ。電話番号も。教えて？」

私はそれらを書き留めると、さっそくヨハネスブルグのゾウ管理者・所有者協会に電話し、マリオン・ガライにつないでもらった。

「マリオン、この人たちのこと、知ってる？」

「あらあら、ローレンス。ゾウの売り買いを始めただなんて言わないでよ」

「なぜ？」

「この連中は最初にあなたの群れに触手を伸ばしていたの。でも私が出し抜いてやったのよ。彼らも登録済みで、正式の業者ではあるわ。でもこの群れを中国の動物園に売る仮契約をまとめていたっていう話を聞いたのよ。だから私は急いであなたに譲ったというわけ。だから私は恨まれてるんだけど、彼らとしては、なんとかゾウを取り戻して、契約を履行したいというわけよ。彼に売ったらゾウたちは惨めなことになるわね。中国には動物の権利を擁護する法律なんてほとんどないもの。どんなひどい目に遭ってもおかしくないわ。下手をすると、動物園では赤ん坊を特にほしがっているというから、大人の二頭は銃で処分されるかもしれないわね。お願いだから、彼らとは取引しないで」

「その心配はいらないよ」私は言った。やっと本当のことが聞けてほっとした。

私は業者の男に電話して二度と電話をよこさないように、丁重にお願いした。

彼はまごついていた。「あんたにはお金を払ったうえに別の群れを届けるとまで言っているのに、その厄介者の群れのほうがいいと言うの？　どんどん面倒なことになるばかりというのに？　三ヶ月たってから、気が変わったなんて言って、泣きつかないでくれよ。そこまで待てないからね。もう手遅れだ」

「手放すつもりはない」

「分かったよ、分かったよ」

彼はしばらくためらった。彼が何か思いめぐらしているのが私にも分かった。「いいかい。私がこの話をあんたにしたってこと、私の上司には言わないでおいてくれよ。でも、彼らが銃で殺した前のリーダーはそんな悪いゾウじゃなかったんだ。群れをもっと水や草木のある所に移そうとしていただけだと思うよ。だから脱走を繰り返したんだ。自分の役目を果たそうとしたまでさ」

私は電話を切った。話が徐々に飲み込めてきた。前のリーダーは群れに対する義務を果たそうとしていた——そしてその代償に命を奪われ、まだ赤ん坊だった自分の娘まで殺されていたのである。私は怒りで震えた。道理でこの群れがトラウマを抱えているはずだ。

この業者から二度と電話はなかった。

第12章 警察沙汰

それから数日の間、密猟者に関する新しい情報がぽつぽつ出て来た。どれも有益なものだった。オヴァンボ族の男たちは私たちが四六時中目を光らせているので狩りが出来ず、夜になると村に繰り出して、普通はもぐり酒屋であることの多い地元の伝統的な居酒屋――シャビーンで、したたかに酔っていた。飲むごとに話に花も咲くので、私たちはいつも「スパイ」を差し向けるようにしていた。酒の勢いも手伝って、男たちはついついおおっぴらに自分たちの手柄を自慢し合うのである。私たちは少しずつ立件のための情報をつなぎ合わせていった。

「さあ、これからどうする?」デヴィッドが聞いた。

「警察に通報するさ。警部補とも約束してある。私たちのことを待ってくれているはずだ」

次の日、私たちは車でエムパンゲニに行き、警察の幹部二人と会い、洗いざらいぶちまけ、供述書をすべて提出した。

「法律を破ったのは明々白々だ」ピネアスの供述書を読んだあと、一人が言った。「罪は重いよ。あとで逮捕しに行く」

これこそまさに私が期待していた言葉だった。五時きっかりに警察官二人がワゴン車でやって来た。デヴィッドと私が案内し、保護区の中を突っ切ってオヴァンボ族の宿舎にたどり着いた。なぜか静まりかえっている。人の姿が見当たらない。車から静かに降りると、私たちは二手に分かれ、一方は正面に向かい、もう一方は建物の裏に回った。

先を越されていた。私たちが部屋に踏み込んだときには、床のあちこちに銃が無造作に捨て置かれ、棚の扉が開けっ放しになっているだけで、誰もいなかった。私たちが来るのに気付いて、慌てて逃げ出したに違いない。今頃、命がけで低木林を移動中だろう。どの方向に逃げたかも分からないので、夜が明けてみないことには、彼らを捕まえる見通しもまったく立たない。

警察は動物監視員の逃亡に注意を呼びかけると言った。今のところできるのはせいぜいそれくらいである。「もうナミビアまで半分は来ただろうな」警察の一人が悔しそうに言った。

私は家に帰ってフランソワーズにこの日の劇的な展開を話した。そのあと外に出て、真っ赤な夕日が、弧を描く地平線の彼方にゆっくり沈んでいくのを二人して眺めた。動物保護区が平穏に思えた。私の勝手な想像かもしれないが、あの監視員たちがいなくなって、雰囲気が一変した。まるで飛び切りたちの悪い連中が、私の保護区から一掃されたかのようであった。

第13章　平和の訪れ

トゥラ・トゥラがついに平静になりつつあった。

ゾウたちはもう脱走未遂を繰り返さなくなったし、密猟の問題もかなり解決した。密猟の撲滅はむずかしい。アフリカでは部族のごく一部の人が年老いたインパラを殺すとか、ダイカー（小振りのレイヨウ）狩りをするというのは、どうしてもあるものだ。貧弱な武器しか持っていない二、三人の若者に対して、来る日も来る日も、夕暮れ時から夜明けまで警戒し続ける、というのではつまらない。私たちのところで起きたように、狩りが金儲けのために行われて初めて、問題は大きくなるのである。

一方で、族長や部族とは牧畜用の土地を禁猟区にするという話し合いが順調で、とてもゆっくりとしたペースではあるが前進も見られ、この考えも根付き始めていた。家畜が富の大きな象徴であるズールーの人々に、土地利用を自然動物に転換すべしと説得することは至難の業であり、文化やその他の面で、多くの複雑な議論を含んでいた。しかし正しい事であることははっきりしていた。このまま辛抱強く説得を続けることだ。

ということで、私はようやく自分たちのいちばん大切な使命に集中することができるようになっていた。アフリカの自然保護区の運営である。

厳しいけれどもやりがいのある仕事だ。一日は夜明けとともに始まり、週末などというものはない。注意していないとその日が何曜日かも忘れてしまう。柵の点検は欠かせないし、毎日のように修理が必要である。道や通路も修復し、藪の侵蝕をなんとか食い止めないことには、永久に取り戻せない事態となってしまう。外来種もひっきりなしに侵入してくるので、絶えず注意しておかなくてはならない。他の国からやって来るものもあり、アフリカに天敵がいなかったり、野生生物が好んで食べるものでなかったりもするので、あっという間に広がりかねない。生き物の個体数を数えたり草原の状態を観察したりする仕事もあれば、ダムの点検に修復、防火帯の保守、密猟の見回り、近隣の部族との関係維持など、他にもやることは山ほどある。しかし清き良き生活だった。危険と冒険も隣り合わせだが、それで気も引き締まるし、楽しみでもあった。

ゾウの群れは落ち着きつつあり、柵にも近づかなくなった。私は彼らの近くで出来るだけ時を過ごした。囲いから出てわずか三週間だが、ゾウたちはすでに様々のごちそうにありつき、体重が増えているのが見て取れた。

当然のことながら私は十分距離を保ち、出来るだけ出しゃばらないようにして、彼らの行動を観察し、どこがお気に入りの水飲み場なのかとか、何をどこで食べるのか、などを調べた。しかし時々、物事が計画通りに進まないこともあった。ある時など、群れがもっと遠くにいると思っていたところ、ひやりとさせられたことがある。私は車から降りて、新しく購入した携帯電話で連絡をとろうとしていた。

何か変な気がしたので、振り向いてみて、ぎょっとした。二十メートルほど後ろから私を見つめているゾウがいた。フランキーである。あとに群れを従えている。

愛車はすぐそばだ。私は自分でも感心するくらいの機敏さでドアを開けると、飛び乗った。しかし、慌てたばかりに、新しいピカピカの携帯電話を落としてしまった。ゾウたちが今その辺りをのしのしと歩き回っている。

ところがそこで電話が鳴ったのだ。その呼び出し音は、まるで冴え渡る口笛か何かのように鋭く林に響き渡った。ゾウたちは体を止め、そしてほぼ一斉にこの不思議な音の出所に近づいて来た。フランキーが一番乗りだった。プラスチックの機器の上で鼻をくねらせながら、これは一体なんなのだと考えあぐねているようだった。そのあと他のゾウも加わり、私は、林の中の七頭のゾウが鼻を揺らす下で、携帯電話がプルプル鳴り響くという、世にも不思議な光景を目のあたりにしたのだった。

最後にとうとうフランキーが「もうたくさん」と思ったようだ。その大きな足を携帯電話の上に持ち上げると、どしんと踏みつけた。電話の音がやんだ。

群れはその場を後にした。彼らなりのご機嫌のペースで、やおら練り歩いて行った。彼らが視界から消えると、私は愛車から降りて携帯電話を取りに駆け寄った。携帯は地面に二センチ半ほどめり込んでいて、私はテコの原理でそれを掘り起こした。プラスチックの透明の窓の部分は、粉々に割れていた。

試しに番号を入れてみると、鳴った。電話は通じるのである。

あとで製造元のノキアに電話を入れ、事件の経緯を報告し、電話が頑丈に出来ていると褒めてやった。長い沈黙のあと担当者は私に礼を言うと、電話を切った。自社の製品が野生のゾウに踏みつけられて壊れなかったとは、彼らとて信じられなかったようである。

しかし、適応し始めたのはゾウたちだけではなかった。オヴァンボ族の監視員たちがいなくなると、他の動物たちもいろいろと姿を見せるようになり、それはもう魔術としか言いようがなかった。どこに行っても、クーズーやニアラを見かけたし、ヌーの群れにもインパラにも出くわしたし、小さな動物たちも安心しきって駆け回っているようだった。それまでは猟師たちが、動く生き物なら何にでも発砲したし、密猟者たちはもっと強引で、レイヨウに強力な照明を当てて目をくらますし、車から夜となく昼となく、無差別に発砲していた。道理で、私の車が通りかかると、動物たちがびくびくするはずだ。これまでトゥラ・トゥラの野生生物をじっくり堪能できたのは、デヴィッドと二人でゾウの囲いの外でキャンプしたときだけだが、そのときも車のエンジン音で保護区全体がパニック状態に陥っていた。それも当然のことであった。今になってやっとそのことが飲み込めた。

しかしそれも終わりなのである。あっという間に大きな変化が起きていた。ハイエナは夜これまで以上に大胆な行動をとるし、ときどきヒョウやオオヤマネコやサーヴァルの姿すら垣間見るようになった。黄褐色の地に黒の斑紋をあしらったこの美しい夜のネコたちは、悲しいことにその毛皮がまだ人間たちによって珍重されている。しかし、生き物たちの恐怖心が失せるにつれて彼らとの出会いも増え、私はとても嬉しくなった。盛んに密猟が行われながらも、ズールーランドの固有種のほぼすべてが健全な姿で私たちの家のすぐ近くにまだたくさんいたのである。今やここの動物保護区全体が活気づき、それとともに私たちも元気になっていた。

これは本当に驚くべきことだと思った。あの動物監視員たちがいなくなっただけで、どうしてこんなに一気に動物たちに影響が出るのか？　もう安全だということが、密猟の大きな脅威が取り除かれたということが、どうやって分かるのか？　もちろんこういったことは、裁判で証拠には採用されないだろう。しかし私にとっては、これこそ、自然の秩序の中で動物たちが危険の去ったことを理解しているという、動かしがたい証拠であった。

その後何年もたって私は動物保護の企画でスーダンに行ったことがあるが、そこでも確かな筋から、これと似かよった、ものすごい話を聞いた。スーダンが南北で内戦状態にあった二十年の間、スーダンのゾウは象牙や象肉が目当ての人間たちによって殺されていた。そのため多くのゾウが安全を求めてケニアに移住したという。ところが、最後に停戦が調印されてからまだほんの数日しかたっていないというのに、ゾウは集団で移住先を離れ始め、数百キロという道のりをてくてく歩いて、スーダンに戻って来たのだという。このようにゾウが元の住み処の治安回復を察知するのを見ても、この驚くべき生き物の信じがたい能力が、分かろうというものである。

差し迫った問題もなく、毎日のように林にひたっていられる私は、もう一つ自分の好きなことに目覚めてしまった。バードウオッチングである。多様な生息地を抱えるトゥラ・トゥラでは三百五十種を超える鳥を確認しており、「鳥おたく《トゥイッチャー》」にとってはまさに天国である。

ズールーランドの光り輝くある朝のこと、デヴィッドと私は川沿いの藪を歩いてゾウの群れを追っていた。私たちの葉っぱを踏みしめる音だけが辺りに響いていた。すると、高く平たく伸びたアカシア・ロブスタの頂に、サルの集団が固まっている。頭上のゴマバラワシに向かってキーキー、ギャーギャーとさかんに罵声を浴びせていた。ゴマバラワシは、サルたちが気付かずにはおられないほど低く、しかし手も足も出せずに空威張りするしかないほど高く、旋回している。

と言うか、そのはずだった。十分に距離があると思って怖くなくなったか、この小さな動物たちは、黒い顔をヒクヒクさせながら、葉っぱに身を隠そうともせず、枝の端っこに体を晒す大胆さだった。

すると別のゴマバラワシが大きな翼を広げ、音もなく、低く素早く舞い降りて来た。地上わずか三メートル、巧みに身をかわして木々をよけながら、獰猛にひん曲がったくちばしと純白の降着装置を一瞬のぞかせたが、樹冠の下を滑空するこのメスの姿は、やかましいサルたちには見えていなかった。翼を広げると二メートルあまりに達するゴマバラワシは、いつ見ても壮麗だが、これほど間近に見せつけられると、もう芸術品としか言いようがなかった。私たちのすぐ上を飛んだときには、その翼から送られて来る風をふわりと感じたほどだった。

尾羽をぴくりと人知れずかすかに動かしたワシは、突然、垂直に上昇し始め、サルの集団めざして一直線――その姿はさながらステルス・ジェット戦闘機であった。何が起きているのかサルたちには憶測の間も与えず、枝から一匹をわし摑みにすると、空高く舞い上がり、つがいのオスと落ち合う手はずになっている。節くれだったその爪にひっかかったサルはまだキーキーと泣きわめいていた。

ソウゲンワシも狩りの名人である。ゴマバラワシと同じで、よく二羽一組で狩りをし、鹿の繁殖期は、生まれたばかりの仔鹿にとっては特に脅威である。ある日、ナナと群れが近くで木の葉を食べていたとき、私はふと空を見上げてその見事な猛禽を二羽見つけた。真っ青な空に小さな点のようにしか見えないのだけれども、二羽とも垂直に急降下、見事に息が合っている。そして最後はあり得ないような猛スピードで樹冠に突入して行った。速すぎると私は思った。絡まりあった枝葉に突っ込んで行ったが、急停止は出来ないはずだ、と。

しかし、ソウゲンワシは大空から舞い降りて来て獲物を捕らえたあと、わずか数メートル先に着陸、などといった芸当が可能なのである。このときも、私たちが角を曲がってみると、二羽とも爪をニアラの赤ん坊に食い込ませ、大きな翼のはためきをぴたりと同期させていた。これから獲物もろとも二羽で一緒に飛び立とうというのである。高速で襲われたニアラは即死だったが、母親が死に物狂いで反撃に出た。我が子の足を口でくわえ、足は金属製の心棒かなにかのように固定し、テコでも動かない構えで鳥たちの離陸を阻もうとしたのである。ワシは私たちが突然現れたことに驚いて獲物を落としてしまい、そのまま天空へと消えて行った。

どんなに痛ましい状況に遭遇しても、私たちは決して自然には干渉はしない。食物連鎖というのは残酷ではあるが、それで自然界は均衡が保たれているのである。ニアラの母親は確かに気の毒ではあったが、ワシにしても子どもにエサを届けなくてはならない。

しかし、血が流される残酷な話ばかりでもない。ズールーランドの鳥たちには、華やかな色彩もあれば妙なる調べもある。スモモ色のホシムクドリ、私たちと一緒に冬を過ごすトルコ石のような青緑のニシブッポウソウ、目の覚めるようなヤブモズ、鮮やかな赤のアフリカキヌバネドリ、などなど無数の鳥が派手やかな羽をいろいろと見せてくれる。それはまさに信じられないくらいの色覚の饗宴である。グワラ・グワラは飛んでいるときだけ緋色の翼の羽をのぞかせるが、この鳥が空を舞う様を見たら、それこそ天にも昇らん気持ちになってしまうというものだ。

少なくとも私はそうなった。密猟にゾウの突進……それはすべて昨日のことだと私は喜んだ。

その認識がいかに甘かったか、私はまだ知らないでいたのである。

第14章 もはやこれまで

ある日の朝、私はフランソワーズを連れてオフロード用の四輪オートバイでゾウの群れを追っていた。

埃っぽい道で四輪バイクを飛ばしながら、私は彼女がこの低木林地帯の生活に順応するためにいかに大きな変容を遂げたかに驚嘆した。私と違って彼女はにぎやかな大都会の洗練された育ちで、パリの通りのカフェは、私の育ったアフリカの奥地からは何光年もはるか彼方の世界であった。

そのことをよく教えてくれるのが、彼女がトゥラ・トゥラで初めてパリの友人たちのために開いた夕食会のときのことである。家の前の芝生に置いたテーブルには、様々のものが並べられていた。カマンベールやブリーといったチーズ類、外来の果物類、焼きたてのロールパン、サラミ・ソーセージ、パテ類――そしてそれらに彩りを添えていたのが、深紅、純白、薄青紫のブーゲンビリアといった絢爛《けんらん》たる花々であった。

しかし彼女の大のお気に入りであるこれらの花々を私が傍若無人な侵入者ととらえることに、彼女はまったく納得がいかなかったようだ。「外来種というけどエキゾチックで美しい花よ。守ってあげなくちゃ」と庭師のビイェラに指示している。ビイェラは彼女の言葉の意味をヌグウェンヤと綿密に確かめ合ったあと、色彩豊かな草木を、持ち前のズールー人特有の粘り強さで守った。私が近づこうものなら、手にした庭師の道具で私を脅すのである。

彼女が友人の手を借りて食卓にまだ食べ物を並べようとしていると、通りがかりのサルの一団が木からするすると舞い降りて来た。いたずら好きの動物たちである。追い払えばいいものを、フランソワーズと友達は、家の中に逃げ込み、大きな窓ガラス越しにフランス語の罵詈雑言《ばりぞうごん》を吐き散らし始めたのであった。

サルたちはそのお下品な言葉にめげるでもなく、自分たちの幸運が信じられないといった風でその場に腰を据えると、そこにあるズールーランドで一番と思われるフランス料理の数々をむさぼり始めた。幸い、シャンパンは好みではないようで被害は免れたが、危うくマグナムびん数本分の高級品を飲み干されるところだった。

ヌグウェンヤと私がシッシッと追い払ったときにはもう手遅れだった。サルたちは慌てて木の上に逃げ帰ったが、手にはチーズやパテの大きな塊をいくつも握りしめ、テーブルに並んでいた果物やパンも、ひとかけら残さず持ち去ったのである。私は腹を抱えて笑い転げたが、それで状況が改善したわけでもなかった。

しかしそれも一年あまり前のことである。今では彼女も低木林の生活にずいぶん慣れていた。彼女が私の腰にしがみついて、バイクは快走、私たちはヌセレニ川の浅瀬を駆け抜けて高台に達し、ゾウの居場所を突き止めようとした。

丘からは辺り一面を展望でき、ゾウたちの姿が、ふもとの川を縁取る深い藪に一瞬垣間見えた。私たちが今通って来た所の近くだ。あと五十メートルくらいの所まで近づいていたはずである。だから、彼らに気付かなかったのは不思議だった。特に後ろにフランソワーズを乗せていてそうだったのだから、ちょっと心配である。私はゾウが近くにいれば、普通だとそれを感じるはずなので、気になって仕方なかった。

「いたぞ！」私は指さした。群れがゆっくりと一・五キロほど先で姿を現すのが見えた。一列に並んで緑の深い氾濫原を突っ切り、再び川床の中に消えて行く。

「移動中だな。川を渡る間、待っていよう。そのあと追跡だ」

十分ほどたって私たちはバイクで丘を下り、氾濫原に来ると、速度を緩めて切り通しを抜け、のどかに流れる川にたどり着いた。足を高く上げてバイクを走らせたのは、水に濡れないようにするためである。川の反対側に達すると、エンジンを吹かして急な傾斜を駆けのぼり、川岸のいちばん上にたどり着く。

大失敗だった！　見ると周りに灰色の巨大な図体が次々に姿を現す。私たちはなんとゾウの群れのまっただ中に乗り付けていたのだった！　群れは渡り場を過ぎて立ち止まり、食事を始めていた。予想外だった。私は、彼らがそのまま移動を続けると踏んでいたのである。

衝撃がやがて恐怖に変わって、体中を駆け巡った。突然自分がちっぽけで取るに足りない存在であることを意識した。気がつけば私は無防備で、小さなバイクにちょこんと乗っかり、周りを苛立った五トンの動物たちにすっかり囲まれている。さらに悪いことに、フランソワーズを連れていた。私は喉がこわばり、いろいろな考えが頭の中をぐるぐる駆け巡った。どうやってここから抜け出す？　後ろは川と急勾配の堤防だし、前は興奮したゾウの群れだ。出来ることは限られている。

さらに慌てたのが、私たちが、少し後ろにいたマルラとマブラを、母親のフランキーから切り離していることだった。仔ゾウたちはパニックになりキーキーと鳴き始めた。それまででも十分に厄介な事態を、さらに面倒にしてしまうことが一つあったとすれば、それは、攻撃的なメスのゾウと、怖がる子どもたちの間に割って入ることであった。

まさに私たちの今していることである。大変だ。私たちはとても面倒なことになっていた。ナナは私たちの右側の数メートル先だったが、鼻を高く上げたまま、私たちに向かって脅すようなそぶりで数歩前進したが、有り難いことにそのあとは立ち止まり、後退した。それだけでも十分怖かったが、もっと怖いのがその後ろから来たフランキーだった。

私は必死にバイクの向きを変えて逃げ出そうとしたが、土手は険しすぎるし、バイクを回転させるには狭すぎる。私たちはどうしようもなく八方塞がりだった。

できるだけ心配していないような話し方をしようと、私はフランソワーズに話しかけたが、自分でも声がまだ落ち着いている感じなのが驚きだった。「どうやら困ったことになったようだね」内心私は、彼女をこんな危険な目に遭わせてしまったことに愕然としていた。

すでにフランキーは憤然と群れから逆の方向に離れていた。そのあと再び方向を変え、私たちに向かってくるつもりだ。私は九ミリ口径の拳銃を取り出し、フランソワーズに手渡した。私にもしものことがあっても、彼女が自分の身を守れるようにするためである。ゾウが相手では豆鉄砲みたいなものだが、最後の手段としてフランキーの注意をそらす役目は果たしてくれるかもしれない。

それから私はバイクにまたがったまま立ち上がり、フランキーのほうを向いた。彼女は私たちめがけて猛然と突進し始めていた。アフリカの動物監視員として有名なクライブ・ウォーカーが著書の『野性の刻印』で見事に言い表している。「ゾウが向かって来るときは、悪魔の叫びを伴う。他には絞首刑が迫っているときだけだろう、人の神経をこれほどに素晴らしく研ぎすますものは」と。

まさにその通りだ。フランキーが向かって来た。私はこれがなんとかただの脅しであってほしいと祈った。仔ゾウには近づくなよと私たちを脅しているだけなんだと、そう思えるふしがないものかと、私はそれこそ祈るような気持ちだった。決め手は彼女の耳が開いているかどうかだった。開いていれば、本気ではない。しかしそうではなかった。いよいよ恐怖が募る。彼女の耳はぴたりと頭にくっつき、閉じていた。鼻は巻き上げている。激突したときの衝撃をできるだけ大きくするつもりだ。本気で向かって来ている。そう思うとぞっとしたが、私の感覚はいよいよ研ぎすまされ、スローモーションで車の衝突を見るときのような感じになっている。遠くの村で誰かがハンマーを振るっているのが、すぐ隣であるかのように響いている。見上げるとワシが空高く舞っていて、私は感心している場合じゃないだろうと自分に言いたくなるほど、その優雅な飛翔にほれぼれと見とれていた。空がこんなにも青く見えたのは生まれて初めてのことだった。

　フランキーが猛然と向かって来る。彼女の大きな体がみるみる迫って来て、とうとう視界の他のすべてを覆い隠してしまった。私は両手を頭上に出来るだけ高く掲げ、彼女に向かって何かを叫び始めていた。そしてこのむごたらしい光景を前に、叫び声を上げていた。それは彼女の怒りに風穴を開けようという、最後の抵抗だった。

　私たちもいよいよこれまで、と思ったまさにその瞬間、フランキーの耳が突然開いた。彼女は突進をやめ、巻いていた鼻も伸ばし始めた。しかしものすごい勢いがついていたので、オートバイにぶつかるぎりぎりの所まで来て、やっと止まった。私たちの頭上に彼女がそびえ立つ。その小さな目から怒りがぎらりと覗いた。私は我にもなくバイクの上にへたり込み、見上げるとフランキーの喉の下側の皺が見えて、ぞっとした。彼女はその大きな頭を揺すって不満を表し、砂浴びの名残である分厚い赤土を私たちにぱらぱらと見舞ってから、数歩あとずさった。

マルラとマブラが彼女のそばをちょこまかと通り過ぎて行った。フランキーはそのあとも二つ三つ、私たちに対して脅すようなとても怖い仕草をしたあと、向きを変えると、息子と娘のあとを追って藪の中に消えて行った。

私はこわばったままゆっくりとサドルを離れ、フランソワーズに向き合った。彼女は両目をしっかり閉じていた。私はもう終わったよと優しく囁いた。助かったのだ。私たちは二人して身じろぎもせず佇んだ。余りのことに、何をすることも、何を言うこともできなかった。

ようやくバイクのエンジンを入れるだけの力が戻って来た私は、群れとは反対の方向に走り出し、ゾウの突進が終わって静まり返る森を走り抜けた。鳥たちや木々は、何が起きたのか一部始終を理解しているかのようであった。

そのあと、これから私たちの家を訪れようとしていた友人たちのトラックに出くわした。手を振って止めると、私たちは四輪バイクから降りた。彼らと一緒になると、フランソワーズが今日のこれまでの出来事を、身振り手振りをさかんに交えて生々しく再現し始めた。ただ一つだけ問題があって、それは彼女がまだ発火態勢のままの九ミリ口径銃を、引き金に指をかけたまま手に持っていることであった。この日の劇的展開を語りながら、熱が入るとその拳銃を振り回すものだから、友人たちはあちこちに身を隠した。最後に私がようやく拳銃を取り上げ、弾を抜いた。

家に帰り、ことの顚末をスタッフに説明すると、みんな目を丸くして聞いていた。「二人とも生きて帰れたのが不思議だよ」デヴィッドが歯の隙間からヒューという音を漏らしながら言った。「あなたを殺すまいと、ゾウなりに意識してのことだろうね。そう思わない？」

なるほどと思った。ゾウは一旦突進し始めたら、中々止まらない。フランキーが最後の瞬間に止まったことが今でも信じられなかった。なぜ突然ギアを変えたのか？　本気で襲っていたのが、なぜ襲うふりに変わってしまったのか？　こんなことは、ほとんど前代未聞だった。

翌日私はバイクに乗ると、もう一度考えてみようと思い、前の日に危うく命を落とすところだった、川の渡り場に戻ってみた。しかしいくら頑張っても、いよいよ襲われるという瞬間のことがどうしても思い出せない。あまりの恐怖にその部分の記憶が消されているのかもしれないと思った。

そこで前日の足取りをもう一度たどってみた。同じ場所で何度も川を渡り、事件を頭の中で何度も再現してみた。すると徐々に記憶がよみがえってきた。私はバイクにまたがったまま立ちはだかり、向かって来るゾウに叫んでいたのだ。でも何と叫んでいた？　しかしやっぱりその部分は思い出せない。するとと突然その場面がどどっと押し寄せて来た。私はこう叫んでいたのである。「止まれ！　止まりなさい！　私だよ。私！」

そう叫んでいただけだ。今思うと結構馬鹿げている。しかし私は確かにそう言っていた。群れでいちばん攻撃的なメスが、パニックになった仔ゾウを守ろうと、猛然と襲いかかって来る、というのに、それに向かって「私だよ」とは、こんな間の抜けた話はない。ところがそれで彼女は止まったのである。彼女がその瞬間私のことをゾウの囲いの所にいた男だと分かったのだと、私はそのとき確信した。私たちを殺すことを思い留まったのは、彼らを囲いから出してやったときのリーダーと私のやりとりを彼女が覚えていたからだと、私は今でも思っている。

「また停電だよ」デヴィッドが顔をしかめて言った。「今度は西側の外柵」

柵の問題が次々に起きていた。電気を通した外柵は気まぐれで当てにできなかった。そのお天気屋ぶり、破天荒な行動ぶりは、更年期のサイも顔負けだ。停電はいろいろなことが原因で起きた。大量の雨が降ると、電線も水につかった。雨が降らな過ぎると、電導性が悪化した。落雷も単調なくらい定期的に起きて、火花を散らした。ハイエナ、カワイノシシ、イボイノシシはたえず柵の下に穴を掘り、ショートを起こした。こういったことが通常の原因である。しかし、原因が見当たらず、気まぐれで停電を起こしたとしか思えないことも、ときどきあった。そして、一頭が私を襲ったばかりというこの怒れるゾウたちである。群れを保護区内に留めようという私たちの仕事が、そんな停電で、やり易くなるわけもなかった。

さらには、群れで幅を利かす一頭のオスが、前の保護区をあとにする少し前に、ナナとフランキーを妊娠させていたことも、分かったばかりだった。ゾウは体が大きいので、妊娠初期にはなかなか気付きにくい。しかし二頭の成獣が妊娠していることがはっきりしたのである。

したがって保護区の最優先事項は、電気を絶対切らない、ということになった。でなければゾウを失いかねない。脱走をまた企て始めたということではないが、ナナが保護区の外柵に近づいて電気が来ていないことに気付けば、それまでだ。あとは、脱走が始まらない保証はない。となれば、夜明けから夕暮れまで外周の全三十キロあまりの点検を怠ってはならないということだし、日中、他の個所でも点検の必要がある、ということだった。柵の電気が完全な状態であることを確認しないまま、夜ベッドに入ることは、絶対しなかった。

この日は困ったことに、停電ばかりか、四輪駆動車が動いてくれない上、すでに暗くなり始めていた。

「大丈夫」デヴィッドが言った。「トラクターを使うよ」

そう言われて目に入ったのはグンダ・グンダというズールー語の擬音語で呼ばれるトラクターで、これまで二十年間忠実に働いてきた優れものである。信頼性抜群で、愛車の代役は務まるだろう。しかしヘッドライトがない。暗闇の中、ライトなしに藪を三十キロ行くのは、いくらなんでも怖すぎる。

アフリカの原野というのは非情なところで、生き残るためには、あらゆる遺伝的な特性を活かさなくてはならない。したがってほとんどすべての動物が優れた夜間視力を持っている。動物は虹彩の後ろに反射膜があり、そのおかげで、遠い星明かりもとらえ、それをさらに拡大して見ているのである。夜、光を当てられて動物の目が明るく光るのは、この反射膜のせいだ。いちばん夜間視力に優れているのが大型のネコ科の動物と思われるが、すべての種が、鋭い視力に頼って狩りをし、あるいは、夜行性の捕食動物の危険から逃れている。

いや、すべての種、という訳でもなかった。一つ特筆すべき例外がある。地球上で最も支配的なこの生き物は、暗視能力が完全に欠如している。我々、人類、ホモサピエンスのことである。

月の出ない闇夜、あるいは曇天の夜、深い茂みを懐中電灯なしに歩いてみれば、私の言っていることの意味が分かるだろう。真っ暗で何も見えない。まったく何も見えない。星の位置で方角が確認できない限り（雲が出ていないことが条件だが）、あっという間に迷子になり、パニックにすら陥ってしまうはずだ。

　私は夜間、四輪バイクに乗って、キャンプから六キロあまり先で事故を起こしたことがある。その際、懐中電灯をなくしてしまい、家まで暗闇の中、歩いて帰らなければならなかった。このときのことを思い出すと、今でもぞっとする。辺りは真っ暗で何も見えない。私は両手を前に掲げて藪の中を歩いた。そうしておけば少なくとも何かにぶつかりそうなときは分かる。しかし、ハイエナの穴に落ちてしまうかもしれなかった。そうなれば、意識が戻るまで、何が起きたかは分からない。というか、最後まで意識の戻らない可能性のほうが高い。

　何時間もかかって家にたどりついたが、私は打ち傷を負い、神経は高ぶり、藪で引っかき傷を作りと、まったく惨めな状態だった。暗がりの中よろめきながら家路をたどった私がとにかく心配だったのは、滑稽な私の姿を、他の動物がすべてお見通しだということだった。捕食動物に私は手負いの動物、あるいは何か障害のある動物と映ったことであろう。藪の中で何かが突然うごめくような気配を感じて、私は二度、虚空に向けて半狂乱で拳銃を撃ち放った。家までたどりつけたのは幸運だった。

　だから、私たちの先祖は夜間視力を発達させることなしにどうやって太古の昔から今日まで命をつないできたのだろう、と思ってしまう。知り合いに何人も科学者がいるが、彼らの誰一人として、納得のいく説明はできていない。どうやってこのちっぽけで美味しくて暗視能力のない人間が、かくも見事に生き延びて来たのか？　他の動物たちは、優れた夜間視力を発達させないことには、進化はおろか、一夏の生存すら危ういというのに。

　そんな私の疑念をよそにデヴィッドがグンダ・グンダに飛び乗り、暗闇の中に消えていった。彼がいなくなって気付いたことだが、彼は無線機を忘れていた。

私は家に戻ると何カ所かに電話をかけた。それから再び外に出て、保護区を望む芝生の上に座り、遠くの柵の辺りでデヴィッドが懐中電灯をチカチカさせるのが見えないものかと思っていたら、低く唸るような声が徐々にクレッシェンドして、絞り上げるような遠吠えになっていくのが聞こえた。私は血が凍る思いだった。マックスも身動きできなくなり、暗闇を見つめ、警戒した。

「そんな馬鹿な」と私は思った。するとまた聞こえた。原野の中を不気味に揺れるように響き渡っている。もう間違いなかった。自分の縄張りを宣言しているオスのライオンの鳴き声である。ここの保護区に棲み着いているライオンはいないので、通りがかりのライオンが侵入したものと思われる。

しかし、さらに悪いことに、これに呼応して別の声がした。挑発するようなうなり声が断崖にこだました。つまり少なくともライオン二匹がこの保護区を徘徊しているということである。そしてよりによってその声は西の外柵のほうから来ていた。デヴィッドがヘッドライトなしにトラクターを動かしている辺りである。ライオンは電流が止まっている間、柵をすり抜けて入って来たに違いない。

暗闇の中、トゥラ・トゥラの生き物はすべて、この不吉な鳴き声を耳にしたはずである。それは生きている者に手招きする、死神の叫びであった。

ナナにも聞こえていたはずである。立ち尽くして、耳を広げ、鼻を高く上げ、風の匂いを嗅いで、鳴き声がどこから来ているのかを探り、群れの子どもたちのことを心配しているに違いないと思った。これで彼女も戦術や習慣を再考せざるをえなくなるだろうし、保護区の他の事情もすべて一変する。

私は身を屈めると、大丈夫だよと、マックスの頭をポンポン叩いた。

それまでもときどきライオンは近くのウムフォロジの動物保護区から脱走し、辺りをさまよい、家畜を襲い、村々を恐怖に陥れていた。ライオンが逃げて動き回ると、一帯は完全に彼らの支配下に入ってしまう。そんなライオンを追いつめるのは難しいし、彼らにしてみれば家畜は恰好の餌食である。あまりにも手に負えなくなると、普通は動物監視員に追われ、殺されてしまう。

ライオンが脱走するのは、群れのボスから若いオスに対し、群れから出て行くようにという圧力が、時に強く、かかるからである。優位な立場にあるオスは競合を嫌う。だから、オスの子どもが成長すると群れを追われる。しかし、保護区の縄張りはすでに他の群れによって押さえられているので、若いライオンは往々にして保護区の外に追われ、人間の活動圏内にも入って来るのである。

これらの若いオスは、兄弟同士であることが多いが、実に恐るべきライオンたちであり、群れから離れて歳月を経るうちに経験と力を蓄え、狩りと喧嘩の腕を磨いていくのである。その後、保護区に戻ると、ボスと対決し、その縄張りとそのメスたちを奪おうとする。そして二対一の戦いである。若いほうが勝つことが多い。

私はライオンが大好きだ。アフリカで最もカリスマのある象徴的な生き物である。しかし、今回の二匹に関して言えば、どこか他所で「修業時代」を過ごして欲しかった。トゥラ・トゥラでは、彼らを引き受ける用意がまだできていないのである。

しかしこのとき私がもっぱら心配していたのは、デヴィッドの身の安全であった。彼がトラクターに乗って音をたて、いかにも油を燃やしたような煙を吐き散らかしているうちは比較的安全である。しかし彼は電流の点検中であった。そのためにはトラクターを降りて柵沿いに歩かなくてはならないし、それが長距離に及ぶこともあった。彼には小型の懐中電灯はあったが、ライフルはない。夜、丸腰で低木林を歩き回り、すぐ近くにライオンがいるというのは、どう考えても常軌を逸している。我々がもっと早くライオンの声を聞いていたら、彼が出かけることはなかったし、どうか彼にも聞こえていてくれと私は願った。しかしグンダ・グンダはかなり騒々しい音を出すので、それにかき消されていたかもしれなかった。

私は監視員の宿舎にいたベキに電話した。彼もライオンの鳴き声を聞いていた。私が、デヴィッドが一人で出ていると教えると、ベキはやれやれとばかりに舌を打ち鳴らした。彼も心配なのが、手に取るように分かった。

「彼の所に行かなくちゃ」私は言った。「私のライフルを準備してくれ。弾もたくさん持って来て」

これからの夜間行軍が楽しみとは思わなかったが、柵の外に、柵と平行して土を踏みならしてできたでこぼこ道がある。ここを行けばだいたいは安全なはずである。なにしろライオンたちは保護区の中なのだから。運が良ければ、デヴィッドもライオンが掘った穴も、見つかるだろう。

するとそこでまた聞こえた。背筋がぞくっとくる、あのうなり声だ。近い。恐らく一キロ半から三キロくらい先だろう。私はすっかり心配になっていた。ライオンたちはトラクターの匂いは嗅ぎ付けていただろう。しかし、人間、運転手の匂いはどうだろう？　どのくらいお腹をすかせているのだろう？ここ数日、何も食べていない可能性すらあった。

もう一匹のライオンが応える。今度はもっと近い。

「ベキ、急ごう」私がせかした。

ベキがうなる。彼も私も、ものすごく心配だった。デヴィッドはトゥラ・トゥラでは大変な人気者だった。

二人ともライフルを握りしめ、ゆっくりと走り始めた。暗がりではこれが最高速度だった。懐中電灯があっても夜の低木林は大変である。二人とも何度、石や木の根っこにつまずいたり転んだりしたことか。

しかし気持ちはただ一つ。デヴィッドのいる所にライオンよりも先にたどり着かねば。その一心だった。

三キロほど行くと、行く手にほのかに点滅する光が見えた。そして嬉しかったのなんの。デヴィッドであった。柵の開いている所にいた。近くでトラクターのエンジンがガタガタと音を立てていた。

私が大声で注意を呼びかけようとした矢先、デヴィッドに先を越されてしまった。

「ライオンだよ。でかい奴!」彼が叫んだ。そして穴を指差した。「ここから入って来たんだね。寄り付かないように、トラクターはエンジンを掛けっぱなしにしておいたよ。そこいらじゅう、足跡だらけだね」

とにかく私はほっとした。この男は不死鳥だ。「トラクターは一晩ここに置いといて、一緒に、保護区の外の道を歩いて帰ろう」

私たちはライオンが柵の下に掘った穴を埋め、ワイヤーを引っぱり上げて繋ぎ、電気を復旧させた。これでライオンは保護区に閉じ込められたことになる。明日は面白い一日になるだろう。

低木林地方の電話の作法では、電話を掛けていいのは夜が明けてからである。翌日私は陽がかろうじて昇りかけたところで、公園委員会の動物監視員に電話を掛けていた。

「ライオンが二匹逃げなかった?」私は聞いた。

「うん」彼が答える。「おととい二匹逃げた。二つの村で大変な騒ぎになっている。ライオンは移動中で、実は、あなたの所に向かっているんだが、見かけました?」

「二匹ともトゥラ・トゥラだよ」私が答えた。「捕まえに来ますか?」

「行くよ。私たちがそっちに着くまで、見張っておいてほしい」

保護区のスタッフには全員に警戒するよう呼びかけ、作業員チームには家に帰ってもらった。従業員は誰もそれまでライオンに遭遇した経験がないので、危ない橋は渡りたくなかった。

監視員らの到着を待つ間、私はゾウの群れを捜しに出かけた。ゾウの足跡を見つけてすぐ、ゾウの糞も見つかったが、それは新しいライオンの糞の数メートル先だった。ライオンと足跡が交差しているのである。しかしまず危険はなかった。ゾウの群れは、いくらライオンがお腹をすかしているといっても、手強すぎる。もちろん仔ゾウがはぐれなければの話である。

結局ゾウそのものは見つからず、私は家に戻った。表の庭の芝生に立ち、低木林を見やりながら、私は去年の痛ましい事件を思い出していた。狩りに出たメスのライオンがウムフォロジの上級監視員《シニア・レンジャー》クレイグ・リードを襲ったときのことである。彼は馬に乗って出かけていた。妊娠五ヶ月の妻アンドレアと一緒である。葦の湿原から突然ライオンが襲って来た。馬は驚いて駆け出す。しかしライオンはすでにアンドレアに狙いを付けており、後を追ってきた。乗馬の達人アンドレアは低木林を全速力で疾走。馬を駆り立てる必要はなかった。馬は危険を察知し、自分から全速力で遁走した。ところが突然、アンドレアが足をすべらせてあぶみから外れ、体ごと鞍からずり落ち始めたのである。

落ちはしたもののあぶみを握りしめた手はしっかり放さず、藪を全速力で駆け抜ける馬に、引きずられて行く。その後を、ライオンが追った。彼女は気が気ではない。ライオンがだんだん近づいて来た。いよいよ彼女の足に届きそうだ。もうだめだ。力尽きた彼女はあぶみから手を放した。驚いたことにライオンは、もんどり打つ彼女を飛び越え、その爪が食い込んだのは馬のほうだった。

一方、クレイグは、馬の向きを変えるとアンドレアのもとに急行、空に向かって発砲し、ライオンを脅かして追い払った。幸運にもアンドレアは大丈夫だった。ひどい打撲傷を負い、心理的にもひどく動揺していたが、さすが開拓者だ、四ヶ月後に元気な男の子を出産した。

この話の教訓は、この素晴らしい生き物に対してはいつも絶対的な敬意を以て接しなさい、ということである。このときのことを思い出しながら、私は慌ただしく朝食を済ませると、ベキや彼のスタッフと落ち合い、ライオンが侵入した穴のところから足跡を追うことにした。しかしトゥラ・トゥラは固い粘土の土だ。乾燥時の追跡は困難を極める。数時間進むと、足跡は完全に消えてしまった。上空を旋回する猛禽類もいない。つまり、ライオンは昨夜獲物を捕っていないということである。これはかなりほっとさせられることであった。

公園委員会の人々がやってきた。私たちは保護区で二日間、捜索を続けた。ライオンの足跡を見つけては見失い、最後に柵を点検して、ワイヤーの下に大きな穴が出来ているのを発見した。ライオンはいなくなっていた。あとになって聞いたことだが、ライオンはウムフォロジに戻っていた。

数週間後、私は夜、車でウムフォロジに向かっていた。私はコーヒーを何杯も飲んでいたので、用を足そうと運転手に車を止めてくれるようお願いした。真っ暗闇で、私がドアを開けると彼はふとこう言った。「確かめたほうがいいよ」。そこで懐中電灯を、開いたドア越しに照らした。

背の高い草にまぎれてはいたが、私が車から降りようとしていた所からわずか十メートルくらい先に横たわっていたのが、二匹のオスのライオンであった。私たちの保護区にやって来たオスの若者に違いなかった。保護区の外柵にも近いし、私は直感的にそう思った。その前にはウムフォロジのボス・ライオンを見かけたばかりだった。大きな体をして、堂々たる金色のたてがみをなびかせ、一キロほど先にメスの集団を従えていた。

げっそりと痩せたこの二匹は、トゥラ・トゥラでの徘徊を終え、これから恐らくボスとの対決に向かおうとしていたのである。

第16章 サイをめぐる攻防

ミナミシロサイはとても大きい。特に、茂みから出て来て目の前にひょっこり現れたときなどは、とてつもなく大きいと感じる。地上で二番目に大きな哺乳類であり、体重三トンなどというのもざらである。密猟者が珍重するのがその角であり、私の目の前にいた一頭は、特に立派な角を一対持っていた。

三頭が保護区に届いたばかりだったが、このメスはまだ鎮静剤から覚めておらず、ふらふらとさまよううち、他の二頭にはぐれてしまった。そして大変困ったことになった。ゾウが近くにいる。それを知らずにサイはちょうどその方向に進んでいた。行かせてはならない。しかし、搬送のために鎮静剤を打たれ、まだその影響が残っている、筋肉と角の山のようなかたまりとも思えるこの生き物に、それが自ら選んだ進路を諦めさせる、というのは、格別楽しい作業ではない。

「デヴィッド」私は無線で呼びかけた。「見つけたよ。車を差し向けてくれるかい？〈滑走路〉の南端にいる」

「了解しました、ボス」すぐに返事が来た。「〈トゥラ・トゥラ国際空港〉のことですね！」

私はこの美しい生き物を十五メートルほど離れたところから眺めた。足取りはおぼつかなく、短足でずんぐりむっくりだが、普通の状態なら、あっと言う間の信じられないような加速で突進することも可能だ。先史時代からまとっているその鎧は、突き通せるものといえば弾丸くらいしかないだろう。よろよろと歩いているが、私がそばにいることにはまったく気付いていない。長さ一メートルのその見事な角は、細長い頭の先端にくっついたサーベルのようであり、サイの堂々たる風采に、いやが上にもさらなる威厳を添えるものであった。これぞまさに密猟者たちの夢にまで見るサイである。

マックスが圧倒され、私の横で立ちすくんでいた。低木林地帯の生活にもまれ、逞しくなっていた私の愛犬ではあるが、さすがにサイにここまで近いと、鼻をぴくぴくさせるくらいで、まったく身動きできなかった。

私は、風上で食事中のゾウの群れを用心して見やったが、何か小さな音が後ろでするので振り向くと、ゾウの一頭――ノムザーンが風を調べながら、先ほど「滑走路」とあだ名した原っぱを風下のほうに向かって進んでいる。

ちくしょう！　不運にもほどがある。手遅れだった。ノムザーンは私かサイの匂いを嗅ぎ付け、こちらに向かってゆっくり移動して来たにちがいない。

「デヴィッド」私が無線で囁いた。「ノムザーンのお出ましだよ」

「私も着きました」彼が答える。彼の車が低木林から「滑走路」に飛び出した。ノムザーンを遠巻きにして、私のすぐ前で止まる。デヴィッドは車から急いで出て来たが、エンジンは止めずそのままにしている。

「なんとかノムザーンと群れを、サイに近づけないようにしなくては」私はボーッとしているサイを指さして言った。「これでは近すぎるよ。ちょっとまずいなあ」

「ご所望の馬のエサを持って来ましたよ。これでノムザーンはしばらく引き止めておける」デヴィッドが答えた。

「そうだね。でも匂いを嗅ぎ付けて、他のゾウもやって来るかもしれない。サイは車で遮るしかないね。ゾウが好奇心にかられて近づくなら、私たちがサイとゾウの間に割って入るしかない。でもまずはノムザーンにどいてもらおう」

デヴィッドが車の荷台に飛び乗り、馬の飼料《ペレット》を入れた大きな袋にレザーマンのナイフを突き刺した。破いたその最初の袋を荷台の最後部に置き、彼はその横に屈み込んだ。「好みに合うといいけど」「答えはじきに出るさ」私はこう言うと、ハンドルを握って、ノムザーンのほうにゆっくり車を動かした。

デヴィッドは何でもないことのように話したが、これはとても大変な作業だった。ゾウは、自分の通り道の邪魔にならない限り、サイには構わない。しかし、サイは必ずと言っていいほどゾウの通り道の邪魔になる。しかも、今回私たちの保護区に届けられたサイは、トゥラ・トゥラに運ばれて来る間、暴れないように鎮静剤を打たれていて、その影響がまだ残っている。だから、まだ周りのことには無頓着である。よろよろ歩いていてノムザーンや群れにひょっこり出くわすこともあるだろう。そして、もし本当にそうなったら、何が起きても不思議ではない。

私たちが計画したのは、ノムザーンにタンパク強化ペレットを与え、その味をしめてもらい、それを地面に撒いておびき寄せ、できるだけサイから遠ざけ、彼の注意を、ふらふらしたサイから逸らそうということであった。それは危険な作業であった。というのもデヴィッドは車の後部でまったく無防備だ。飼料をばらまくそのわずか数メートル先を、興奮したゾウたちが追ってくるのである。ノムザーンはまだ十代の若者だったが、それでも体重三トン半だ。私たちはよほど注意してかかる必要があった。

この少年ゾウの前に割って入ると車を後進させて近づく。ゾウは困惑して立ち止まるが、騒々しく自分の縄張りをおかされて少し苛立っているようでもあった。デヴィッドが飼料をぶちまけ、私は少し前に車を動かした。驚いたことにノムザーンはせっかくの贈り物には目もくれず、再び「滑走路」をサイ目指して練り歩き始めた。

「もいちどバック！」デヴィッドが叫んだ。袋から飼料をばらまこうと身構えている。「今度はもっと近づいて」

「分かった。でも十分注意するんだぞ」

私は慎重にゆっくりと車を下げた。「もっと、もっと！」。若いオスのゾウをじっと見つめながら、デヴィッドが叫んだ。

この状況が気に食わなかったか、突然、ノムザーンが攻撃的に頭を持ち上げ、私たちのほうにぐっと向き直り、耳を大きく広げた。

「もう少し下がって……」デヴィッドがゾウの派手な警告を無視して言った。これでは近づき過ぎだ、と思った瞬間、デヴィッドが袋を傾けたので、私はギアを変え急発進。そのあとはデヴィッドの袋からエサがこぼれ、それが細長い線を描きながら、サイの反対側にどんどん伸びて行った。

ノムザーンは私たちが離れて行くのを見ていたが、広げた耳を緩め、鼻を伸ばして、地面に散らばる粒状のエサの匂いを嗅いだ。少し口に運んで数秒後、さっそくむしゃむしゃと食べ始める。策略がまんまと当たった。

「これでしばらくは食べるのに没頭してくれるだろう。他のゾウが来てもまだ飼料はたっぷりあるし」デヴィッドはこう言って、車の最後部から座席にひょいと移って来た。マックスが私たちの間に挟まれる。

他のゾウたち、とデヴィッドが言うので、四十メートルほど先で彼らが草や葉っぱを食べている辺りを見やった。するとナナが突然、鼻をくねりと持ち上げた。彼女のほうが風上なのに、嗅覚が鋭いゾウは、風向きと逆のちょっとしたうねりにも気付くのである。

「ほら来た」デヴィッドが言った。「何かを嗅ぎ付けたな。サイかエサだよ。探しに来るよ。こっちにだけは来ないよう願いたいね」

しかしもちろんこっちだ。群れを従え、彼女は私たちのほうに向かって動き出した。風をずっと嗅ぎ続けながら、匂いのもとを探ろうとしている。

「くそ！」片側からは群れがサイのほうに向かっているし、もう片側からはノムザーンだ。それも一列ならまだしも、バラバラに進んで来るから始末に負えない。ナナが真ん中で、フランキーとその娘マルラと長男のマブラが左、ナナの幼い息子マンドラと威厳たっぷりの娘ナンディが右に広がっている。

彼らの真正面に位置するのが、サイである。まだ藪で隠れてはっきりは見えないが、相変わらずふらついている。サイは驚いたことに、一休みとばかり腰を落ち着け始めていた。これだと一層、無防備になってしまう。

「よし」デヴィッドが言った。「もう一度やろう。エサでおびきよせるんだ」

デヴィッドは車の荷台の最後部に移って、今度は袋を二つ切り裂いてエサを撒く態勢を整えた。私はギアをバックに入れた。

群れの反応が面白かった。エサの匂いに気付くと、用心しながら私たちのほうにやって来る。その間、デヴィッドは必死にエサを撒いた。マブラとマルラは立ち止まり、この不思議な食べ物の匂いを嗅ぎ始めたが、他のゾウはナナとフランキーに付いて行き、車の後に連なるエサの小道を、ゆっくりと辿って行った。

と、その時、こともあろうに、車がエンストを起こした。エンジンがかからない。幸運にも後ろの窓はずっと前からガラスが外れており、ほとんどナナが覆いかぶさろうかというまさに間一髪のところ、デヴィッドはその小さな窓の隙間から、その大きな体をくねらせ、するりと座席に逃げ戻った。

そして私たちはゾウに囲まれてしまった。

デヴィッドは振り向きざま、自分が今すり抜けて来た小さな窓を見つめると「もう一度やれって言われても、むりだね」と言って笑った。「火事場の馬鹿力ってすごいものだね」

幸い、ゾウたちが狙っていたのはエサの袋のほうだった。大人の二頭が残りの袋を車の後部からぜんぶ引きずり降ろし、その上に乗って、破ろうとした。フランキーは袋を一つ開けようとして苛立ち、袋の端を鼻で掴むと空高く放り上げた。幸運にもそれは、すでに眠ってしまったサイの反対側であった。袋は私たちの頭上を飛び越え三十メートルほど先にどしんと着地して、中身が散らばった。重さ五十キロあまりの袋を鼻先でちょいとひっかけただけなのに、その高さといい、距離といい、まさに驚異であった。

群れは破れた袋めざしてやおら移動を開始した。彼らがごちそうにありついている間、私たちはこっそりと外に抜け出すと、車の修理にかかった。燃料経路の外れていたのが原因と分かり、繋ぎ合わせてようやくエンジンが掛かる。馬の飼料がゾウの口に合うと分かったので、もっと用意するよう無線を入れ、エサの細道をさらに延ばして、群れを新参のサイから遠ざける作業を続けた。

ノムザーンのほうは、それほどうまくはいかなかった。彼はまだサイの一件が片付いておらず、地面にばらまかれたエサにはやがて関心をなくし、サイが横たわる辺りに向かって歩き始めていた。

私たちはもはや、ノムザーンとサイの間に割って入って、なんとかお互いが近づかないようにさせるしかなかった。間に割って入る――そう考えただけで、はらはらした。ノムザーンはまだ若いゾウだが、その気になれば、私たちを車ごとひっくり返すことだってたやすいことだと思われたからである。オスのゾウは、自分の意に反して何かを押し付けられることが嫌いである。

私はノムザーンの横を通り過ぎて、ふらふらのサイのところまで車を走らせ、彼の行く手を遮った。車のエンジンは切らずにおいた。ノムザーンはそれでも私たちをよけて、前に出ることもできる。私たちは、彼にそうさせないよう、絶えず彼の前に出て、サイに近づかないよう間に入って邪魔をしようという目論みである。そのうち彼にも私たちの意図が伝わるのではないか、邪魔をされたとは感じずに、と期待してのことである。特に、私たちを襲わないでほしかった。

彼はこちらに近づいて来たが、あと十歩ほどの所まで来て立ち止まり、用心深く私たちを見つめた。ゾウなりに状況を判断しようとしているのである。私たちの予想どおり、彼は車を遠巻きにして先に進んだ。いよいよ厄介なところにさしかかる。ずっと近くなる上、私たちが邪魔をしていることを悟られかねないのである。

「待ってくれ」私は静かにこう言いながら車をゆっくり前に進め、彼を遮った。

再び彼は立ち止まったが、いよいよ五メートルほど先であり、そこで雲行きが変わった。私は車をバックさせる。すると彼は耳を横に広げ、体の向きを変えて、私たちを正面から見据えた。挑戦を受けて立とうというわけである。車の中でも緊張がさらに高まる中、彼は攻撃的に一歩踏み出すと頭を高く掲げた。

「くそ!」デヴィッドが小声で言った。

「駄目だよ! ノムザーン、駄目だ!」私は開いた窓からこう叫んだ。自分の声に怒りが、あるいは特に恐怖がこもらぬよう、意図だけが伝わるように努めながら。

再び彼は前進した。耳は好戦的に広げ、しっぽを立てている。脅しではなかった。

「駄目だよ！　ノムザーン、駄目だ！」私は再び叫んだ。私は小さな半円を描くように車をバックさせ、彼との距離を取った。「駄目だよ！」

そうこうしているうちに、サイが目を覚ましてきた。よろよろと歩き始めたので、私たちとしては車を動かす貴重なスペースが少し確保された形だ。私はほっとして、車の方向を変え、怒りっぽいゾウとの距離を十メートルにして、正面から向き合うことができた。

お互い正面から向き合うと、彼は前足を揺らし始めた。襲いかかるぞという仕草である。私は深く考えもせず、ギアを変え、彼のほうに車を少し進めてみた。そしてそれを繰り返した。彼への正面きっての挑戦である。

「ワオ！」ダッシュボードにしがみ付いてデヴィッドが言った。「やっこさん、向かって来るぞ！」

私たちが覚悟したその時、ゾウは突進をやめ、鼻を高く掲げると、足早にその場を後にした。私はこぞとばかり、彼を追い立てるようにして後を追った。彼はやがて深い茂みの中に姿を消して行った。

「いやはや何てこった」デヴィッドが深く息を吐きながら言った「すんでのところだったよ。大人が相手なら、あんな真似はできなかったね」

まったく彼の言うとおりだった。ノムザーンが若くて助かった。しかし、うまくいった。おかげでサイは安全だった。私たちはサイに動物監視員を一人付け、ゾウがまた現れたら連絡するようにと指示を与えた。そのあと私はノムザーンを捜しに出かけた。彼と仲直りするためにである。

第17章 月夜の来客

フランキーがフランソワーズと私に向かって来たのは、確かに怖い出来事ではあったが、私がそれまでこのゾウの群れと育んできた絆をいっそう強めるという、不思議な効果もそこにはあった。群れのリーダーであるナナが加わっていなかったという事実は、局面を打開するための大きな一歩だった。彼女が私たちのほうに数歩攻撃的に踏み出したのは、野生のゾウであれば当然のことでもあるが、踏み出すとほぼ同時に止まったのである。私にとっては彼女が過剰反応しなかったことが大きかった。

フランキーに至っては、すでに非常に芳しくない評判がありながらも、相手が私だと分かると、本気で始めていた襲撃を、途中でやめたのである。これはゾウの世界ではほとんど前代未聞のことであった。

フランソワーズと私は熟睡していたが、ビジューの唸り声で起こされた。ビジューとはフランス語で「宝石」という意味で、フランソワーズの飼っている小っちゃな犬の名前である。ビジューは全フランス女性必携とも言えるマルチーズ・プードルで、マックスやペニーにとっては夢みることすらかなわないような特権的な生活を楽しんでいる。エサは高級食で、本格的なステーキすらあり、寝るのはベッドで、フランソワーズと私の間。一時期、ビジューは私たちのセックスライフをほぼ葬り去ったほどであった。

番犬でもない彼女が唸るのだから、何か深刻な事態が起きているに違いないと私は思った。

ベッドから飛び降り、散弾銃を掴むと、音を聞いて、私はこれだと思った。屋根から何か強く引っ掻くような音と、それに伴ったドサッドサッという小さい音がするのである。他の犬たちも警戒していた。ペニーの毛が背中で針金のように固く強ばっている。フランソワーズのすぐ横で屈み込むようにして防御的な姿勢をとっていた。マックスは戸口に立って、耳を立て、しかし落ち着き、私のほうにいぶかしげな視線を投げかけて、指示を待っていた。

私はズボンをはくと、散弾銃を手にしたまま、庭につながる二段ドアの上のほうを試しに開けて見た。

うわっ！　何とそこへ大きな影がヌーッと現れ、私は腰を抜かした。慌ててあとずさりしてマックスを踏んづけそうになり、後ろ向きによろめいて反対側の壁にぶちあたり、無様な恰好をして床に倒れた。安全装置を外していた銃はなんとか壁にぶつけずに済み、暴発は回避した。

これほど驚いたのも、戸口に立って、事もなげに茅葺きの屋根から草を引っ張っていたのが、ナナだったからである。

この騒ぎで目を覚ましたフランソワーズは、ベッドの上に座ってビジューをしっかり抱き、戸口の幽霊のような生き物を見つめていた。彼女と同じで私も自分の目を疑った。こんなとんでもない時刻に、家の戸口に何か薄気味の悪いものが出没するとしても、まったく思いもよらないのが、巨大な大人のゾウである。

私は気を取り直して立ち上がると、ドアのほうに歩いて行ったが、何をしたものやら考えもまとまらないまま、優しくこう話し始めていた。

「やあ、ナナ。人のことを驚かすにもほどがあるよ。ここで何をしてるんだい？　べっぴんさんよ」

この時の彼女の反応を私は決して忘れない。彼女は鼻を伸ばした。そして私もごく自然に手を差し伸ばしていた。そのほんの一瞬であるが、私たちは互いに磁石のように惹き付けられ、つながっていた。私はほんの少しだけさらに近づいた。それでも彼女が私を摑めないよう、ぎりぎりのところまでである。彼女は鼻の先っぽを私のTシャツに近づけたかと思うと、私の頭と顔を触った。私はしっかり両足で立ったまま、恍惚として、恐怖と情愛の入り交じった、不思議な興奮状態にあった。彼女の目線はドアより上にあり、自分が何をしているのかは見えていないはずなのに、彼女はとても優しかった。

それから彼女は頭を下げて来て、前に進もうとした。まるで中に入ろうとしているかのようである。するとそこでビジューが吠え出した。その場の魔法が一気に解けてしまったかのようであった。

身長三メートル体重五トンの野生のゾウから、狭いドアを抜けて部屋に入ろうとされたという経験のある人はそんなにはいないと思うが、私は請け合ってもいい。それは決して気持ちのいいものではない。

ビジューとペニーはあたふたと部屋の中を走り回り、死者を告げる妖精バンシーのように吠えまくった。ナナは驚いて数歩後ずさり、耳を広げた。

犬たちがゾウに踏まれてぺしゃんこになっては困ると思ったか、フランソワーズはペニーを捕まえると、備え付けの衣装棚の下に押し込んだ。そのあとビジューを追いかけたが、ビジューのほうではなぜか、ここを守るのは自分だと、似つかわしくない役柄を自ら引き受け——その理由は本人でなければ分からない——マルチーズ特有の叫び声できゃんきゃんとマックスに食ってかかろうとしていた。私は、プードルのようなちび犬にナナはとてつもなく大きな存在で摑みかかることもできないので、すべてこの騒ぎはぼんやりしているマックスのせいにしようとビジューが決めつけたのだと思った。マックスはそんな彼女を無視し、辛抱強く座っていた。

フランソワーズはビジューを捕まえると、半ヒステリー状態のこの犬を衣装棚に収めようとしたが、今度は中からペニーが出て来て、再びこの騒ぎの中に舞い戻った。自分とフランソワーズの仲は、たとえ相手がゾウであっても、引き裂くことはできない、というわけである。

フランソワーズはなんとかペニーを両手で捕まえて衣装棚に収める。すると今度はビジューが飛び出すという、上を下への大騒ぎとなった。結局犬は三匹ともバスルームに閉じ込め、私はナナに集中できるようになった。

このひと騒動のおかげでナナは十歩ほど後ろに下がっていたが、私はこのとき初めて彼女が群れ全体を従えていることに気付いた。時計を見ると午前二時だった。

「これはすごい」フランソワーズが戸口のところまでやって来たので、私は言った。「いや、これはほんとにものすごいことだよ」

「ゾウたちはここで何をしてるの？」

「見当もつかないよ。だけど僕たちも楽しめるかもしれないね」

確かに楽しんだ。月の光を浴びながら芝生の上を歩き回るゾウたちにも、満足感のようなものが漂っていた。月の光が彼らの大きな影を庭に投げかけたが、それは先史時代の亡霊か何かのようであった。

彼らが家の前に移動したので、私は急いで芝生を横切って動物監視員たちの宿舎に行き、デヴィッドを起こした。

むくりとベッドから体を起こしたデヴィッドが言った。「また密猟者？」

「いや。ゾウがやって来たんだ。君も急いで来なさい」

「どういうこと？　ゾウがここに？」

「家まで来たんだよ。今、芝生のところだ」

「表の芝生？　あのゾウたちが？」

「さあ、早く。服を着て」

私は急いでフランソワーズの所に戻った。

「私に近づく前に、体を洗ったほうがよさそうね」彼女が言った。いかにも気持ち悪そうな顔をして私を指さしている。私は怪訝に思って彼女の表情をうかがっていたが、自分の胸を触ってみると、ねばねばとべたつくものがくっついていた。

「頭もよ」鼻に皺を寄せながら彼女が言った。「べっとりだわ」

鏡のところまで行ってみて、彼女の言っていることがよく分かった。私はゾウの粘液に覆われていたのである。ナナの鼻から出て来たぬめりを、二百ミリリットルは浴びていたはずだ。

「あとで洗うよ。デヴィッドがベランダのところにやって来る。あそこで一緒に見よう」

私はマックスをバスルームから出してやり、一緒に芝生をこっそりと通り抜け、群れから離れたゾウが近くにいないか注意しながら監視員の宿舎に向かい、表のベランダに出た。その特等席からフランソワーズは、大切にしている庭が壊されるのを嫌というほど観ることができた。ゾウたちは木を押し倒し、彼女のお気に入りの草木をめちゃめちゃにし、視界に入るすべての花を食べていった。彼女がゾウたちの訪問に私ほど深い感銘を受けていないことは、指摘せざるを得ない。

デヴィッドがベランダに出て来て私たちに加わった。「これは信じられない。みんな来てる」彼は暗闇に目を凝らして、さらにこう言った。「ノムザーンを除いてだね」

「いや、彼も来てるよ。さっき見かけた」

二十メートル先の暗がりにいるノムザーンを見つけて、デヴィッドが言った。「可哀想に。あそこくらいまでなら許されるんだね。親兄弟がいないから、彼はいつも仲間はずれだ。ちゃんと育ってくれればいいけど」

「もうかなり成長しているよ」私が答えた。「ちゃんと育つさ」

ナナは、自分が平らげつつある庭から私たちのほうを見上げ、灌木の珍味を口に挟んで、私たちのほうに向かって歩き始めた。マックスは芝生のほうに数歩移動していたが、静かに後退して、比較的安全なベランダに戻り、フランソワーズに続いて家の中に入った。ナナが近づき過ぎないうちに、中に入るように私が勧めたのである。

私としてはまだどうしても慣れることのできない状況だった。巨大な影がみるみる大きくなって迫って来る。ナナは、私のすぐ隣まで来て、優しい気持ちをどうしても伝えたい、ということのようなのである。ティラノサウルス・レックスに憎からず思われ、秋波を送られているようなものである。さらに驚くのは、彼女がついこの間まで、私のことを喜んで殺していたかもしれないことであった。

無理をしないことにした。デヴィッドと私は二重ドアの内側からこの巨大な体の近づくのを見た。彼女は下のベランダの壁のところで止まり、早朝の薄明かりの中、これで二度目になるが、鼻を私のほうに伸ばして来た。しかし私には届かない。私はちょうど尻込みをしたようなこの恰好のまま、しばらく様子をうかがうことにした。

しかし私は彼女の一徹さを過小評価していたようだ。そして彼女の体力を。私が近づくのを嫌がっているようなので、彼女は自分のほうから近づくことに決めたようだ。ベランダの入り口を縁取るレンガ製の二本の支柱の間に、その巨体を差し挟もうとしている。しかしそれでは埒が明かないと見ると、呆気にとられている私たちを他所に、彼女は額をゆっくりと左側の柱に近づけ、試すかのように一押しくれたのである。

これには私もぼんやりはしていられなかった。私は、ゾウの囲いの門のところで彼女がしたことを思い出していた。そして彼女はそのつもりならベランダの屋根もそっくりそのまま取り崩すだろうと思った。私が急いで前に踏み出すと、彼女も柱を押すのをやめ、鼻を持ち上げた。再び彼女の鼻が私の体の近くでくねりながら動いた。着替えていなかったのは幸いだった。再び彼女のねばねばをたっぷりとぬりたくられたのである。その間、彼女の胃のゴロゴロという深い音が建物中に響き渡り、私の心臓の高鳴りをかき消していた。

満足した彼女はゆっくりとその場を立ち去り、群れに合流すると、見る影もないフランソワーズの庭に残った最後の珍しい植物の数々を平らげていくのだった。

するとそこへ突然、生後八週間の仔猫が私たちの脇をすり抜け、ゾウの群れにはまったく頓着せず、芝生の上に躍り出た。私たちが気付いたときにはもう手遅れで、恐怖とともに見守るしかなかった。救出しようにも、もうどうすることもできない。ネコはゾウの群れに紛れ込んでしまっていた。ゾウたちはこの小っちゃな生き物に大変な興味を示し、寄って来てつぶさに調べようとしていた。それでもちびは反応しない。周りの異質な生き物は要するにあまりにも大きすぎて、彼女の理解を超えていたのだと思う。それはビジューも同じだった。やがてゾウたちに囲まれてしまい、ゾウの鼻が伸びて来て、仔猫の周りを波打ったが、仔猫は小さな手でそれを叩こうとして、戯れていた。

最後にはゾウたちもそれには飽きたらしく、芝生の真ん中に仔猫を残して歩き去った。

ただしフランキーは違った。最初、帰ろうとしたのだが、二十メートルほど行ったところで突然振り返り、ネコに向かって走ってきた。これはもう二度と目にすることのできない光景だと思う。重さ五トンのゾウが、五オンスすなわち十五グラムのネコに襲いかかったのである。

仔猫はやっと何か様子がおかしいことに気づき、あわやというところだったが、ちょろちょろと逃げてきた。

私たちは朝の五時まで起きていた。夜明けの気配がし始めるや、ナナは群れを従えて、帰って行く。そしてそのまま深い低木林に消えて行った。

私は彼らの姿を見送った。私は自分の世界に空しさを覚えていた。何か自分もゾウと一緒に帰って行きたい気持ちだった。

第18章 油断大敵

同じ日の朝、しばらくたって目を覚ました私の心は、熱い満足感に満たされていた。群れが私たちの家を訪れてくれたということは、私たちがかなりの前進を遂げたということを如実に物語っていた。公園委員会が監視員たちにライフルを支給して「見つけ次第、撃ち殺せ」という指示を出す中、私がゾウの命乞いをしていたのは、ついこの間のことだった。今ではゾウたちに、我が家の居間に踏み込むのだけは勘弁してと、お願いしている始末である。

群れのリハビリは、もうこれ以上、必要ないかと思われた。私たちはこれまでの成果を祝っても良い状況にあるようだった。しかし、「驕りは破滅に先立つ」とはよくも言ったものである。

私はまだ、昨夜のナナの驚くべき情愛の表出を思い出しながら、遅い朝食をのんびり楽しんでいた。そこに突然、私を現実世界に呼び戻す、監視員からの慌ただしい連絡である。

「ムクルー！　ムボムヴ！　危険に直面しています。ゾウたちに殺されそうです」

ベキが息を切らしながら叫んでいた。「ムボムヴ」というのは低木林版の緊急通報、ＳＯＳである。

私は無線機を摑んで答えた。

「こちらムクルー！　了解。場所はどこだ？」

「川が保護区から分かれる所の柵です。ゾウが追っかけて来る。私たちは逃げている。ムクルー。大変だ！」

いつもは禁欲的なまでに落ち着いたこの監視員が、どんどんパニックになっていくのが、声で分かった。保護区の反対側で、ここからは何キロも離れている。今から出かけても、とても間に合いそうにない。家からこんなに離れた所にいるとは、ゾウたちも随分と急いで移動したものだ。つい数時間前まではフランソワーズの庭を踏み荒らしていたくせに。

「どのくらいに迫ってるんだ?」私は無線機に向かって叫んだ。

「すぐそこです。メスに殺されそう。大きいのが私たちを殺す気だよ」

ベキは大変経験豊かな監視員であるが、その彼の声が恐怖を帯びているのに私は驚いた。彼は私の知る最もタフな男の一人でもある。

「逃げろ、ベキ!」私は叫んだ。「他の人員を柵から出すんだ。柵を壊すか、どこか場所を見つけるかして、隠れるんだ」

「ヌグウェンヤはもう逃げたよ。みんな隠れようとしている」

すると無線から銃声が二発した。

「何てこった! ベキ、どうした? 誰が撃っている?」

「ヌグウェンヤだよ。彼が撃っている……」無線は途中で切れた。

「出ろ! 外へ出るんだ!」私は叫んだ。なんとか繋ごうとしたが、ベキの無線は切れたままだった。

やり取りをそばで聞いていたデヴィッドが、急いでランドローバーを取りに行き、フランソワーズの荒らされまくった庭を突っ切って、玄関口まで運転して来た。私が飛び乗ると、彼はこの車の定評のある回転軌跡の大きさを呪いながら、食い荒らされた花壇の柔らかい砂を車輪で踏んづけ、門をめざして速度を上げた。

「ベキ、ベキ、応答願います」

しかし応答はなかった。保護区を急いで横断する四十分の間、無線は不気味な沈黙を続けた。私たちは車の轍を猛スピードで踏みつけながら先を急いだが、どんな状況になっているのか見当も付かず、最悪の事態すら覚悟した。

すると、柵から百メートルほどの所でそわそわ動き回るゾウの姿が目に入って来た。反対側には、深い藪なので今一つはっきりとは見えないが、ベキたちが身を屈めていた。私は急いで数えてみた。まず監視員たち、それからゾウたち。そして深く安堵のため息をついた。頭数はそろっている。

フランキーが真っ先に私たちを見つけた。片足を憤然と持ち上げ、それを踏みおろして地面を震わすと、大きな頭を揺すった。彼女はそれまでの出来事に大変興奮し、それを私たちに知らせようとしていた。

私たちは車を止め、監視員を呼んだ。彼らは用心しながら茂みから現れた。全員の目が、その場を離れ始めたゾウの群れに注がれている。

「大丈夫かい?」私が聞いた。「いったい何事なの?」

「エイッシ……ムクルー。このゾウたちはひどいよ」ヌグウェンヤが、歩いて行くゾウの群れ全体を腕で指し示しながら言った。「ここの柵の所で群れを見つけたんだけど、私たちを殺そうとしたんだ。向かって来たから必死で逃げたよ。それでも追っかけてきた。もう駄目かと思ったけど、ちょうど柵の下に川が流れていたので、這うようにして外に出たよ。電気でビリビリ来たけど、逃げなくちゃと思った。無線はもう使えないよ。水に浸かったから」

私はペンチを取り出し、柵を切断し、棒で電線を持ち上げて、彼らが再び這うようにして保護区内に戻れるようにした。

「ラッキーだったね」私は柵を元どおりにして言った。「君たちはこの群れの怖さを身をもって知ることができた。これからは他の人たちに、ここで働いているみんなに、伝えてほしい。ゾウには注意して、近づかないようにと」

今回の話は村全体に一気に広まると思った。いろいろと脚色を施され、尾ひれがついて。しかし私はそれによって密猟者が寄り付かなくなることを期待していた。

しかしこのとき私がいちばん心配していたのは密猟の問題ではなかった。私が心配だったのは、群れがはっきりとした理由もなく、監視員たちを襲おうとしたことである。これは、群れが、ベキたちのした何かちょっとしたことで挑発されたと感じたか、自分たちの新しい縄張りに見慣れぬ人間はどうしても入れまいということか、そのいずれかだと思った。ひょっとするとライフルを持った監視員を見て、これまでの波瀾万丈の中で出くわした密猟者たちのことを思い出したのかもしれない。

ところがさらに考えると、本当の原因はもっと他愛もないことかもしれないと思えてきた。監視員たちが、お互いのんきにおしゃべりをしていたか何かであまり周囲に注意を払わずにいたところ、知らず知らずのうちにゾウの縄張りに足を踏み入れていた、ということではなかったろうか。少なくともそうであってほしいと私は思った。真相は分からないが、はっきりしているのは、この群れは依然として非常に危険であり、私たちがのんびりできるまでには、まだ多くの仕事が残されているということであった。いつの日かのんびりできるようになるとして、の話ではあるが。

前向きにとらえるなら、おかげで監視員たちが、低木林の中では注意を怠ってはならないことを知ったということだし、彼らとて同じ間違いを繰り返すようなことはけっしてないだろうと私は思った。それに彼らがゾウに発砲はしなかったこと、冷静に保護区から脱出したことは、立派だったと認めてあげなくてはならない。

彼らを車の荷台に乗せて、私たちは家に戻った。家に着くや、彼らはさっそく他のスタッフを呼び出し、この日のきわどい経験をにぎやかに語り始めた。ズールー人は生まれながらの語り部であり、彼らにしかできない独特の話術で話がはずむ。誰の逃げ足がいちばん速かったか、などと盛り上がり、みんな大声で笑っていた。


私の先妻との息子二十一歳のディランと二十三歳のジェイソンがこの日やって来て、しばらくトゥラ・トゥラで過ごすことになっていたので、私は再会を楽しみにしていた。ジェイソンは都会っ子だが、低木林も大好き、ディランは根っからの自然派で、暇さえあれば町を離れて時を過ごしている。

特別の楽しみも今回は控えていた。デヴィッドと私が数週間前にハイエナの巣をたまたま見つけていたので、夜はみんなで見に行く計画だったのである。息子たちが着くと、さっそく物資を積み込み、ハイエナの巣に急いだ。しかしもうハイエナはいなかった。群れは引っ越ししてしまっていた。

ディランは落胆を隠せなかったが、足跡を追ってどこかへ行ってしまった。しばらくして彼の低い口笛が聞こえた。

「ディランが呼んでるぞ」私は言った。「何か見つけたんだな」

私たちは下草をかき分けて進んだあげく、ようやく、開けた場所で屈み込んでいるディランを見つけた。「アフリカニシキヘビだよ」興奮気味に彼が囁いた。そして両腕を大きく広げる。「ものすごく大きい」

トゥラ・トゥラとその周辺はアフリカニシキヘビにとっては極上の縄張りで、地元ビイェラ部族の崇拝の対象にもなっている。彼らは、先祖の魂がこの絞め殺しの名人に姿を変えて時々戻って来ると信じているのである。村でアフリカニシキヘビが見つかると、他のヘビなら殺すのが普通だが、みんなわざわざそれを見に集まって来るし、杭にヤギを繋いで供物にすることだってある。アフリカニシキヘビはアフリカ最大のヘビであり、怒ると非常に攻撃的になる。とにかく大きなハ虫類である。全長三メートル、三メートル半のものも珍しくはない。

しかしディランが見つけたやつには驚かされた。これほど大きなものは、私も初めてだ。金色と茶色の地に黄褐色と黄緑色のシミのような模様をしている。それが藪の中に長々と伸びていた。

しかしディランが見ていたのはそれではなかった。彼が指さしていたのは別の方角だった。そっちへ移ってみると、もう一匹別のヘビがいた。もっと大きい。一生に一度しかお目にかかれないような代物だ。そしてもちろん、誰もカメラを持って来ていない。これは一つの法則だった。藪の中で何か本当にすごいものを見たかったら、カメラは持って来てはいけない。二匹とも休憩中であった。昼間ずっと日光浴をしており、そのあとはこうやって動かずにじっとしているのである。私たちがかなり近づいても、彼らを驚かす心配はあまりなかった。

ディランが歩幅で長さを測った。最初のは四メートル五十センチ、二匹目は特大の五メートル十センチだった。

「これで僕の図鑑はもう使えなくなるね」デヴィッドが言った。「ニシキヘビは、いちばん長くて四メートル二十センチから四メートル五十センチと書いてあるからね」

私たちは筋肉隆々の男の腕ほどもあるこの二匹の驚くべきヘビを、暗くなるまでじっと見つめていた。そのあとも照明を灯して見ていたが、電池が消耗し始めたのでやめることにした。当然のことだが、真っ暗闇でこれらの怪物の近くにいたいとは、誰も思わなかった。

次の日、行ってみると、もうヘビはいなかった。

私はあの日以来、あれほど大きいヘビは二度と見たことがない。そしておそらく死ぬまで見ないだろう。しかし、あのような生き物たちがまだそこにいて、守られ、繁殖している、ということが分かって、励まされる思いがしたのも事実である。

第19章 我が友ノムザーン

私は毎日藪の中に出かけては、ゾウの群れと時間を過ごした。それは彼らの習慣や動きを調べるためだけではなく、彼らと一緒に林の中にいるととても元気が出てくるからでもあった。特に私は彼らの不思議なコミュニケーションのあり方に興味を覚えており、その調査を続けたかった。私は新たな素晴らしい世界の扉を開けていたのであり、藪の中に彼らと私だけしかいないという状況を、最大限活用したかったのである。

ある日の暑い昼下がり、私が徒歩でゾウを捜していたときのことである。一瞬、群れがすぐそこにいるのを感じた。まるで自分が何かぼんやりと白昼夢にひたっているうちに、ゾウに突き当たってしまったような一瞬である。私はふと我に返り、周りを見渡したが、驚いたことに、彼らの姿かたちはどこにも見当たらなかった。

少しして、また同じことが起きた。それはとても微妙な感覚で、一瞬にして失われてしまう。この時も周りを見渡したが、ゾウの影も形もなかった。何か説明のつかないことが起きていた。私が驚いたのは、これまでゾウとはずいぶん一緒に時間を過ごしながら、こんなことに気付くのが初めてだったことである。

そこで私はただ待つことにした。再びこれまでどおりのことをするということ、つまり、自分も藪の一部になって、特に何かが起きるということを期待もしない、ということである。すると突然、またその感覚がした。群れが近くにいるという強い予感である。と思っていると、近くの茂みからナナが現れた。後ろに他のゾウたちも従えている。びっくり仰天である。実際に目にする前に、私は彼らがそこにいることをなぜか感じ取っていたのである。

やがて私は、これが逆の方向にも現れることを知った。ときどき、ゾウを捜していて、彼らが近くにはまったくいないこと、どこか他のところにいることが、分かるのである。それは、私が見付けられないからではなく、藪に彼らの存在が完全に欠如していることが感じ取れるからである。

二週間これを続けるうち、私はコツを摑み始め、最後には、条件が整えば、ゾウの居場所を突き止めることがどんどんできるようになっていった。私はここにいますよと、ゾウがその存在を周りに投射させている。なぜか私はそれが分かるようになっていた。そして、彼らはまた、それを制御できていた。というのも、彼らが居所を知られたくないと思うなら、私がたとえすぐ近くに迫っていても、彼らの存在の投射をまったく感じないからである。さらに試行錯誤を繰り返すうち、これが何であるかがはっきりした。可聴域にあるライオンの吠える声と同じで、ゾウの深いうなり声も、音域が低すぎて人間の耳には聞こえないけれども、何キロも先まで周りの藪に響き渡っているのである。私は、それを耳ではまったく聞き取れないものの、どうにかして感じることができていたということになる。ゾウたちは、ゾウ独自のやり方で、ゾウの言葉を使いながら、周りのすべての有情無情に対し、自分たちがどこにいるのかを知らしめているのである。

ある朝、大きな石の転がった道を四輪駆動車で慎重に走りながら、私はゾウが近いことを感じた。そしてラッパのような鳴き声が響くのをはっきりと聞いた。車を止めると、数分後、またその鳴き声が響いた。今度は、前よりかなり近い。突然、息を切らしたノムザーンが森からノシノシと出て来て、私を遮るように、車の真ん前で止まった。フロントグラス越しに私をじっと見ている。彼がこんなに近づいたのは初めてのことだった。

彼はまったく落ち着き払っていたが、私は車の中で、心臓をドキドキさせていた。二十分たって私は緊張が少し解けたが、彼はまだその場を離れず、車の周りをぶらぶらしながら、立ち去る気配を一向に見せなかった。

そこへ無線のガーッという音がした。周囲ののどけさを機械音に破られ、彼はびくっとした。無線は事務所からで、私に戻るようにという連絡だった。しかし私が車を出そうとするとノムザーンはすぐにその真ん前に現れ、悪気はなさそうだが、通せんぼをするのである。怪訝に思ってエンジンを止めると、彼はまたのんびりと草葉を食べ始めた。しかし、私がエンジンを入れると、また行く手を阻み、エンジンを切ると、また呑気に構えるのであった。

明らかに彼は私に帰ってほしくなかったのである。私は窓を開けて、こう言った。

「やあ、お兄さん。今日は何やってんの?」

彼はゆっくりと、ほとんどためらいがちに、窓のところまでやって来た。一メートルほど先に立って、その利口そうな茶色の眼で私を見下ろしている。頭をゆっくりと揺らし、とても満足げで、気のおけない仲といった雰囲気を醸し出していた。私はまるで古くからの友人と一緒にいるような感じがした。そこが私の興味をそそられた点である。ゾウと一緒の時に感じる気持ち。と言っても、私のではなく、彼らの気持ちのことである。

どんな出会いに対しても彼らは気持ちのトーンを決めている。ゾウの囲いのところで私と相対して、今こそ脱走の時と決心したナナがそうだった。そして今のノムザーンがそうである。今度は、古くからの友人と一緒にいる時の気持ちを伝えているのである。初めてやってきた時に囲いの所で彼らが見せた敵意のことも私は思い出していた。その嫌悪の気持ちは、柵を越え、囲いの周りに達し、そこらじゅうで感じることができた。彼らの姿が見えようが、見えまいが、である。

再びノムザーンに注意を戻した私は、彼がゾウよりも私を自分の仲間として選んだ、ということに思い当たった。だから、私が車で通りかかったとき、ラッパのような鳴き声をあげて呼び止めたのだ。だから、私を帰そうとしないのだ。

私はとても謙虚な気持ちになった。腕に鳥肌がたったほどである。私の頭上にそびえるようなこの生き物が、明らかに私と友達になりたいと言っているのだ。私はこの経験というかこの特権を最大限活かそうと、その場を動かないことにした。

彼は食事を続け、近くの木が次々にその犠牲となるのだが、枝をボキボキ折り、葉っぱをむしりとり、食べた跡をはっきり残しながら木から木へと移って行った。時折、彼はその巨大な頭部を持ち上げ、鼻を私のほうに伸ばして匂いを嗅ぎ、私がまだそこにいることを確かめるのだった。

さらに三十分はたっただろうか、最後に彼は身を翻し、横に踏み出して車を通してくれた。

「ありがとうよ、ノムザーン。明日また会おうな、我が友よ」

彼は頭を一瞬傾けると、独特の揺れるような優雅な足取りで藪の中に消えて行った。

私は出発した。無線が鳴り、デヴィッドが、一体どこにいたんですと聞いて来たが、私は答えなかった。言葉を発するには、あまりにも畏敬の念に打たれていた。

私がナナとその群れと共に時を過ごすにつれ、彼らもどんどん近づいて来て、最後には車の周りで、平気で木の葉や草葉を食べるようになった。ある時、私が眺めていると、ナナが突然食べるのをやめ、車のところまでやって来た。

私は動かなかった。彼女が仲良くしようとしているのが分かったし、怖いとは思わなかった。しかしその後の展開はまったく想定外であった。実にゆっくりと――あるいはひょっとして私がそう感じただけかも知れないが――彼女は実にゆっくりと鼻を伸ばし、窓越しに私に挨拶をしたのだ。それは衝撃的なまでに親しい仕草だった。彼女が私に触るということは、ゾウの囲いのところでもそうだし、家に来た時もそうだったように、すでに起きていたのではあるが、今回のは、ゾウなりに親しみを込めた軽いタッチのつもりだったのだと思う。自分たちの縄張りに君が一緒にいても平気だよ、と私に教えていたのである。いかにも身に危険の及びそうな状況ではあるが、私がこれほど打ちとけ、安心しきったのも初めてだった。

フランキーまで優しくなってきて、マブラやマルラと共に、車にかなり近づくようになった。うるさ型のようで実は彼女にも優しいところがあって、ある時など鼻を伸ばしてきたが、それでも私が手を上げると尻込みし、引っ込めてしまった。

いい気持ちにもなるのだが、私はやはり彼らが野生のゾウであることは決して忘れず、彼らが近づいて来た時は必ず車を動かして、私が決して孤立しないよう、あるいは、身動きできないような状況、居心地の悪い状況にならないよう心がけた。

このような出会いは徐々に、もっと自然発生的に起きるようになっていった。数ヶ月もすると、私は群れの他のゾウたちからも個別に挨拶をもらうようになっていた。ナナのように鼻先を車の中につっこむようなことまではしないが、すぐ近くにやってきて、まるで手を振るかのように鼻を持ち上げるのだった。もちろんこれは私の匂いを嗅ぐ仕草である。私はどうやらこの集団の名誉会員として受け入れられたようであった。

しかしその過程で我が愛車は大変痛ましい目にあっていた。ゾウという動物は極めて触覚志向が強く、お互いいつも触り合い、押し合い、こすり合っている。そしてこれらの馬鹿でかいジャンボたちが車にぶつかれば、そして絶えずぶつかっていたが、それこそクレーターのような大きなへこみができてしまうのである。四輪駆動車は結局、ことさら大荒れのナスカールの自動車レースに出場してきたかのような姿に、変わり果ててしまった。たまに町にこの車で出かけると、目立ってしょうがなかった。愛車はいつしか「ゾウの車《エレファント・カー》」の異名をとるようになっていた。

群れはまた車から突き出たものなら何でもおもちゃにして遊んだ。サイドミラーは、紙でできていたのかと思えるほど、いとも簡単に取り外されて久しかった。無線のアンテナも二本とも同じ運命だったし、ねじ止め式のものに替えなくてはならなかった。ゾウの群れに会いにいく時には、外すようにするためである。ワイパーは何度も外されるので、最後には新しいのを取り付けるのが面倒になり、雨の日は首を窓から突き出して運転した。そしてもちろん車の後部にあるものは何でも引きずり降ろされた。スペア・タイヤなど今もって行方不明である。

なぜかは知らないが、ゾウは金属の肌触りが大好きらしく、放っておくと何時間も触り続けている。エンジンの発する熱も大好きで、特に寒い時がそうだが、鼻をボンネットの上に長いことくっつけたままにしている。夏になってエンジンが焼けるほど熱いと、ボンネットに触るが早いか、すぐに鼻をひっこめるが、なぜか、ほんの数分後、また同じことをして、焼け付く思いを繰り返し味わっている。

ナナもフランキーもトゥラ・トゥラに来る前から妊娠しており、この二頭には特に注意していた。ゾウの妊娠期間は二十二ヶ月だから、彼らはなんとその間、二回鎮静剤を撃ち込まれて捕獲され、赤ん坊を胎内に宿しながら脱走を繰り返し、それでも悪い影響はなかったことになる。

ゾウは一、二週間おきに家までやって来た。そこで、我々もフランソワーズの庭の周りに電線を張り巡らすことにした。そうしなければ庭は踏みつぶされ、草木は平らげられてしまう。しかし、それでもやって来た。電線のところで立ち止まり、私が来て「やあ」と挨拶するまで、辛抱強く待っているのであった。

ある時、私はダーバンまで出張したが、帰ると、驚いたことに七頭のゾウが全員おそろいで家の前にいた。まるで私の帰宅を待ちわび、出迎えるかのようであった。それを私は偶然のせいにしていた。しかし次の出張でもそうだったし、その次もそうだ。私がいついなくなり、いつ戻って来るか、彼らには正確に分かっていることがやがて明らかになった。

そしてそのあとの出来事は、そう、少し気味が悪くなった。私はヨハネスブルグの空港で帰りの飛行機に乗り損ねてしまっていたが、六百五十キロほど離れたトゥラ・トゥラでは群れが例によって私の家に向かおうとしていたのである。しかし、あとで聞いた話だが、ゾウたちは突然止まって向きを変え、藪の中に戻ってしまった。あとで調べてみると、それはちょうど私が飛行機に乗り損ねた時刻であった。

翌日私が帰宅すると、彼らも家に戻っていた。

私はこういったことについて、非常に特別な何かが起きていることをやがて認めるようになった。私の理解の領域を超える何かである。ゾウの驚くべき意思伝達能力は科学的に証明されている。私も実地に知ったが、ゾウはお腹からゴロゴロと独特の低周波の不可聴音を響かせ、それは極めて遠い距離にも届くのである。人間の耳には聞こえない非常に周波数の低いこの音波は、クジラの放つものと似た波長を示している。地球を半周して響き渡ると言う人もいる。

しかし、たとえ周囲数百平方キロにしか届かないとしても、そしてそれが今や学界の定説のようだが、ゾウたちは、アフリカ大陸をまたいでお互い意思の疎通ができているかも知れないということになる。一つの群れが隣の群れと交信し、それがまた隣の群れと交信、そうやって彼らの全生息域を次々につないで行き、ちょうど私たちが長距離電話をするように、離れていてもつながるというわけである。

コーネル大学の「ゾウに聞くプロジェクト」の科学者ケイティー・ペインがこのゾウの音波を発見したのは極めて画期的で、ゾウの行動に関する私たちの考え方を根本的に改めるものであった。進んだ生まれながらの知能と長距離交信の間には、はっきりとした関係がある。例えば、カエルの意思疎通技術は、交配の相手を求める原始的な鳴き声のみから成り立っている。池が彼らの全宇宙なのである。それ以上、広がる必要はない。

しかし、ゾウは広い範囲にわたって意思を伝えている。つまり、この荒野の巨人たちは、私たちがこれまで考えていた以上に進んでいるということである。彼らは、これまで考えられていたよりも遥かに進んだ知性を備えているのである。

それを疑うのなら、こう自問してみるといい。ゾウがこれほどの信じられない伝達能力を進化させたのは、単に、一連の無意味な唸りや呻きを伝えるだけのためだったのか？　もちろん、そうではない。進化は容赦なく進む。生存にとって本質的でないものはすべて、遺伝子プールの中で廃れていってしまう。だから、遠くまで伝わるゾウのこの発達した音波は、特定の目的のために使われていると想定するのが理にかなっている。つまり、意味をなす会話をゾウからゾウへ、群れから群れに行うためである。

では、ゾウは、自分の世界に起きていることを、そして、人間たちが彼らに何をしているかを、お互いに伝え合っているのだろうか？　彼らの知性を考えれば、私はそれこそまさに彼らの実際にしていることだと信じて疑わない。

第20章 密猟団との死闘

オヴァンボ族の男たちがいなくなってから久しいが、密猟は散発的に起きていて、私たちは何とか撲滅しようと頑張ってはいたが、ときおりインパラを保護区で失うのは苛立たしく、デパートで起きる万引きのようなものであった。しかし、状況が一気に変わった。ブカナナの警察署長から呼び出しを受けた私は、サイと象牙の密猟者らがこの地域にいるという情報がある、と聞かされた。動物監視員なら誰でも知っているが、このならず者たちは、まったく格が違う。高度に組織化された重装備のプロ集団であり、自分たちの邪魔になる人間は平気で殺してしまう。彼らは確信犯であり、そのことはやがて私たちも身を以て思い知らされることになる。

私たちにはその銃声すら聞こえなかった。四五八口径のライフルを保護区の遠くで使い、静かに殺していた。死体を見つけたのはその数日後だった。巡回中、コシジロハゲワシの一群が、じょうごを伝う水のように螺旋状に舞い降りて行くのが目に留まった。

何か大きな生き物が死んでいるのだ。何か大きな生き物が。早く現場に駆けつけ、それが何であるか突き止めたいと思った。しかし、死体があるのはトゲだらけの深い藪の中である。道からも遠く外れており、たどり着いたとき、私たちは引っかき傷だらけで、疲れ果て、汗じっとり、という有様だった。

ハイエナたちがすでに食いついたあとで、死体にはぽっかり血の滴る穴ができており、鎧のように固いその皮膚もこじ開けられているので、ワシもおこぼれに預かることができるのだった。ワシは悪臭を放つ灰色の死体の上空に群がっていた。百羽はいただろうか、キーキーと鳴きながら、羽ばたき、腐肉に我先にかぶりつこうとしていた。

首尾よく有利な位置を占めたワシたちは長い首をさらに伸ばして、腐りゆくはらわた深く突っ込み、ガツガツとむさぼり食っていた。この饗宴の縁をうろついているのが二匹のセグロジャッカルで、大きなワシの間に割り込むように近づいては離れ、肉を食いちぎろうとしていた。腐敗の状況から判断して、腐肉の塊は、死後三日くらいと思われた。

それはミナミシロサイのメスだった。血の固まった大きな鼻は無残にもひしゃげ、角は二本とも奇麗に切断されていた。おそらくチェーンソーを使ったのだろう。このサイはここに来て一年足らずだったが、私は彼女のことはよく知っていた。いつも安全な距離を保ちながらも、見かけたときは必ず「話しかける」ようにしていた。サイたちがトゥラ・トゥラに初めてやってきたとき、ノムザーンの注意を馬のエサでそらそうとしたのは、このサイからであった。私がさらに痛ましいと思ったのは、彼女が妊娠していたことだった。胎児の遺体が、食いちぎられた内臓に交じって散らばっていた。

これはプロの密猟者集団の仕業だ。彼らは保護区の中に何日も身を潜め、サイや私たちの動きを追っていたに違いない。そしてこの素晴らしい動物の殺害を綿密に計画していたはずだ。母なる自然も、繁殖の頼みの綱であるメスを一頭失ったのである。私たちはその喪失を痛感した。サイはそれまで四頭しかいなかったから、資金的な損失というだけではない。私たちの誇りが傷つけられた思いだった。密猟者が一枚上手だったのである。そこがとてもこたえた。

しかし密猟者らはまだそこいらにいるのであり、またやって来ることも確かだった。彼らをなんとしても捕まえたいとみんなが思っていた。私たちは正義を全うしたかった。それはあの哀れなサイのためだけではない。サイの角には媚薬としての効用があるという馬鹿げた考えのために、その角は東洋に密輸される。だが私たちは、サイだけでなく、彼らが殺したすべての生き物のための裁きを、望んでいたのである。

一週間後の夕暮れ時、微かなライフルの発射音がした。そして保護区の遠くで照明が時々点滅するのが見えた。これぞ私たちが待ち望んでいた密猟者のミスだった。私たちは数分のうちに、武器を手に追跡の用意ができていた。徒歩での追跡である。車を使えば、ヘッドライトとディーゼルエンジンの唸りで、わざわざこちらから密猟者に居場所を教えてあげるようなものだ。彼らは余裕をもって藪の中に逃げおおせるだろう。だからここは強行軍だ。密猟者たちが時々点滅させる懐中電灯の明かりを手がかりに、小走りのようにして進んで行くしかない。

逆に言うと、私たちも懐中電灯でこちらの居場所を教えるリスクを冒すことはできないということだ。ただ、私たちの強みは、いろいろな抜け道を熟知していることであり、彼らよりもはるかに素早く藪の中を動き回れるということであった。真っ暗闇だから最大の危険はもちろん、ゾウやサイに突然出くわすことであった。そのことは考えたくもなかった。

密猟者らとの銃撃戦は軍隊の隠語を真似て「接触」と呼ばれたが、実際の戦場に劣らず、びくびくものである。全員が武器を持っている。真っ暗だ。そして双方とも、とにかく殺気立っている。私たちの警備員は通常二人一組で動く。一人は三〇三口径のライフルを持ち、もう一人が持つのはポンプ連射式のショットガンで、重い散弾を装塡している。私はそのような散弾銃のほうが好きだ。接近戦でより正確だからだ。夜の撃ち合いは必ず接近戦になる。

しかし、今回は息子のディラン、さらにベキとヌグウェンヤら男四人、そして私だった。私たちは密猟者の懐中電灯のわずかな光も逃すまいと眼を凝らし、静かに迫っていった。私たちは保護区のほぼ境界のところで、いよいよ密猟者に迫ろうとしていたが、そこで私は何かで足をこすられるような感触を覚えた。飛び上がるほど驚いたが、なんとか叫び声は押し殺し、見下ろすと、暗がりにマックスの姿が見えた。しっぽを激しく振っている。彼も車から出て来ると、私たちのあとを追って来ていたのである。今回の冒険にも、どうしても加わるつもりなのである。

もちろん彼にはいてほしくなかったのだが、もう手遅れだ。そこで彼には、あとに続くよう命令した。彼は忠実に私のあとから付いて来た。私は、マックスは小さいので標的にはならないだろうと自分に言い聞かせた。それに何かの役に立つかも知れない。

すると押し殺したような咳が聞こえた。そして明かりがチカッと一瞬、柵を上下なぞるように光った。密猟者が、先に自分たちで開けていた穴を捜しているのだ。ついに追いつめたぞ。柵沿いにこちらに向かって歩いて来る。

私がベキに頷いて合図すると、彼は脇にいた二人の体に触れ、一人には柵の向こう側に回って密猟者らの後ろに付くよう、もう一人には柵に近づいて彼らの正面に陣取り、逃げ道を塞ぐようにと指示を出した。ベキとディランと私は、先に進んで蟻塚の陰に身を潜めた。こうして罠はしかけられた。

そして、ベキが銃の安全装置を外す「カチリ」という小さな音がした。私たち全員が同じことをして、機をうかがった。緊張が高まる。これまでのどんな戦争のどんな兵士も戦闘開始の数秒前に感じたであろう殺気立った高揚感が、私の体を包み込んだ。

密猟者らは静かに柵に沿って進み、懐中電灯を点けたり消したりして出口を捜していたが、それがついにわずか三十メートルほど先になった。

ベキが身を寄せて来て、私の腕に触って頷いた。私たちは二人ですくっと立ち上がって照明を灯し、銃を置けと叫んだ。

メガワットの光線が少なくとも八人の男を照らし出していた。全員、銃を持っていた。やっぱりプロの連中だった。

それからが修羅場だった。驚いた密猟者たちが発砲したのである。慌てるあまり、大半が腰の高さから闇雲に撃っていた。

ベキと私は明かりを消すと、とっさに身を伏せた。私が倒れ込んだのは、蟻塚のふもとにあるトゲだらけの灌木の上だった。引き金に掛けた指がうずうずしたが、あえて撃たなかった。撃てば銃口から火花が散って居場所が分かり、逆に狙われてしまう。すると、あり得ないことだが、私は顔をぺろっとなめられる感触を覚えた。マックスだ。私が地面に伏せたので、何事かと心配し、私の様子を調べているのである。私は彼を摑むと体勢を低くするように押さえつけた。

ヌグウェンヤともう一人の柵側の監視員も発砲しており、密猟者らは自分たちが完全に分断されたことを悟った。

そこからは睨み合いだった。双方とも相手側が先に撃って、居場所を教えてくれるのを待っていた。密猟者らは電線の所で身動き取れなくなっていた。数の上では彼らのほうが上で、ほぼ二対一の勘定だったが、一瞬光を浴びて眼を眩まされていたため、彼らはまだ数の優劣には気付いていなかった。

私はベキが私の右手数メートル先にいることを感じていた。銃撃戦のとき彼がいてくれたらどれだけ心強いことか。タフで忠実で容赦ない男だ。私たちはこのような状況には前にも出合ったことがあり、私は彼とお互いまったく同じタイミングをうかがっていることが分かっていた。密猟者らはこの睨み合いにやがて耐えられなくなり、逃げ出すだろう。追跡されないように、闇雲に発砲しながら。その時が、彼らを狙い撃ちするチャンスなのである。

暗がりの中の沈黙は、息が詰まるほどで、閉所恐怖症にでもなりそうだった。確かに堪え難い。しかし彼らにはもっとこたえていたはずだ。

するとそこへ突然、バン！　と音が弾けたかと思うと、鉛の弾が私たちの頭上をかすめてぴゅん、ぴゅん飛んできた。私たちも即座に反撃に出た。あちこちの銃口から火花が散って、どれがどっちのものやら、訳がわからない。

そしてまた沈黙が支配した。

我々が少なくとも二人を倒したことを私は確信した。至近距離の散弾銃は極めて効果的だが、手負いの男のうめき声も、激しい痛みに耐えようとする絞り出すような声もしない。

すると密猟者の一人が大声を上げた。「おーい。アマフォウェトゥ。なぜ同じズール人の兄弟に銃を向ける？　なぜ白人に仕える仕事をする？」

沈黙。

「アマフォウェトゥ。我が兄弟たちよ。君らを殺したくはない。このまま逃してくれ。そうすれば誰も怪我はしない」

沈黙。

「ここに大きな鹿の肉があるんだ。インヤマがたっぷりあるぞ。みんなで分ければいい。君らにもあげるよ。正真正銘の野生の肉。女が食べるようなのとは訳が違うぞ」

沈黙。

「一緒にやらないか！」もう一人が叫んだ。「今夜は豪勢な宴会だぜ」

ベキが私のほうににじり寄った。小声なので辛うじて聞き取れた。

「あいつら、ああやって注意をそらそうっていう目論みだ。その間に、柵を乗り越えようというんだよ。針金のずれる音がする」

すると突然彼は、古くからのズールーのときの声を上げた。「ウゾードラ・イクチュワ・レトゥ（汝ら我らの槍を食らえ）」そして彼が発砲すると、誰かが叫び声を上げ、ハチの巣をつっついたような騒ぎとなった。銃声が、まるで群がって吠え立てる野犬のように、一帯にけたたましく鳴り響いた。

私はポンプアクション型の散弾銃を猛然とぶっ放し、男たちが散り散りに逃げ惑っていると思われる方向目がけて、散弾の雨を見舞った。ディランも同じだった。

銃撃は始まりも突然だったが、終わりも突然やって来た。私たちはそこで、銃に弾を籠め直した。そして五分待ったが、完全に静まり返って、何も動かない。

すると低いうなり声が聞こえた。少なくとも一人負傷しているのだ。私は散弾銃を手に、蟻塚の端まで行き、腕を突き出して照明のスイッチを入れた。

負傷したのは密猟者の三人だった。一人は柵の下に寝そべっていた。三〇三口径で足を撃たれていた。あとの二人は散弾で体にひどい穴を開けられていた。残りは逃したが、慌てて柵をすり抜けていったらしく、その血痕で判断すると、重傷を負っている者も何人かいそうである。

幸い私たち六人は、全員無事だった。

ベキが負傷した男たちに叫んだ。男たちは顔を照明で明るく照らされている。彼はその彼らに、銃に眼をくれようものなら殺すからな、と言っている。照明を彼らの眼に当てて目眩ましを食らわせ、その間、ベキが近づいて手錠をかけた。

するとヌグウェンヤがやって来て、彼らの顔を検分した。「村の人間じゃないね。ズールー人でもない」こう言って、地面につばを吐いた。「シャンガアン人だよ。野生動物肉《ブッシュミート》の売人で象牙目当ての密猟者だ。遠くから来た連中だね。今夜は、もう二度とここに来るものではないという、いい教訓になったと思うよ」

動物監視員の一人が、車をよこすように無線で手配し、残りの人員で、負傷したごろつきたちに可能な限り包帯などの処置をした。マックスは少し嗅ぎ回って、それから腰を落ち着け、見張りを続けた。いかにも、すべて普通の日の当たり前の業務を淡々とこなしている、といった振る舞いだ。負傷した男たちはマックスを怖がっていた。この犬もその気になれば獰猛に見えるものである。

ほどなく車が到着し、私たちは負傷した男たちをブカナナの警察署に突き出した。警察は救急車を呼んだ。私は密猟者らが持っていた武器を警察に渡した。三七五口径と四五八口径である。いずれも、ゾウを殺すことのできる銃だ。弾丸は残っていなかった。すべて私たちにぶちまけていた。弾倉がからっぽになったので、逃げ出したのである。私たちにはまだ五十発残っていた。そこに差があった。彼らは弾丸を使い果たし、私たちにはまだ残っていた。

私はまた、死んだサイの角を探し当てたいと思っていたが、警察はもう国外に持ち出されたあとだろうと言った。サイが殺された夜、リチャーズ湾の港に台湾籍のトロール漁船が停泊しており、角はこの船で運び出されたというのである。

密猟者との戦いは、低木林地帯の噂と評判の勝負に尽きると言ってもいい。彼らは、いちばん美味しい仕事にありつける場所を好むし、同じバイヤーが雇っていることも少なくないが、シンジケートを組んで連絡を取り合い、お互い通じている。私たちの今回の勝利の噂は、瞬く間に野火のように広がるであろう。私たちもしばらくは面倒に巻き込まれなくて済みそうだ。

私たちもいよいよ一人前になりつつあった。プロの常習犯の集団を向こうに回し、勝利を収めたのである。

その後数週間は平穏で、私はゾウの群れと素晴らしい時を過ごすことができたが、ピネアスが亡くなったという悲しい知らせが届いた。オヴァンボ族の動物監視員たちの素行に関して、私たちの証言の中心部分を担うことになっていた守衛である。インフルエンザと気管支炎が村で流行っており、エイズで弱まった彼の免疫力では、ウイルスに十分抵抗できなかったのだ。この悲しい知らせに加えて、私には、頼みの綱ともいえる証人を失ったという事実が、重くのしかかって来た。

数日後、さらに悪い知らせが舞い込んで来た。オヴァンボ族の男たちは、ダーバンの町にいるというところまでは突き止められていたが、その彼らがそこの仕事をやめ、どう考えても、地上から姿を消したとしか思えないというのである。

私がこのことを担当の検事に報告すると、彼はファイルに目を通してこう言った。「アンソニーさん、申し訳ないが、もう立件は無理ですね」彼はファイルを閉じて肩をすくめた。

動物保護区の運営ではいつもそうだが、一つの問題が片付くと、またすぐ別の問題が持ち上がる。私たちの場合、ここで次の問題というのは、予期せざる会計士の来訪で始まった。悪い知らせだ。私たちの資金が、急速に底をつき始めているというのである。私たちが依然として、ゾウの群れを落ち着かせようという段階にあることから、保護区はまだ一般客には開放しないでいた。つまり、収入のないまま、原資を切り崩しながらの運営を続けていたのである。

「収益を上げる必要がありますな」彼は言った。「何か収益の得られることを、しかもすぐにでも始めないことには、問題につきあたりますな」

それはたんに資金繰りだけの問題ではなかった。一連の利上げで、私たちの予算は混乱を余儀なくされていた。私は、こうでもない、ああでもないと、あらゆる角度から数字を検討したが、名案は浮かばなかった。もうタオルを投げるしかないようにも思えた。トゥラ・トゥラを売りに出すとは、考えただけでもぞっとした。

するとフランソワーズが言った。「小さな高級ロッジを建てましょうよ。前からそうしたいと言っていたじゃない。収益を上げたいのなら、もっとお客を呼べるようにしなきゃだめよ。そのためには、何か宿泊施設を建てるしかないわ」

「いや、それではものすごい金利で借金することになってしまう」会計士が言った。「もっと大きいリスクをしょいこんでしまう、ということですな」

彼は頭を掻き掻き計算機にいろいろと数字を打ち込み、私たちを見上げ、こう言った。

「とは言え、フランソワーズの言うことも一理あるかな。小さなしゃれたロッジを建てるというのは、今の金利環境では無鉄砲と言われるかもしれないが、理にはかなっている。収益を上げないことには話にならないわけで、それには、宿泊客をとるのも、一つの手ですな」

私は数字を眺めて憂鬱になった。「どうだろう。ゾウたちは結構落ち着いて来たから、またお客を入れ始めてもいいかと思うけど、ライオンがまだいない。観光客はネコ科の大物が好きだからね」

フランソワーズが私を見つめた。目がやる気まんまんに輝いている。「こうしたらどうかしら。ライオンの代わりに、私が料理を出すわ。ズールーランドにも高級な料理が必要なのよ」

彼女は優れた料理人一家の出身で、彼女自身、パリのフランス人一流シェフの下で修業していたことがあった。突然、すべてがしっくりまとまった。

「その通りだ」私がこう言うと、それまで肩にのしかかっていた重いものをひょいと外されたように感じた。「こぢんまりした高級ロッジにグルメ・レストラン。ほかでは真似できないね。流行るかもしれないよ」

私は彼女を軽く抱きしめた。「やろうじゃないか」

一気に盛り上がったので、私は特別の機会のためにとっておいたシャンパンを取りに行った。

「残念だけど、いられないんだ」会計士が神経質そうに腕時計を見ながら言った。「帰らなくちゃ」

私は何も言わず、彼の車の所までついて行ったが、九ミリ口径の拳銃でタイヤに穴をあけると、こう言った。「ベッドを用意するからね。ここにはあまりお客も来ないし、運悪くあなたの車はパンクだし、今夜はお祝いするしかないね」

可哀想に、会計士は椅子に腰を下ろすと、これが運命とあきらめたようで、私の差し出すビールを受け取った。

「シャンパンは、フランソワーズのために」

彼女は確かにそのご褒美に値した。フランソワーズがプロジェクトの中心に躍り出て、あっと言う間に美しいロッジが姿を現し始めた。私たちの家からおよそ三キロ、ひなびていながら豪華、タンボーティとマルーラとアカシアの成木に囲まれ、ヌセレニ川の岸辺に建っていく。新しいトゥラ・トゥラの誕生である。この年の終わり、引っ越して来て二年、高級ロッジがついに営業開始にこぎ着けた。

アフリカには、動物保護区のロッジが二種類ある。一つは大企業が所有するもの。もう一つは、環境保護活動家が経営し、環境保護活動を続けるための収入を確保するものである。我々はもちろん後者に属する。いずれにせよ、フランソワーズの構想どおりである。ロッジは、地元のズールー人のみでまかない、予約もやがて順調に入るようになった。いっしょうけんめい頑張れば、あとは少しの幸運で、なんとかやっていけるだろう。

第21章　家母長ナナの挨拶

デヴィッドは何かを心配している様子だった。「保護区が静まりかえっていること、気付いてた？」と彼が聞く。

私たちは芝生の上に座って、木の生い茂るトゥラ・トゥラの丘々が朝の熱気の中で蜃気楼のように輝くのを眺めていた。私はコーヒーをぐいと一口飲んで、やっと答えた。「いや。でもなぜ？」

「ゾウだよ」彼が言った。「雲隠れしてしまったんだ。とにかくどこにもいない。脱走したかと思ったけど、柵を調べたらその痕跡はなかった」

「まさか。群れはここが気に入っているんだよ。脱走の日々はもう昔のことさ」

彼は肩をすくめて言った。「そうかもしれない。でも、一体どこにいるんだろう？　保護区内の道にも痕跡が一切ない」

私もしばらく考えてみた。群れが今では本当に大人しくなったので、保護区を訪れる人たちをかなり近くまで案内することが出来るようになっていた。感激した自然愛好家たちには絶好のシャッター・チャンスである。

すると、ナナの姿が瞼に浮かんだ。彼女が鼻を車の中にまで伸ばして来た、最後の出会いの時のことを私は思い出していた。彼女のお腹は樽のように膨らんでいた。もちろん、林の奥深くに入って赤ん坊を産むのだろう。そもそも妊娠したのがいつか分からないのだから、正確にいつが出産予定日だとも分からない。

私は一日分の物資を車に積み込んで繰り出した。そして、トゥラ・トゥラの足を踏み込めないほどの奥地にまで可能な限り分け入って、ゾウを捜した。しかし、どこにも彼らの新しい痕跡はなかった。緑の生い茂る、ゾウの食事にもってこいの場所も、人目につかないお気に入りの穴も、すべて当たったが、影も姿も見えない。地上最大の哺乳動物がどうやら忽然と消えてしまったようなのである。

ところが、そうではなかった。午後になってついに新しい足跡を発見した。場所は私たちが「ズールー墓地」と呼ぶ埋葬地だ。その歴史は、二百年前のズールー国家の創設者シャカ王の時代にまで遡る。

「おおおーーーい、ナナーーーー！」私は叫んだ。歌うように、そして彼らが慣れて来た響きとともにこの言葉を発しながら。「おーい、私のバッバース……」ゾウたちは「赤ん坊」を意味するこのズールー語の言葉「バッバース」に必ず反応するようである。しかし私はこの時、自分の叫びがいかにその先の出来事を予言しているかを、まだ知らないでいた。

突然、茂みが動き始めた。辺りが紛れもないゾウの気配で息づくと、私は、ゾウと一緒の時にいつも感じる、あのスリルと不安と親しみの混じり合ったものが、自分の血管の中を駆け巡るのを感じた。私は再び叫び声を上げた。期待を込めて。

「おおおーーい、バッバース？」

そして彼女が現れた。彼女は荒れた土の道に、離れて立っていた。私を見つめていたが、それ以上近づこうとはしない。「おかしいな」と私は思った。「いつもだと寄って来るのに」

彼女はしばらくためらっていた。前に進むでもなく、茂みに戻るでもなく、どうしたらいいか分かっていないようでもあった。そして、それが何故かが私にも分かった。彼女の横に立っていたのは完全な形の、人形のようなゾウであった。身長五十センチくらいで、生後おそらく数日というところだろう。思ったとおり、彼女は子どもを産んだばかりだったのである。この地域でこの百年あまりの間に生まれた初めてのゾウの赤ん坊であった。

私はあまり立ち入った真似はしたくないと思い、その場に立ち尽くしたが、心臓の高鳴りを感じた。カメラを持ってきていないのが残念だった。するとナナが数歩前に踏み出した。そしてさらに数歩。そして最後にはゆっくりと私に向かって歩き始め、赤ん坊もその脇をよちよち付いて来た。その小さな足はたどたどしく、小さな鼻が、まるでゴムか何かのようにひょかひょか動いている。

ナナはまだ三十メートルくらい先だったが、そこへ突然、フランキーが現れた。耳を広げている。私は、引き下がるべしという厳しい警告だとこれを受け止めた。車に飛び乗ると、バックして安全地帯を設け、エンジンを切って、ゾウたちを眺めた。

徐々に群れ全体が茂みから現れ、私に用心しながら、ナナや赤ん坊の周りをぶらぶら歩き回った。お互いに触りあうことで心を通わせるゾウたちが、絶えず赤ん坊を触り、愛撫するさまに、私は心を奪われた。ノムザーンですら一役買っていた。群れの外れに立ち、彼としては近づくことを許されるぎりぎりの所であるが、彼はそこから群れの成り行きを眺めているのであった。

すると、私のほうを向いていたナナが、道づたいに、こちらに向かって歩き始めた。私は急いで車に乗ると、車をさらにバックさせた。森の鉄則「赤ん坊と一緒のゾウの母親には近づくな」を肝に銘じていたのである。しかし彼女はどんどん近づいて来る。そこで、道を使いたいのだな、と私は思った。そこで、車を斜めにバックさせて草の茂みに入れ、ゾウたちには私の前を通り過ぎてもらおうと思った。

ところが本当に驚いたことに、ナナは道からそれて、私のほうにやって来るではないか。フランキーや群れの他のゾウたちもあとに付いてくる。私はもう彼らの道を塞いではいなかったのだから、こんなことをする必要はなかったはずだ。そのまま私の前を通り過ぎれば良かった。つまりこれはわざわざ私に会いに来ようということなのだ。私は心臓がドキドキしてきた。私は急いで助手席のマックスを床に下ろし、私のジャケットをかぶせた。「いい子だからじっとしてなさい」そう言うと、マックスは大人しくなった。「お客さんが来たからな」

太陽がまぶしいので私は眼を凝らして懸命に見極めようとした。何かゾウたちに敵意や苛立ちはうかがえないか。私がゾウの親子にちょっかいを出したと思われていないか。しかしその素振りは一切なかった。気性が荒く、まだ妊娠の続いているフランキーすら、そうである。森は平穏そのものだった。それは、みんなで決めて、私に会いに来た、ということのようであった。

ナナがやおら車の窓のところまでやって来た。車の上にそびえるかのようにして空を席巻している。その下にちょこんと彼女の赤ん坊がいた。彼女はなんと、生まれたばかりの我が子を私に会わせに来たのであった。

私が息を飲むと、ナナは鼻を車の中に伸ばして、私の胸に触れた。ざらざらしたゾウの皮膚が、なぜか絹のような繊細な肌触りに感じられた。鼻は、そのあとぐるりと旋回すると、下に降りて赤ん坊に触れた。それはお互いを引き合わせるゾウ式の紹介の儀式であった。私は身動きもせず、彼女が私に与えたこの名誉ある特権に感激していた。

「利口なお姉さんだね」と言った私の声はかすれていた。「なんてすてきな赤ちゃんなんだい」

彼女の巨大な頭は私の頭からわずか数メートル先だったが、それが誇らしげにいっそう大きくなったように感じた。

「君が何て呼んでるかは知らないけど、春の雨が降り始めたときに生まれた男の子なんだから、私は『ムヴーラ』と呼ぶよ」

「ムヴーラ」というのはズールー語で雨という意味だ。大地とともに生きる人々にとってそれは「命」と同義語である。彼女も異論なさそうだったので、この名前に決まった。

そのあと彼女はゆっくりと離れ、群れを従えて、来た道を戻って行った。数分もするとゾウたちは茂みの中に消えて行った。

二週間後、彼らはまた雲隠れし、私は再び「ズールー墓地」に行った。群れは、前とまったく同じ時刻に、前とまったく同じ場所にいた。今回はフランキーで、元気そのものの赤ん坊だ。この時も前と同じように車をバックさせるやり方で、彼らの空間を侵さないよう注意し、最後は、彼女も群れを従えて挨拶をしに来た。ただナナと違って立ち止まることはせず、ぞんざいに私の前を通り過ぎて、新生児を見せびらかすのであった。

「すごいじゃないか、べっぴんさんよ」私は言った。彼女はゆっくりと動いて車の窓と並んだ。母親としての誇りが満開である。「赤ちゃんのことはイランガと呼ぼう。太陽という意味だよ」

私はただただ驚嘆して首を揺すった。ほんの一年あまり前、彼女は四輪バイクに乗ったフランソワーズと私をほとんど殺しかけていたのである。その彼女が今や赤ん坊を連れて来て、私にお披露目だ。考えただけでも、本当にすごいことだと思う。お互いよくここまで来たものだ。

その日の夕方、ゾウたちは全員、私の家にやって来た。フランキーの赤ん坊は深い茂みを六キロあまり歩いて来たことになる。生後まだ一週間というのにである。今度はフランキーが群れの一番前に来て、針金の張ってあるところで私に向き合った。

「やあ、お姉さん。赤ちゃん、可愛いねえ！　ほんとに可愛い！」
フランキーは仔ゾウを優しく撫でながら、実に誇らしげであった。その間、彼女はじっと私を見ていた。これほど近くで触れ合いを持ったのはお互い今回が初めてであった。何かすごく尊いことがお互いの間で起きたことを、私たちは知っていた。

ほとんどありえないような経験だったが、その続編とも言うべきことが数年後に起きた。私の初孫が生まれたとき、群れが家までやって来たのである。私は孫のイーサンを腕に抱いていた。そして、辛抱強く待ってくれていたゾウたちに、心配気な赤ん坊の母親が許すだけの範囲で、できるだけ近づいた。わずか数メートル先だった。ゾウたちは真っすぐに鼻を持ち上げ、少しずつ近づいた。私の腕に抱かれた小さな包みに興味津々である。空気を通じて赤ん坊の匂いを嗅いでいるゾウたちのお腹が、喜ぶようにゴロゴロと音をたてた。

これは彼らへの私のお返しだった。ちょうど彼らが自分たちの赤ん坊でしたのと同じように、私も孫を紹介し、相手を信用して孫を託したのである。

イランガが生まれて数日後、地域の族長《ヌコシ》から伝言が届いた。私と会いたいというのである。私は彼のクラール（部族の農場）まで車で出かけた。家畜の柵の隣に素朴な門があった。私はそこで名を名乗り、招じ入れられるのを待った。

ヌコシ・ヌカニィソ・ビイェラは野生生物の保護に部族の関与をというロイヤル・ズールー・プロジェクトの要であり、彼と私は良き友人になっていた。ズールー王室の子孫で、貴族の立ち居振る舞いであったが、その髭といい、くっきりとした端正な顔立ち、堂々たる身の構えといい、在りし日のグッドウィル・ズウェレティニそっくりだった。かつて一千万人強のズールー人を治めたこの国王とは、実は彼も血がつながっていた。

私は茅葺きの大きな小屋イシシャヤムテトに案内された。これは大切な話をするときのためのとっておきの施設である。出来たてのズールー・ビールが床に置いてあった。お付きの人がまず味を試したあと、伝統的なひょうたんの容器から直接一口するよう私のところに持って来た。そのお椀は他の二人のお付きの人に渡され、彼らも同じことをした。ズールー・ビールは健康に良い、アルコール度の低い醸造酒で、トウモロコシとサトウモロコシを原料とする。いかにも酵母が熟成したようなその匂いは、足とチーズの匂いが混じったようで、観光客はそれこそ鼻をつまむこと間違いなしだが、私はもう何年も前からその味を覚えていた。今回の出来映えはことさら立派で、族長《ヌコシ》には、醸造を仕切った彼の奥方によろしく伝えるようお願いした。

「来てくれてありがとう」彼は笑みをたたえてこう言うと、人好きのする顔に皺をいっそう際立たせた。「あなたには、動物保護区のプロジェクトについて、部族法廷で話してほしいんです。部族の者たちは、この問題に関してあなたから直に話を聞く必要があります」

私たちは小屋を出ると、ヌコシが週に一日だけ開いている法廷まで歩いて行った。法廷には恐らく百人ほどが押し込められていたであろう。伝統衣装の人も少なくない。中に入りきれずに外で立ち見という人たちもいた。私は最前列の椅子まで案内され、族長が演壇に立った。

彼から紹介されたあと、私は立って話し始めた。

このプロジェクトは微妙なものであった。現実のそして潜在的な牧畜用の土地が絡んでくるからである。私はかれこれ二年ほどの間、かなりの時間を割いて集会やワークショップを地域のあちこちで開き、野生生物保護がどういうものであるかを説明し、エコ・ツーリズムが、この極めて困窮した地域の共同体にどのような利益をもたらすかを話していた。

困難な作業だった。この一ヶ月の間、私は部族の有力者たちをウムフォロジの保護区に案内していたが、彼らの大半が、シマウマやキリン、あるいはこの大陸を象徴するような固有の野生動物の多くをこれまで一度も見たことがないと言った。私はそれを聞いてショックだった。これこそアフリカなのに。彼らの、生まれながらの特権と言ってもいい。なのに、国際的にも名の知れた野生動物保護区に隣接する地域に暮らしていながら、人種隔離政策アパルトヘイトの直接的な帰結として、彼らは一度も中に入ったことがなかったのだ。彼らは歴史的に動物保護区のことを「白人たちの考えること、自分たちの土地を取り上げるための単なる口実」と考えてきたし、政府から長らく排除されてきただけに、アパルトヘイト政策が放棄されたあとも、状況はなかなか変わらないのである。野生生物保護がどういうことなのかまったく分かっていないし、保護区がなぜそこにあるのかさえ理解していなかった。一番困るのが、保護区の広い部分が伝統的な部族の土地で、一方的な合併で取り上げられたという経緯があり、反感が何世代もくすぶってきたということだった。歴史的には彼らの土地なのだけれども、何の相談もなしにもぎ取られていたのである。野生生物保護という、彼らの言う「白人の考え」に、彼らが良くてせいぜい、はっきり賛成でも反対でもない、どっちつかずの立場、というのも頷けようというものである。

部屋を埋め尽くした屈強な大地の子らの顔また顔を前に、私はロイヤル・ズールー・プロジェクトの大きな可能性について語った。生活水準の向上、雇用機会、職業訓練、富の創出、教育——そのすべてがこのプロジェクトから生まれるであろう。私はプロジェクトへの支持を訴えた。彼らだけのためではなく、子どもたちのためにも、そしてとりわけ、我々の母なる大地のために。

しかし古い習慣がなかなか廃れないように、古くからの反発はいつまでもくすぶり続けるものだ。私が話し終えるや、家畜所有者で、自分たちの家畜のためになんとしても土地を確保したい人たちが立ち上がり、ズールーの牧畜の伝統に関して熱弁をふるうのであった。しかし土地はたっぷりあり、全員に行き渡っている。問題は伝統であった。保守的な家畜所有者たちはとにかく変化というものが嫌いなのだ。ズールーランドの農村部では、家畜は貨幣の役割を果たすほど重要な存在だ。どんな理由であれ、あるいはどんな利益のためとはいえ、現状の変更は認められないのであった。

「家畜がなかったら持参金《ロボラ》はどうやって払いますか？　嫁がもらえなくなりますよ！」一人がまくしたてると、拍手が鳴り止まない。

「先祖のための牛のいけにえはどうなりますか？　イノシシで代用ですか？」別の人がこう叫ぶと、会場はあざけるような笑いに包まれた。

討論はこんな調子でさらに二時間続いたが、最後にヌコシが手を挙げて、終わりにした。はっきりとした抵抗はあるものの、この集会の結果に私は不満ではなかった。私は重要な目的を達していた。私がヌコシに招かれたこと、そして彼がプロジェクトに反対なら私を連れて来なかったことを、今やみんなが知ることになったのである。

しかし私がそのことを知っているなら、家畜所有者たちだって知っていた。ヌコシから私に呼び出しが掛かったことの重みを、彼らは忘れまい。私は今後激しい衝突が待ち受けていることを予感した。

そして私はその場に残って、ヌコシが実際に裁きを下すところを見ることにした。彼は聖書のソロモン王よろしく知恵の持ち主として知られていた。被告は口論の最中相手を刃物で刺してしまった男である。

双方がことの顚末を語り、それが終わるとヌコシが裁きを下した。刺した側にかなりの罰金、と言っても彼のつつましい収入に見合った額であり、さらにムチ打ちが八回というものであった。傍聴していた人々のざわめきから言って、公正な裁きと受け止められたようだった。

そのあと、すべてが猛烈な展開となった。椅子が乱雑に押しのけられ、法廷の係官が出て来て、哀れなこの被告を摑み、シャツを脱がせ、部屋の真ん中で腹這いにさせた。両腕に一人ずつ乗って男を身動きできなくすると、部屋の側面の通用口から大男が現れた。手にしているのがシャムボック――サイの皮を縒り合わせて作った長さ一メートル八十センチの恐るべきムチである。男は腹這いになった被告の所まで無造作に進むと、そのムチを、被告のはだけた背中に目がけ、あらん限りの力でヒューッと振り下ろした。その打撃の荒っぽさに私は大変な衝撃を受け、被告の男が大声を上げて叫ぶのを待った。ところが、男は声を上げなかった。

全部で八回、ムチは打ちおろされた。男の背中は血まみれでドロドロになった。男は立たされ、ふらふらになって部屋から連れ出された。それでも男は何の声も一切発しなかった。

「一度も叫ばなかったね」私は隣のお付きの人に言った。「すごい」

「叫ぶわけにはいかないでしょう」彼が答えた。「一回の悲鳴につき、ムチ打ちが二回追加されますから」

実に荒っぽい裁きだ。しかし、ズールーの伝統を守って、迅速に下される裁きでもある。そして一つ確実なことがある。刃物を使った男は当分の間、人を刺すような真似はもうしないだろう。

数ヶ月後、私はもう一つの荒っぽい裁きに居合わせることとなった。文明の薄っぺらい一皮を剝がせば、エキゾチックにも美しいこの国の矛盾が否応なく曝け出る、という次第である。

私はトゥラ・トゥラ周辺の田園地帯の奥深く、車で移動中だった。見ると、隣の部族の男たちが騒々しく道を歩きながら、何かを引きずっている。最初私は、動物だろう、ひょっとしてインパラか何かを銃で撃ったのだろうと思ったが、驚いたことにそれは人間だった。激しく暴行を受け、立つこともできなくなった一人の男だ。私が車を止めると、男たちはその意識もうろうの男の体を、ぼろきれで作った人形か何かのように地面に突き落とした。

「サウボナ、ムクルー」一人は私が誰か分かったようで、こう挨拶した。

「何ごとなんだい？」散弾銃を手に車から降りて私は聞いた。捉えられた男の血まみれの状態に恐怖を覚えた。

「この男は女を強姦した上、殺したんだ。これから川まで引っ張って行って、殺すんだよ」一人がさり気なく答えた。ほとんど〈あんたも来ない？〉みたいな乗りである。

「その男だという確証はあるの？」この状況をなんとかしようとして、私は聞いた。すると、さんざん小突かれてよれよれになったその男がうめき声を上げ、這って逃げようとしたが、男の一人が蹴り上げて、引き戻した。

「こいつだよ」男たちが答えた。「家はもう焼き討ちにした」

「警察に突き出せばいいのに。判事から厳しい処罰が下るよ」

「ふん！」一人が軽く唾を吐いた。「判事……何もしちゃくれないさ」

話に飽きたか、彼らは打ちのめされた男を摑むと、引きずってまた移動を始めた。

「でも、他にやりようがあるはずだよ。私にできることは何かない？」行く手を遮って私は聞いた。

私が彼らの前に立ちはだかると、雰囲気が一変した。リーダー格の男の目つきが鋭くなった。

「あんたの知ったことじゃないよ、ムクルー。へんなちょっかいは出さんでくれ」彼は言った。私が散弾銃を持っていることも無視だ。彼の口調はきっぱりとしていた。私がもっと食い下がったら、私は一線を越え、部族の問題に干渉したことになる。そして、暴力的な結末を伴うかもしれない。私は引き下がった。

車でその場をあとにしながら、私は警察に行くことも考えた。しかし、いちばん近い警察署でさえ五十キロ先だ。しかも、車ではほとんど通行不可能な道である。警察には、こちらへ差し向ける車があるかどうかも定かではない。捜索をしても、遺体はまず見つからないだろう。犯人たちはとうの昔に周りの家々や山々に姿をくらましてしまっているだろう。

それがアフリカである。そんな欠点はありながらも、美しく、壮大で、魅力的で、神秘的で、独特で、人の一生を変えてしまうほどの大陸なのである。人を誘う魅惑とカリスマ、そして古い知恵がありながら、往々にして汚点を残すのが、その血に餓えた底知れぬ衝動である。

その夜、この出会いのあと帰宅すると、さらに悪い知らせが待っていた。デヴィッドが辞めて、イギリスに行くと言うのである。彼には、客としてロッジに泊まった魅力的なイギリス女性との出会いがあった。私も彼女が滞在をどんどん延ばしているのに気づいていた。

「〈カーキ熱〉だよ、デヴィッド」と私はからかった。制服を着た監視員に女性客が惹かれる現象はよく知られている。「イギリスに行って何をするか知らないけど、制服だけは脱ぐなよ。脱いだとたん、すべて終わりだからな」

いずれにせよ彼は辞めた。私たちにとっては大きな打撃だった。彼はトゥラ・トゥラには欠かせない存在だった。私の右腕であり友人であり、それはまるで息子を失うようなものであった。彼は低木林地帯を心から愛していた。私は、雨がちのイングランドに住む彼の姿をどうしても想像できなかった。

宿泊ロッジは開業したばかりで、フランソワーズはそれを軌道に乗せようと頑張ったが、デヴィッドはそんな彼女の大変な力になっていた。しかし、彼女はいつものユーモアで彼の退職に耐えた。「宿泊客にはタオルや石けんを盗む人がいるけど」彼女が言った。「このお客は、監視員を盗んで行ったのね」

悲しいが、彼ぬきでやっていかなければならない。彼女は野生生物に関する様々な発行物に、保護区管理人の求人広告を出した。最初の応募者はケープタウンからの電話だった。

「面接を受けたいんですが、飛行機代が高いので」電話の主は言った。「私が大金をはたいてはるばるやって来たら、もう採用するしかないですよ」

これは、雇用主となるかも知れない人間に良い印象を与えようというにしては、正統的な手法ではなかった。むしろ、横着といってもいいくらいだった。私は、他でお願いします、とほとんど言いかけて、一瞬ためらった。ブレンダン・ウィティングトン・ジョーンズ、名前は動物監視員よりお堅い法律事務所などに向いていそうだが、ひょっとすると非凡なものを持っているのかもしれない、普通でない状況にも適応できるのかもしれない、と思ったのである。確かに書面で見る限り、立派な経歴だ。しかし、本人にまず会わずして、その長所をどう判断する？　電話の状況を参考にすれば、短所の判断なのかもしれないのだが。そこが大いに興味をそそられる点だった。私は昔から、普通でないやり方に惹かれるたちなのである。

「何かスポーツはしますか？」私は唐突に聞いた。

「ええ。ホッケーをやります」

私は一秒か二秒、熟考した。

「到着し次第、仕事を始めて下さい」

ホッケーは紳士のスポーツである。私の父は国際的な選手で、なぜかは知らないが、ホッケーをやる者に間違った人間はいない、といつも言っていた。私は彼のこの忠告に従うことにした。父は、こんなつもりで言っていたのではないだろうとは思うのだが。

ブレンダンは数日後、彼の世俗的持ち物のほぼすべてを、よれよれのスーツケースに詰め込んでやって来た。スポーツマンの体をし、赤みがかった金髪をふささせ、弛んだ笑みをたたえ、絶妙の皮肉っぽいユーモアのセンスを持った若者だった。トゥラ・トゥラでやっていくにはそれが必要だろう。

動物学と野生動物管理学の学位を持ち、専門は昆虫学だった。昆虫のことは、ほとんど神秘的と言ってもいいほどの情熱をもって愛していた。彼を通じて私は、自然界で起きていることのすべては「そこ」、つまり土と水の中で起きている、ということを学んだ。ごった煮のような下草の腐葉土や一見穏やかだが実はぐつぐつと沸騰している池や川の水の中にあって、眼には見えぬことの多い昆虫の世界が、すべての生態系の源なのである。

しかし彼はまた動物も大好きだった。彼の賢明な行動や生来の正義感には、フランソワーズやスタッフもすぐに厚い信頼を寄せるようになった。

やがて彼は、てんかんを病む幼いイボイノシシを引き受け、ナポレオンと名付けた。大層な名前をもらったこのイノシシは生後、母親に捨てられ、迷子になって独りあてどなく保護区内をさまよっているところを発見されていた。ヒョウやハイエナに見つかっていたら、やすやすと餌食になっていたことだろう。あとで分かったことだが、このかわいそうな生き物は、ときどき発作を起こした。おそらくそれがために母親から捨てられたのだろう。しかし、ナポレオンはやがてブレンダンを自分の代理母と思うようになって、夜寝るのも同じベッドになってしまった。マックスもブレンダンにはすぐなついたが、ナポレオンに感化され、ある晩、部屋をすり抜けると、この新しい監視員のベッドに潜り込んだのだった。

ブレンダンの部屋に翌朝行ってみると、大変なことになっていた。汗臭い監視員服がいくつもぶらさがって濃霧がたちこめたようになっている一角を通過すると、マックスの頭と二重あごが掛け布団からニョキッと現れ、それに続いてきょとんとしたナポレオン、そしてしばらくして寝ぼけ眼のブレンダンであった。

ブレンダンをすぐに気に入っていたフランソワーズも、この少し奇妙な三人所帯には、さすがにあきれ顔だった。

「犬とイノシシと寝るようじゃ、いつになっても奥さんはもらえないかもね?」こう言って彼女は首を振った。

ブレンダンが落ち着いてしばらくして、思いがけない電話がデヴィッドからあった。ヨハネスブルグの空港に着いたばかりだと言う。

「イングランドではうまく行かなかったよ、親方。ちょうど今、ヨハネスブルグに戻ってきたところ。交通渋滞にひっかかって、ほんとに嫌になる。仕事に戻っていいですか?」

「でも新しい人を雇ったんだ」

「平気だよ。私は給料はいらない。とにかく戻るから。今夜、着くからね」こう言って彼は電話を切った。私は返事をする間もなかった。

確かに彼は本気だった。夏の雨が降り始めていた。ズールーランドは大雨で、ヌタムバナナ川の堤防が決壊し、トゥラ・トゥラはエムパンゲニから孤立した。道路はぬかるみとなり、ほとんど通行不可能だった。

デヴィッドの父親が彼を車に乗せ、行ける所まで行こうとして、ヒートンヴィルの村を過ぎた辺りまで来た。ヌタムバナナ川は増水の真っ盛り、コンクリートの橋も完全に冠水してしまうかという勢いだった。それでもデヴィッドは平気だった。猛り狂う川もものかは、夜に徒歩で進み、びしょぬれになって二十キロの道のりをこなしてトゥラ・トゥラに到達した。

到着したときの彼はびしょぬれで泥まみれ、しかし、低木林地帯に戻って来て大喜びだった。ブレンダンは、幽霊のように出現したずぶぬれの筋肉質の男を一目見ると、首を左右に振って笑った。

「よし、私は科学的な部分を担当して、環境調査に集中するよ。どっち道しなくちゃいけない仕事でしょ。彼は前の仕事に戻してやるといいよ」

二人はお互いをたたえ合い、やがて親友になっていった。瓜二つというか、似た者同士と言えば似た者同士。スタッフからは名前を二人分合わせ、映画の題名に引っ掛けて、こんなあだ名を授かったほどだった。「ブラヴィッド、ザ・クローン・レンジャー」。

第22章 冬の山火事

冬もいよいよ終わりに近づき、大地は、銅色、チョコレート色、わら色と、一面、褐色のマントに覆われる。低木林は夏の間盛んに茂っていた葉が、すっかり落ちていた。動物を眺めて楽しむ来訪者も増えて、トゥラ・トゥラは多くの人にその存在を知られつつあった。

「今年は火を入れないといけないね」私はデヴィッドとブレンダンに言った。「茂みの濃いところを少し焼かなくては」

動物保護区は、どこも冬の終わりに人工的にその一部を焼いている。その主な理由は、自然発火で起きる山火事は、田園地帯では太古の昔から燃え盛ってきたのだが、最近ではすぐに消されてしまうからである。自然が山火事を必要としているのには様々な理由があるが、とりわけ再生ということが大きい。成長が止まったものを燃やし尽くして、土地は生まれ変わり、肥沃な灰に緑が新しい根を下ろし始めるのである。

私たちがいつも野焼きの時期を冬の終わりにしているのは、小さな生き物たちが地中に冬眠していて安全だからである。野焼きは区画を選んで行うが、通常その境目は、天然の防火壁の役割を果たす道や川である。これを「管理火災」と呼ぶが、間違った命名だと思う。というのも、「管理された」と安心して言えるような火災に私はまだお目にかかったことがないからである。山火事は防火壁を越える習性があって、始末に負えない。風向きが変われば、火災の進む方角も、あっと言う間に変わってしまったりする。「管理火災」と言っても、多くの人が次々に危険な状況の対応に追われたりもするのである。

悪意の火災――つまり放火だが、これはもっとたちが悪い。現場に行ってみると、すでに業火のように燃え盛っているからである。

デヴィッドとブレンダンが私の指示に頷いた。「火入れはいつ?」空を見上げながら、ブレンダンが聞いた。正しい天候の日を選ぶことが肝要である。穏やかな風が、火災の起きてほしい方向に吹いている日でなくてはならない。

「まず場所を選ぼう。そして、風向きが良ければ、あさってやろう」

それから数時間後、私たちはその選択の自由を、あっけなく奪われてしまった。

「火事だ!」とデヴィッドが無線機を口に当てて叫んだ。双眼鏡は、保護区の一番高い丘に向けられている。「ジョニーの見張り場の後ろだ。緊急事態発生! 緊急事態発生!」

裸眼でも煙が空にもくもくと上がって行くのが見えた。

保護区の健康で体の動かせる男たちは、全員直ちにこの緊急通報に反応した。動物監視員、警備員、作業班の面々、その全員が、それまでしていたことを直ちにやめると、母屋にすっ飛んで来た。近い者は走って、遠くの者はトラックに飛び乗って。

数分のうちに十五人ほどの男が集まり、デヴィッドとブレンダンが手短に状況を説明、いくつかのチームを編成した。男たちは持てる限りの水のボトルを掴むと、車によじ登った。経験から彼らも、これから大変きつい、喉の渇く一日になることを知っているのである。

デヴィッドは一台目に乗り、ブレーキをしばらく踏んで私を拾った。「誰かがわざと始めた火災だね」私が乗ると彼はこう言った。「男が三人、逃げて行くのを目撃されている。注意をそらすための放火かも知れないから、ベキとヌグウェンヤには保護区の反対側に行ってもらって、密猟者がいないか、調べてもらっています」

　放火は密猟の新しい手口だった。少なくともトゥラ・トゥラでは新手のやり口である。ある集団が、保護区の端っこで放火して山火事を起こせば、私たちの人員を全員そこに釘付けにしておくことができ、その間、自分たちは反対側で、密猟のやりたい放題と考えたのである。それで一度はまんまと成功したが、私たちもそれを見抜いたので、それっきりではあった。ベキやヌグウェンヤといった経験豊富なベテランが相手なら、どんなならず者とて太刀打ちできるものではないだろう。

　穏やかな天候の日だし、すでに管理火災に備えて防火壁の役目を果たす個所をたくさん用意していたので、私はそんなに心配はしておらず、今回の面倒はすぐに片付くだろうと思っていた。私たちのチームはブレンダンたちとは別れ、一キロ近く進むと、火災の前面にたどりつき、ここで最初の向かい火をと考えた。迫って来る火の手だが、その手前で横に線を引くように人為的に火を付けていき、そこにあるものを先にすべて燃やし尽くして、山火事の延焼を食い止めるというやり方である。向かい火と呼ばれるのは、風に向かって逆に燃えるようになり、迫って来る山火事そのものに向かって行くように燃えるからである。

「よーし。みんな所定の位置についたな」デヴィッドが無線機に向かって吠えた。「始め！」

　ブレンダンのチームがさっそく草の塊に火を付け、道の縁に沿って向かい火を置き始めた。どんどん迫って来る山火事の正面で、向かい火の線を真横に引いて行くのである。

　これが、最悪のタイミングだった。十分後、風向きが急に変わり、どこからともなく突然スコールがザーザー降り始めた。向かい火は一掃されて私たちの所から遠ざかり、山火事に加勢して燃え始める。

山火事のほうはすでに草原にどんどん燃え広がっていた。一つの火災と戦うのではなく、私たちは今や二つの火災と向き合わなくてはならなくなった。手順通りにありきたりの作業を始めたつもりが、私たちはいつしか大変面倒なことになっていたのである。

かれこれ四時間、熱にさいなまれ煤にまみれた私たちは、ついに水が尽きた。向かい火は失敗し、怪物のように燃えさかる野火は、藪をどんどん炎に包み、もはや手のつけられない状態であった。一つの区画から次の区画へといとも簡単に燃え移る様を見ていて、私は恐怖に襲われた。私たちは今や、トゥラ・トゥラそのものを救えるかどうかの戦いになっていたのである。

すべての動物が山火事のことはよく理解している。八方塞がりになったら大変なパニックに陥るが、移動させる友であることも、分かっているのである。生存本能で、火災が敵であると同時に、林を再生が可能な限り、成り行きを注意深く見守って、川を渡るか、火の手から遠ざかるかして、すでに燃えた地域で火災の収まるのを待つのが常だ。そこなら安全なことを知っているのである。

今回、火災は恐るべき強敵だった。ものすごい熱を発し、それがために、火の付いた草の塊が空高く舞い上がる。ズールー人はこれをイジンニョニ――すなわち鳥の巣と呼ぶ。この草木の炎熱灰が超高温で渦巻くように舞い上がると、山火事にとっては不吉な兆しだった。火のつき易い草木にどんどん広がって、数分ごとに新しい火の手が上がっていくのである。

そして、信じがたいことだが、炎は川を、ダービーの対抗馬よろしく難なくしなやかに飛び越えた。私は見晴らしのきく場所からその様子を見ていて、絶望を深めていった。私たちにとても勝ち目はない。プロの消防士にとっても物凄く手強い相手だ。風がひゅーひゅー吹き荒れ、向かい火はまったく役立たずとなり、私のスタッフにはバケツと手動ポンプと火叩きくらいしかなく、とてもではないが歯が立たないのである。

焦熱地獄がさらにもう一つの防火帯を飛び越えると、疾風が丘の上をきりきりと舞ってそれを直撃し、下の斜面で黒とオレンジをないまぜにした巨大な炎が上がった。

恐るべき炎熱にもかかわらず、私は凍ってしまった。火の手の進むその先には、スタッフの一人がいた。退避しなければ、ものの数秒で黒焦げになってしまう。私は急いで動物監視員を二人、濃い煙霧の中に差し向け、みんな逃げないと死ぬぞと叫んでもらった。

二十分後、高さ三メートルの燃え盛る炎がさらに近づく中、二人が戻って来た。しかし、連れ戻すはずだったスタッフはいない。

「どうしたんだ？」私は叫んだ。二人は茂みから出て来たが、煙でのどをやられている。

「いなかったよ。見つからなかったんだ」一人が叫び返した。

頭の中をいろいろな思いが駆け巡った。この動物保護区の命運も尽きかけていたが、今や、スタッフの命まで失いかけているのだ。二つの火の壁がぶつかりあってバリバリバリと彼らの上に降り注げば、丘のふもとの男たちが生きながらえる見込みはない。

私たちにできることはもう何も残されていなかった。水のタンクがあるのはブレンダンだけだった。そして彼は何キロも先で、火災の後ろから、向かい火を放とうとしていた。これが私たちの最後の微かな望みであった。側面で勢いづく延焼を、背後から弱めるのである。それができなければ保護区が全部やられてしまう。宿泊ロッジも、私たちの家も。

デヴィッドが無言のまま四輪駆動車に飛び乗った。ヘッドライトを点けると、猛スピードで煙と炎に突っこんで行く。聞こえて来るのはがなり立てる車の警笛だけであった。彼は、煙と炎に閉じ込められた男たちに、車の位置を知らせているのである。黒い煙が大きな波のようにうねって、誰にも何も見えやしない。

十分後、車が煙を突き抜けて戻って来た。荷台に、行方が分からなくなっていた人員を乗せている。庭師のビイェラがのんびりタバコを吸っていた。

彼が車から飛び降りるので、私は叫んだ。「山火事でタバコに火をつけたのかい？」

彼は手にしたタバコを見て「ハウー！」と大笑いだった。

私たちは重なるようにして車に乗り込み、デヴィッドが急発進、炎のわずか数メートル先である。この地域から抜け出すには一本の道しかなかった。デヴィッドがフルスピードで走り続ける限り、逃げおおせるかもしれない。

命からがらの疾走を続けるうち、私は下の茂みに視線を走らせ、ゾウはいないものかと思った。この山火事は、赤ん坊を抱えるナナとフランキーにとっては最悪のタイミングだった。彼らがどこかに閉じ込められ、身動き取れなくなっているのではないか。そう思うとぞっとした。状況は悪くなる一方なので、私にはいよいよそうとしか思えなくなってきた。

道を進むと、今度は火の手と横に並んでの競走となった。火は今や巾一キロ半、ひらひらと広がり、めらめらと燃え上がり、私たちを飛び越えて右側にも燃え移っていた。有毒の煙に包まれた私たちに、渦巻くいぶり火のような灰が降り注いだ。

「ゾウの通った跡だ！」バリバリと燃え盛る炎を越えて、デヴィッドの叫び声が響いた。彼は地面を指さしていた。「できたてのホヤホヤだよ、この足跡は」

私は車を止めるようデヴィッドに合図した。急いで降りると、ゾウの糞を親指と人差し指でつまんでみた。ぬるっとして水気を含んでいる。この辺りに確かにいた証拠だ。

「ここで一息ついているな！」私は叫んだ。「たぶん赤ん坊を休ませるためだろう。それより、ナナが状況を判断するため、というのも大きかっただろうな。クロック・プールズの水場を目指しているんじゃないかな」

私は振り返り、バリケードのようになって迫って来る炎を見ると、胃がキリキリした。木が次から次に燃え尽くされていく。野火の通り道でこの運命を免れるものは、皆無であろう。

「ナナ、頼むから無事でいてくれ」こう小声でつぶやきながら私は車に戻った。

デヴィッドがエンジンをふかし、私たちは車をすっ飛ばして先を急いだ。突然、彼はハンドルを切った。メスのニアラが茂みから突然出て来たのである。可哀想なことに、パニックになり、煙と灰で目も見えず、木に激突したかと思うと、さらにまた別の木にぶつかった。気持ちの悪いボキッという音が焦熱地獄に響いた。彼女の足が折れたのである。ニアラはおろおろするが、立ち上がることができない。目が恐怖におののいている。そこを私たちは車で通り抜けようかというところだった。

私は座席の脇にあったライフルを掴んだ。何をすべきかを悟ったデヴィッドが急ブレーキをかけ、埃が舞い上がった。後ろに乗った男たちがよろけたが、車はバックする。

「親方！」車を降りた私にデヴィッドが言った。「急いでね！　急がないと、私たちが危ないから」

私はリー・エンフィールド銃を手に、開いたドアによりかかった。急いで二発撃つと、それで可哀想なニアラの痛みも終わった。再び林の中を疾走という私たちは、悪魔との競走になっていた。丘を越えてもう一つ先の道に出れば、少なくともこの荒れ狂う怪物の通り道は脱する。死んだニアラを積み込む暇すらなかった。

デヴィッドの運転で丘の頂上に達し、火焔は私たちより数分あとだ。後ろに乗った男たちが大きく歓声を上げた。しかし、喜ぶのはまだ早い、と私は思った。気がつけば、私たちはまだ八方塞がりであった。ここを脱する道はない。火柱は両側で広がっている。ほんの数分で私たちは飲み込まれてしまう。私は自分がパニックになりかけるのを初めて感じた。

「どこへ行きます？」デヴィッドが叫んだ。「急がないと、みんな、おだぶつですよ」

どうすべきか、私はぴんと来た。ナナが教えてくれていたではないか。

「クロック・プールズだ！」私は叫び返した。「群れにとって安全とナナが思うのなら、我々にとっても安全なはずだ」

鼻をつき目にしみる煙の中で、デヴィッドがなんとか脇道を見つけ、でこぼこ道を十分も行って角を曲がると水場だった。ナナが群れの最後のゾウを、もっと深い水の中に入れようとしているところだった。彼女とフランキーは、池の縁の浅瀬に、赤ん坊のムヴーラとイランガと一緒に立っていて、他のゾウたちの安全も確保しようとしていた。

ナナが私たちを見上げたが、この時私は彼らがなぜそこにいるのかがようやく分かった。水の問題だけではない。動物保護区の池の周りはどこも草木が食べ尽くされていて、山火事のエネルギー源が半径三十メートルにわたってほとんどないのである。

「頭のいい娘だなあ」私たちは慌てまくって、天然の防火帯はおろか、クロック・プールズすら思いつかなかったのである。

私たちは反対側にまで移動して、車を何もない所に寄せ、出来る限り「池《プールズ》」に近づけた。車は水をかけて冷やし、私たちは膝まで水に浸かって佇んだ。水の冷たさといい、ほっとする気持ちといい、最高だった。

ここがクロック・プールズ（クロコ・プールズ）と呼ばれるには、それなりの理由があった。私は周りを急いで見渡した。左手に葦の湿原があり、案の定、巨大なワニ（クロコダイル）が二匹、浅瀬に佇み、ハ虫類特有の庇つきの眼で様子をうかがっていた。幸い、山火事の劇的な展開のおかげで、彼らの今いちばん考えているのは生き残ることであり、お昼ご飯のことは念頭にはなかった。私たちは今の場所でも安心だった。しかし、念のため、私は手を伸ばしてマックスの首輪を強く摑んだ。彼は灰まみれだったので、水でせっせと洗ってやった。こうしておけば、火の玉が迫って来ても大丈夫だろう。

こうして、ゾウの群れと、巨大なワニ二匹と、犬一匹と、薄汚れた汗まみれの人間たちが一カ所に固まっていたが、それらをつなげていたのは、生き物のもっとも根源的な本能、生存、ということであった。

地獄は相変わらず迫っている。キバシトビが空高く舞ったかと思うと急降下、炎から逃げ惑って半分焦げかけていた昆虫たちを襲った。テムクドリの群れもそれと同じことをして、煙の中に突っこんだり出て来たりを繰り返していた。大きなオオトカゲが二匹、茂みの中から突進してきて、私たちのすぐ横に頭から飛び込んで水しぶきを上げた。シマウマの群れは駆け足で煙の中から出て来て、一瞬、立ち止まった。オスが一頭、空気の匂いを嗅ぐと方向を変え、家族とともに走り去った。行き先はちゃんとした心当たりのあるシマウマたちだ。速度は火の手より上だった。

低木林は燃え続け、濃い煙が私たちを覆い、太陽はいつしか消滅、私たちは一カ所に固まっていたが、超現実的《シュール》な真昼のたそがれが出現、それを打ち破るものとては紅蓮《ぐれん》の炎のみという、私はこれほどの火災を目にしたのは生まれてこのかた、初めてであった。

そしていよいよそれは私たちに迫って来た。水の上を、ものすごい熱が、シューシューと音をたてながら渡って行く。しかし、その激烈な場にあって、私は喧噪と烈火と混沌を超越する何かに気付いていた。ナナのお腹がゴロゴロ言って、水を伝わって来るのだ。一帯を支配し、なだめ、落ち着かせる存在感がある。彼女は池にそびえるようにどーんと構えて、身を挺し、自ら盾となって赤ん坊たちを守り、自分でも水をかぶっている。私も水をすくって頭にかけ、気が付けば彼女と同じことをしていた。まるで私も群れに加わったかのようである。

すると炎熱地獄は通り過ぎ、煙霧と混乱をぬって弱々しく陽が漏れてきた。私たちは、この世の終わりとも思える黒焦げの大地に目をみはり、熱い煙で煤けた肺の中に、ごくりと息を飲み込んだ。私たちは生き延びた。ナナのおかげだ。彼女が私たち全員を救ったのである。彼女がいかにして私たちをクロック・プールズに導き寄せたかは、私があとでもっと洞察を得る問題であった。

突然、無線が鳴った。「デヴィッド、デヴィッド、デヴィッド！ 応答願います！ 一体みんなどこにいるの？ 大変なことになったよ。みんなに来てほしいんだ」

ブレンダンだった。

「これから向かいます！」デヴィッドが叫んだ。私たちは車に大急ぎで乗り込んだ。「十五分だけ我慢しろ。行くから」

「保護区の外まで延焼だよ」私たちが到着すると、煤で真っ黒になったブレンダンが叫んだ。「隣の農場に燃え移って、ヒヒの群れを閉じ込めてしまった。ヒヒは林から叫び声を上げながら出て来た。焼き殺されてる。ひどいもんだよ。六匹から七匹は死んだね」

彼は煤だらけの手で真っ赤に充血した目をこすった。「この忌々しいヒマワリヒヨドリのおかげだよ。

とんでもない外来種だね。ものすごく燃えるんだ。食い止めようがない。隣の農場では何百ヘクタールも繁茂しているよ。うちの保護区と隣のサトウキビ畑の間にね。火は今、サトウキビ畑のまっただ中だ。きっと私たちのせいにされるよ」キク科の植物ヒマワリヒヨドリは油をたくさん含んでいるので火災になると特に始末に悪い。低木林が燃えると、この草は真っ赤な火の玉となって燃え盛り、周りの木や茂みを破壊し尽くすのである。

風向きはどんどん変わって行ったが、とうというい方向に向いてくれたので、ブレンダンはそれに乗じて、向かい火によるいよいよ最後の抵抗を行った。私はハラハラしながら見守ったが、彼の小さな炎がどんどん茂みに燃え移るため、迫り来る火柱は燃え移るべき草木を奪われ、先に進めなくなっていった。

これで私たちは、保護区の反対側からひっきりなしに来ていた応援の要請にも、応じることができるようになった。反対側では残りのスタッフが結集し、さながらアラモの砦(テキサス義勇軍がメキシコ軍と戦い全滅)である。宿泊ロッジと家を守ろうという、多勢に無勢の最後の戦いとなっていた。

疲労困憊ではあったが、そこで私たちはもう一つの火の壁に戦いを挑んだ。そしてその時、私は最も驚くべき光景を目にした。迫って来る野火に遠くから道沿いにまっすぐ向かって行く人たちがいるのである。それはある家族を乗せた車だった。彼らは自分たちがどこにいるのかまったく見当がつかなくなっていた。車を止めると、身の危険をまったく理解できていないと思われる運転席の人が、イタリア語でなにやらまくしたて始めた。

「生きていられたのは幸運というものです」私はこの状況の馬鹿馬鹿しさを笑って、こう言った。「案内係を付けますから、ここから外へ出てもらいましょう」

彼らが去ると、火焔はめりめりと丘を越え、茅葺きのロッジと私たちの家ももはやこれまで、木っ端みじんかと覚悟した。するとその時である。消防装備満載の四輪駆動車の一団が煙を突っ切って道沿いに突進してきた。近くの農家ではどこも私たちの緊急警報を重く受け止めており、ついに炎の壁に水の壁で相対することになったのである。本格的な消火機動部隊がついに到着した。

三十分後、一時は食い止めることは無理とも思えた大燔祭《はんさい》も、ついに終息に向かった。今や後片付けの段階となった。しかし終わって見れば、保護区の三分の一あまりを焼失していたのであった。

一時は私たちをほとんど亡きものにしかけた風向きの変化も、今度は幸いにも春を迎える最初の雨をもたらしてくれた。その夜、新鮮な雨が降り注いで、黒焦げの大地をきれいに洗い流してくれたのであった。

翌朝、ゾウ、サイ、シマウマ、インパラなどの動物たちは、焼失した地域で、出来立てのほやほやの灰を食べていた。これは火災のあとの彼らの習慣で、体が要求する塩など各種ミネラル分を補うのである。

二週間後、無残に焼けこげて一時は黙示録的状況と見えた地域が、一変、エメラルド・グリーンに輝いていた。

密猟者たちの意図したところではなかったが、彼らの行為がもとで、終わって見れば低木林の見事なまでの再生となっていた。これで新しく何百ヘクタールというサバンナが生まれ変わったのである。

しかし、一時はトゥラ・トゥラそのものを失いかけたことを、私たちの誰一人として忘れはしなかった。ゾウたちが私たちの命の恩人であることも。

第23章　信頼関係

これまでゾウの群れとの接触には、主に車を使っていた。ゾウが車に慣れるようにという狙いだった。

それが当たったようだ。来訪者たちにとっては素晴らしいサファリが出現した。写真を撮る絶好の場面もある。ナナと彼女の一族は、車のことは意識せず、野生のゾウとしてふるまった。もちろん、動物監視員たちが適度な距離を保ち、ゾウのプライバシーを重んじればの話である。

しかし私はこれを今度は徒歩でやりたかった。「歩くサファリ」を始めたかったこともあるが、やはり群れの適応が狙いだった。人間が林の中を歩いていても大丈夫、というふうになってほしかったのである。でなければ、作業員も監視員も安心して仕事ができない。

私はその一回目の実験をしようと、マックスを連れ、ゾウを捜しに出かけた。群れは茂みのない開けた場所にいて、ふんだんにある夏の草葉や木の葉を食べていた。近くには私でも登れるような大きな木が立っていた。これはかなり重要な点である。まさかの時は避難場所になる。

完璧だ！　次に私は、枝葉を横に大きく広げたマルーラの木のそばまで行き、車を降りた。

車のドアを開けたままにしておくのは、必要なときいつでも急いで乗り込めるようにしておくためである。同じゾウとのやりとりでも、車の中にいるのと、外を歩いているのとでは、大違いだ。ゾウが近くにいる。車から離れると、私もさすがに緊張した。

あえて風上に行ってみる。群れに私の匂いを嗅がせるのである。私は群れに向かってジグザグに、ぶらぶらと歩いていった。マックスを脇に、まるで日曜日の散歩である。すべて順調だったが、三十メートルくらいに近づいたところで、フランキーの鼻が地面近くをグルグル回転した。私の匂いを感じたのである。マックスと私をちらりと見やったので、私は歩を止めた。しかし、しばらくすると彼女は私たちを無視し、食事を続けた。これまでのところ成功だ。私はそのままぶらぶらし続け、何とはなしに群れのほうに進んだ。

さらに五歩ほど近づくと、フランキーが急に頭をするどく持ち上げ、攻撃的に耳を広げた。

ひぇ！　私は立ち止まったが、今度は私を睨み続けるので、私は五、六歩後退した。それで彼女は満足らしく、再び草を食べ始めた。

私はこの手順をその後一時間、何度か繰り返した。数歩前進、数歩後退。いつも決まって同じ反応である。ひたすら無視、そのあと、怒って睨みつける。これは面白いと私は思った。彼女は境界を設けているのである。その外にいる限り、私は歓迎される。それを越えると、彼女は苛立ち始める。

その距離を測り、もしもの場合は車に戻れることを確認し、私はその想像上の境界線を越えて近づいてみた。

やっぱりそうだ！　彼女はくるりと向きを変え、攻撃的に私のほうへ三歩踏み出し、鼻を高く掲げた。私は後退する。素早く、である。

それから私は、横に広がった群れの反対側に移動した。車を降りると、同じことをナナとやってみた。やはり同じだった。ただ、ナナはフランキーよりずっと近くまで近づくことを許してくれた。彼女の反応は攻撃的というより、嫌がっているという感じでもあった。

その後数週間、私は試行錯誤を続け、群れには非常に明確に——と言っても目には見えないのだけれど——境界線で仕切られた空間があって、その中には何者も、もちろんどんな人間も、入ることを許されない、ということを知った。それから、群れからはぐれたゾウが、皆、同じ反応を見せることも分かった。境界線は柔軟でもあるが、一般的に大人のゾウの空間のほうが、若者のものより小さかった。だがやはり、試行錯誤であった。ゾウの態度で判断する必要があった。そして個々のゾウによってもその空間は異なり、同じゾウでも日によっては、あるいは状況によっては変化した。

しかし、同じことを隣のウムフォロジの保護区で繰り返してみて、一般的にオスのほうがメスより、近づかれても平気であることを私は突き止めた。理由は簡単だ。大きなオスは自分を守る能力に大変自信を持っており、人が近づいてもその分、大丈夫なのである。ゾウが小さくなればなるほど、自信もなくなるので、より大きな空間を要求するのである。母親が新生児と一緒に群れから離れた場合が、いちばん大きな空間となった。

私は以前から他の動物で同じような現象に気付いていた。「闘争・逃走（向かうか・逃げるか）距離」と呼ばれるものである。しかしゾウでは、「注目・襲撃（睨むか・襲うか）境界」と呼んだほうがふさわしいかもしれない。

ここまでのところは順調だったが、トゥラ・トゥラで「歩くサファリ」を実現するには、群れを完全に落ち着かせる必要があった。そうしないことには、リスクがあまりにも大きすぎる。もっと研究する必要があったので、私は実験を続けた。今度はヴシを使った。若い動物監視員で、体格が良く、足が速い。勇敢にも実験台を志願してくれたのである。彼に託されたのは、私がやったように群れの周りをゆっくり歩くということであった。その間、私がゾウの反応を観察するという趣向である。私は彼を車で運ぶと、ゾウの安全な空間の境界線を推測し、それがどこかを彼に伝え、歩いてもらった。ところが、これが大きな間違いだった。フランキーが苛立ってものすごく警戒を強めたのである。幸いヴシはそんなに遠くまでは行っておらず、慌てて車に舞い戻ることができたが、この若き監視員の俊足ぶりは、かつての五輪陸上四冠、カール・ルイスを凌ぐかと思われた。

この勇敢な若者と少し実験を続けてはっきりしたが、見知らぬ人が相手だと、境界ははるかに大きく広がった。

では、ゾウたちはどうしたら境界線を狭めてくれるのか？　相手は私に限らない。保護区を歩くどんな人に対してもだ。私は安全な空間の境目でぶらぶらし始めた。ただ、私はゾウのことを構うそぶりは見せず、ゾウに私が近くを歩きまわることに慣れてもらうのが狙いである。慣れてきたら、少しずつ近づいてみる。カギは我慢だった。何時間もそこに居続けるのである。そうするうちに、彼らを無視したり、あまり群れのほうを見ないようにしたりすれば、彼らのほうでも気にしなくなる、ということも分かってきた。

単調な作業だが、極めて緊張を強いられる手順であり、私はいつでも、一瞬の決断で避難できる態勢をとっていた。

しかし最後にはとうとう絶望的に感じ始めていた。まったく進歩がない。ノムザーンですら、群れと一緒のときは、私には近づこうともしない。ところがある日、ナナが私のほうに向かってゆっくりと歩き出していた。彼女の好物の木があったからで、私には目をくれるでもなく、いつもの立ち入り禁止の空間を半分にも縮めていた。少したつと、フランキーや他のゾウも彼女に加わった。

これで飲み込めた。群れにしてみれば、境界というのは絶対不変のものではなく、変更可能ではあるが、それは彼らが変更する気になればの話なのである。彼らが決める。人間には決められない。それはあくまでゾウにしか決められないことであった。

さらに私は、野生のゾウとの付き合いのもう一つの大切な規則を探し当てた。それは、彼らには決してこちらからまっすぐに近づいて行くな、ということである。先《ま》ずは近くにいて、ゾウのほうから近づいて来るのを待ちなさいということである。ゾウが近づいて来ないのなら、あきらめなさい、ということ。それほどゾウは自分のことを皇帝のように偉い存在だと思っているのである。

この時期、一頭のゾウが繰り返し私を襲おうとした。幼いマンドラである。もう三歳で、身長一メートル二十センチ近くの仔ゾウにすくすく成長していた。その彼が、耳を広げて私に向かって五、六メートル突進、かと思うと、トンボ返りで、安全な母親ナナのもとに戻って行く。ナナはたえずいろいろなことに気を付けているが、彼のこの「英雄的な」悪ふざけだけはいつも無視した。これは私とのとても楽しい遊びになっていった。毎日私が彼を呼び、話しかけると、彼のショーが始まり、一緒に楽しんだが、いつしか彼もどんどん大胆になり、どんどん近づいて来た。それでも私は非常に注意する必要があった。子どもとは言え、私に大けがを負わせるだけの体格をすでに充分備えていたからである。しかし、この遊びはとにかく愉快そのものであった。

するとある日、ムヴーラと一緒に群れから少し離れて草を食べていたナナが、ゆっくり私の方角に歩き始めた。なんということだ！　ついに私のいる所まで来ることにしたのか？　前にも私が車の中にいることを知りつつ近づいて来たことはあったし、ゾウの囲いの所でも、家でも、私に近づいてはいた。しかし、今回は、彼女がこれ以上近づかないうちに私が急いで引き返さないかぎり、私は一切の避難路を断たれたまま外に立っている、ということになってしまう。状況はまったく違っていた。

ナナがいかにも人なつこくノシノシと歩み寄って来たので、私は意を決し、そこに留まり、様子を見ることにした。群れの残りのゾウたちは来ないだろうと踏んだのである。

どんどん彼女は近づいて来た。そのすぐ後ろをムヴーラがちょこまかと付いて来る。私は気になって足下のマックスの様子を見ると、身動き一つせず、注意深く様子をうかがっていた。私を見上げると突然、しっぽを振り出した。危険とは全然感じていないということだ。私は彼の判断が正しいことを願った。なにしろ、巨大なゾウが私たちに向かって近づいて来たのだから。

私には突然、ここに立ちはだかるという私の決断と激しく矛盾した、死にたくない、生きるのだ、という強い本能的な気持ちが沸き上がり、この巨大な異形の生き物から逃れたいという衝動が芽生えていた。私はほとんど呼吸もできないような状態だった。ここを動くまいとして自分にできるのは、それくらいだった。自分がこの時どうやって最後まで逃げずにそこに留まりおおせたのかは、今に至るまで分からない。しかし、確かに私は留まったし、ナナもその場に現れた。その巨大な体軀が私の頭上にそびえ、空を隠してしまう。

彼女は私がおびえているのを感じ取ったに違いない。わざわざ五メートルほど手前で一旦止まって再び草を食べ始め、穏やかな雰囲気を演出したのだ。重さ五トンの野生のゾウの五メートル先に立っていると、周りで起きている様々のことが、一つ一つ手に取るように見えてくる。特にゾウの心の動きがそうであった。

ゾウの母親とその子どもという最も油断ならないこの組み合わせなのに、私が一緒に野原に繰り出しているというこの不条理。私はそのことを考察するだけの心の平静を、なぜかまだ持ち合わせていた。しかし、私たちのこの即興の「懇親会」はまったく無邪気なものであった。それも手伝って、私は自分の尊厳も地歩も保つことができたのである。

五分後、彼女はまだそこにいた。このとき私は、私たちが時と所を親しく共有していることを知った。彼女は辺りをゆっくり動き回りながら食事を続けた。私は少し緊張が解けて、彼女がとてもテーブルマナーの良いことに気付くまでになっていた。鼻を伸ばして、器用に草の周りにからめ、それを引きちぎると膝にポンと当てて根っこから土を落とし、口には横から入れていくと、あとは根っこだけが突き出る。臼歯に軽く挟むと根は少しずつずれていって、その間彼女はそのいちばん美味しい所だけを食べるのである。何を食べるかに関して大変なこだわりがあることも発見した。植物ひとつひとつの匂いを注意深く調べてから、むしゃむしゃ食べているのである。

木の食べ方も興味深かった。彼女は若いアカシアの木から葉っぱを器用にもぐと、口に持っていき、枝を折る。葉っぱを噛み終わると、幹も口の片側から肉の串焼きのようにして中に入り、しばらくするとそれが、反対側から出て来るが、木の皮がすっかり剝がれている。彼女のお目当ては、樹皮の部分だけなのである。

その間、ムヴーラはマックスと私が気になるらしく、母親の木の幹ほどはある足の陰からチラチラこちらに視線を送り、ときどき横に離れては、もっとよく見ようとしていた。マックスは大人しく座っていた。時折数メートル踏み出して、ナナが立っていた辺りの匂いを嗅いだが、それ以外はじっとしていた。

私は、こんなにも近くに来たこの素晴らしい生き物に、神経を集中させていた。その間、ナナはずっとこちらを見やったり、私を見つめたりしていた。ときたま、彼女はその大きな体を私のほうに少し傾け、あるいは、その耳をほとんど分からないくらい微かに私のほうへ動かした。彼女が時折鳴らすお腹のゴロゴロいう振動が、私の体にも伝わった。

つまりこれが彼女の会話なのである。それは、彼女の目で、鼻で、お腹のゴロゴロで、微妙な体の動きで、そしてもちろんその態度で行う会話である。そして突然私には分かった。彼女は私に話しかけていたのだ。そして私はなんと馬鹿だったことだろう。私はこれまで一切、返答をしていなかったのである。

私はきちんと彼女のほうを向いて言った。「ありがとう」。そうお礼を言い、彼女の語りかけが私に届いたことを認めると同時に、彼女の反応を待った。私の異質な言葉が草原にこだました。そしてその効果はてきめんであった。彼女は視線をこちらに投げかけ、私と目を向き合わせた。そうやって数秒の間、私を深く自分の世界に引き込むと、あとはまた満足げに草を食み始めた。彼女はまるでこう言っているようであった。「私の姿が目に入らなかったとでもいうの？　私に返答するのに、どうしてこんなに時間がかかったの？」と。

ジグソーパズルの最後の一片がぴたりとはまった。私がここにロボットのように立ち尽くしている間、ナナが私に促していたのは、彼女の存在を受け入れること、そして彼女のことが分かっているという合図を送り返すことであった。なのに私は血も通わぬ機械のようであった。私が最後に「ありがとう」という簡単な言葉で、彼女のメッセージが届いたことを認めると、彼女は即座に反応したのである。

私は前にも動物とのやりとりで同じようなことを学んではいた。しかし、ナナを相手にしながら、「これだ！」と分かった瞬間が、私にとっては目からウロコの落ちる瞬間だった。私は少なくとも、飼い犬から野生のゾウに至るまで、動物との会話の要諦、意思の疎通の要諦は、伝えるということより、相手を認めるということだと思っている。メッセージを受け取りましたよと相手に伝えて、意思は伝わるのである。動物の世界でも、会話は双方向のものである。相手の意思が伝わりましたよということを相手に伝えずして、会話は成り立たないのである。簡単な話だ。

眼の動きが恐らくいちばん大切だろう。瞬き、まなざし、一瞥——人間にとっては大差ないことかも知れない。しかし、動物の世界ではとても大切なことである。態度、顔の表情（そうだ、ゾウにもすてきな笑顔がある）、体の所作なども、大きな意味を持ちうるのである。

ではどうやって返答するかだが、私は、一瞥をくれるだけでも十分だったりすることを知った。しげしげと眺めるのは、動物と親しい関係にあるのなら適切な場合もあるが、知らぬ仲だと、挑戦と受け止められかねない。言葉を、自分の気持ちが自然に伝わるような口調で発するのも、非常に効果的なときがある。

もちろん動物との会話や意思の疎通が成り立つ要因は、他にもある。相手を大切にする気持ちを以て接するのも、人間が相手のときと同じで、やはり重要だ。動物には人の心の状態を読み取る不思議な能力がある。特に人が敵対的な行動をとったり、敵意を抱いたりしているときが、そうである。お互いの意思や気持ちがよく通じるようになるために必要なのは、要するに先入観などのないまっさらな姿勢だ。あとは少しばかりの忍耐と粘りがあれば、うまくいくようになる。いちばん素晴らしいのは、伝わったときは、伝わったと分かる、ということである。本当だ——これは誰にでもできることだし、多くの人がすでに知っているように、とてもやりがいのあることだ。特別の秘訣などない。特別の能力も必要ない。そして確実に言えることだが、超能力など決して要らない。

動物には五十語くらいしか理解できないことが研究によって〈証明された〉とか、それに類する馬鹿げたことは、決して言わないことである。あるいは、他の種と会話が可能というのは幻想である、などとは言わないことである。意思の疎通は人間の独占物ではない。これこそどんな種でも行われている、まさに普遍的なことだ。

見上げるとフランキーが群れの先頭に立って草原を横切っている。さっきのようなやりとりを、危険を冒して群れ全体と試みる必要はなかった。私はさっそくおいとまを告げることにした。ナナに感謝し、またそのうち会おうと言い、この日の経験に謙虚な気持ちにさせられて、その場をあとにした。

本当に素晴らしい一日であった。優しいそよ風が太陽のぎらつきを和らげ、私はマックスとともに家まで歩いて帰ることにした。車はヴシに預け、家まで運転してもらうことにして、私たちは徒歩でゾウの足跡をたどりながら家路についた。私たちの歩く道のずっと下のほうで、ヌセレニ川の奔流が渦を巻きながら岩に激しくぶつかっていた。私はゾウの群れがいかに断崖すれすれの所を歩いていたかを知って驚いた。赤ちゃんゾウの足跡でさえ、絶壁からわずか二メートルという所が何カ所もあった。ゾウは整然と移動するということのほとんどない生き物である。押し合いへし合いして、戯れ合い、いろんなことをしながら、のしのしと歩いて行く。それでもどうやらここの切り立った崖沿いを、しっかりとした快適な足取りで進んでいたようである。私は群れを届けた獣医、コバス・ラートの言葉を思い出していた。ゾウは、ブリーフケースを下げたサルが行けない所にも行ける。まさにその通りだった。

五百メートルほど進んでマックスが突然立ち止まった。非常に警戒している。私のほうに視線を投げかけたあと、じっと前方を睨んでいる。眼の動きは動物王国の主な会話手段であり、私にも彼が何かを感じ取ったことが分かった。そこで私も一休みすることにしたが、彼の視線を追っていくうち、この辺で唯一何かが隠れることのできそうな場所を発見した。背の低い草の生い茂る原っぱにぽつんと誇らしげに立つ小さな茂みである。数分して、何もないと確信した私は、マックスに先を行こうと呼びかけたが、彼はがんとして動かない。こんなことは初めてだった。マックスは私の知る最も忠実な犬の部類である。さあ、行こう、と小声で何度呼びかけても、彼は私をちらっと見るだけで、前方を見すえている。私は再び周りを見渡したが、何の異常も見当たらない。マックスの気のせいに違いない。

「さあ、行こうよ。何もないじゃないか」私はこう言うと、マックスを引っ張ろうと、彼のほうに行きかけたところで突然、すぐ近くで、咳がした。非常にはっきりとした咳――ヒョウだ！　ライフルは低木林地帯を歩く動物監視員必携の持ち物だが、私は滅多に携行しない。このときばかりは、しまった、持って来るべきだったと思ったが、拳銃があった。私は拳銃に手を伸ばした。

ヒョウはなんと、わずか十メートルほど先にぽつんとある小さな茂みに隠れていた。音は確かにしたし、そこにいることははっきりしているのだが、姿がはっきりしない。その姿を確認しないまま、私はマックスの首輪を摑み、彼をしっかり押さえて、拳銃を一発、地面に向けて撃った。保護区で銃を使うのは嫌だが、ヒョウがすぐ近くで待ち伏せをしているとなれば、他にやりようもない。

金の地にまだら模様の大きなオスのヒョウが茂みから電光のように飛び出し、逃げて行った。あの距離で襲われていたら悪夢であっただろうが、飛び出したのが反対方向で助かった。それはさながら、動く芸術作品、自然の最も美しい驚くべき創造物の一つであった。

しかし、このちょっとした冒険を除けば、私はこの日の出来事には非常に満足していた。

ナナ自らの望みで、私が彼女とムヴーラと一緒に「たむろ」することを許されてから、すべてが一変した。これで私たちも、群れの周りにい易くなったし、実験台になってくれた監視員のヴシでさえ、かなり近づいても群れは反応しなくなっていた。その少しあと、私は四人の監視員に群れの近くを何度か散歩のようにして歩いてもらったが、やった！　ついに成功だ。フランキーですら、気にもとめなくなっていた。

ナナは明らかに一つの決断を下し、それを群れに伝えている。これまで辛い経験をしてきた野生のゾウたちも、リーダーのメスが新しい一人の人間との信頼関係を築いたことをきっかけに、新しい他の人間たちに対しても再び一定の信頼を寄せ始めたのである。ゾウは全員が絶えずコミュニケーションをお互いとりあっているのに、私がノムザーンと親しい関係にあるからといって、群れの私に対する態度には一切影響はなかった。

ナナのおかげで、いつしか来訪客たちは自然の中を歩き回り、これらの素晴らしい動物に近づくことができるようになっていた。それは彼らの一生の思い出ともなる経験である。しかし、振り返ってみると、わずか二年足らず前は、ウムフォロジ保護区の動物保護部長、ピーター・ハートリーが、脱走したゾウを捕らえようとして、フランキーに殺されかかっていたのである。

そうやってこれまでの道のりを俯瞰《ふかん》すると、私たちが順調に歩んできたことが分かる。

しかし、「追跡」しているのは、私たちの側だけではなかった。ある日の夕方、ロッジは満員で、私たちはロウソクを灯して夕食を供していた。お客たちはその日の低木林の冒険について饒舌に語って、ベランダはにぎやかだった。そこへナナが突然現れた。ロッジの正面の芝生にである。群れも従えている。

「何だ。ちょっと近すぎるぞ」彼女の動きを注意深く観察して、私は思った。すると叫び声が上がった。

「ゾウだ、ゾウだ！」初めての来訪客二人が叫んだが、もっと経験のある低木林愛好者たちが、静かにするよう制した。それでも二人はナナを指さして興奮し、他の客たちはカメラを取り出そうとした。群れ全体がロッジと水場の間に姿を現した。お客にとっては野生動物を間近に見るという素晴らしい経験だが、私は一つの問題にすぐ気付いた。群れは水場に向かうのではなく、ロッジに向かっていたのである。

ゾウの不変の原則は、すべての生き物は自分たちに譲るべきであるということであり、彼らにしてみれば、プールの周りで夕食のテーブルについている外国人の観光客も、水場のヒヒの集団も、一切区別はないのであった。

ナナは歩調を緩めることなく私たちに向かってやって来た。私は彼女が止まらないこと、あるいは進路を変えないことを確認できるぎりぎりの所まで待ってから、お客に大声で伝えた。「逃げましょう！逃げるんだ！　逃げろ！」

ロッジは逃げ惑うお客で大混乱となった。

しかし指示に従わない人というのが、必ずいるものである。

それは必ず男で、だいたいは集団で、そして必ずと言っていいのが、自分の「男らしさ」を証明するのに、いちばん馬鹿馬鹿しい場面を選んでしまう、ということである。他のお客たちが血相を変えて避難する中、ある「都会派」のグループは、その場を離れるでもなく、わざとらしく余裕の構えで夕食のテーブルに着いたまま、無関心を装っていた。群れが近づいているというのにである。

フランキーが視線を上げ、根の生えたお客たちのほうに耳をぴくっと動かした。それでもこのお客たちはゾウの警告の仕草が分かっておらず、そこを動かなかった。しかるべき反応がないのでフランキーは急いでさらに数歩踏み出し、耳をケープのように広げ、鼻を高く持ち上げた。

「何てこった！」一人が叫んだ。「こっちへ向かってくるぞ！」これで上を下への大騒ぎとなった。椅子が散乱、「マッチョ」のはずだった男たちが、お互いぶつかりあいながら、とても子どもなどには見せられないような姿で、我先にと逃げ出すのであった。

この間違ったさまよえる霊長類たちからも、このようにしかるべき敬意を払われて満足したフランキーは、耳をだらりと垂らし、ナナの後ろに回り、群れとともに芝生をゆっくりと横ぎり、ロッジのタイル張りの見晴らし台のある中庭に達した。彼らの格段に大きな体がいかにも場違いである。群れはこの珍しい環境に好奇心をかきたてられ、点検を開始した。

邪魔するものは何もない。ゾウたちのやりたい放題が始まった。ふんだんに装飾を施したダイニング・テーブルの不思議な品々に興味津々、近づいて直に調べようとする。食卓の繊細な品々をごつい鼻でいじり回されるというこの状況を見て、私は「陶器店の牛」（「がさつ、無神経」の意）という表現を思いついた人は、陶器店のゾウは見たことがなかったはずだと思った。グラスや皿が鼻で無造作に引っ掻き回され、そこらじゅうで割れていく。同じようにしてロウソクやロウソク立ても床に散乱、残った瀬戸物類、ナイフ・フォーク類はテーブル・クロスを下から乱暴に引き抜かれて、乱暴狼藉の総仕上げとなった。

散乱物の一部は食べられるということに気付いた彼らは、グラスの破片を紙か何かのように踏みつけながら、パンやサラダの残骸を床から優しく拾い上げて口に持っていった。テーブルも乱暴に倒され、ぱっくりと割れていた。そして、私は呆れて眺めるしかなかったが、椅子が次々に宙を舞った。食べるのに飽きたゾウたちの次なる興味は、彼らの来訪の本来の目的と思われる、プールであった。

「このためにやって来たのだな」私は思った「プールのことは先刻承知だったのだ。前にも来ているはずだ。きっと夜遅くに」

　宿泊客用のプールが今やゾウの水場であった。ナナが何をしていたかというと、要するに自分たちが安心して水を飲めるようにお客たちを追い払ったということであり、ナナにしてみれば、他の動物たちを水場から追い払うのと何ら変わりなかった。

　彼女は大きな鼻をプールに突っ込み、何ガロンものきれいな水をその長い便利な鼻でぶくぶくと吸い上げた。後ろを振り返ったので、水はおかしな流れ方をして皺だらけの大きな口に達したが、彼女はお腹をゴロゴロ言わせて、他のゾウにも来るように合図を送った。

　大宴会の始まりである。お客もその様子を今ではのぞき見しながら大喜びであったが、ムヴーラ、イランガ、マンドラが大はしゃぎで走り回り、タイルの上ですべるかと思うと、もっと大きいゾウたちは水をたらふく飲んで、大きな水しぶきを上げながら水浴びに興じるのであった。

　事態がなんとなく落ち着き始めたかと思われたその時、ナナが突然私の匂いを嗅ぎ付けた。悠然と向きを変えると、私が立っていた所までゆっくりと進み始めた。パティオにさしかかる屋根の支柱の脇にいた私はそこを動かず、ナナの水のしたたる鼻先が私の胸に達した。この情愛の表出を、隠れていたお客の何人かは誤解し、私が殺されるものと思い、こっそり退散、バスルームに身を潜めていた。

「賢いねえ、お姉さん！　保護区でいちばんきれいな水を探し当てて。それでもって、お客を驚かすし」私は少したしなめるような口調も含ませた。

　私は一歩踏み出して手を伸ばし、ナナの鼻に触れ、優しくさすった。「でも、お客は本当に驚いているんだから、そろそろ帰ったほうがいいよ」

　ナナの決断はその逆だった。五分後、彼女はまだそこにのんびり立っていて、後ろではフランキーが睨みをきかし、お客が隠れた場所から動こうものなら、耳をぴくりと動かした。

ナナには本当に帰ってほしかった。ロッジは彼女と群れの来る場所ではなかった。だから私も彼女においとまを告げ、三、四歩下がって茅葺きの屋根の下まで来て手を軽く叩いた。彼女に動いてもらおうというつもりである。

これが彼女の気に食わなかったようだ。前に進むと、私の前で支柱に頭をもたせかけ、ぐいと押した。それでロッジの屋根全体がずれる。私は叫びたい衝動を抑えて、もう一度前に踏み出し、再び彼女の鼻をなで始め、なだめるように話しかけた。驚いたことに彼女は再び前かがみになり、今度は前より力をこめていた。木製の支柱の憂鬱そうなきしみ具合から判断して、建物全体が崩落寸前かと思われた。

私は本能的に、私にできる唯一の行動をとった。両手を高くかかげてナナの鼻に置き、全力で押し返して、私たちの生活を破壊しないでほしいと嘆願したのである。

そして私たちはそのまま向き合ったままだった。彼女は支柱にもたれかかり、私は懸命に彼女を押し返そうとする、その間とても長く感じられたが実際には三十秒だろうか、結局彼女は後ずさりして、私に向かって首を振り、その場を立ち去った。途中パティオでどしんと足を打ち鳴らしたのは不快感をあらわにしてのことである。

もちろんこれは一つの戯れだ。ナナはその気になればいとも簡単に柱を倒していただろうし、彼女を押し戻そうとした私のちっぽけな抵抗など、風に逆らう羽毛みたいなものだ。彼女は自分の気持ちを伝えたかっただけである。

群れ全体を従え彼女は芝生に出て、そのまま茂みの中に姿を消していった。

「あなた、ほんとにどうかしてるわよ！」驚きと怒りの権化と化したフランソワーズが柵の陰から現れた。出て来た客たちのことはお構いなしだ。「一体全体、何してるのよ！　死にたいの？　オー、ラ、ラー。あなたってほんとにどうかしてる。ゾウを押し返したりして！」彼女はこう言うと、「糞《メルド》！」という言葉を何度か吐きながら、夕食を作り直そうと調理場へ舞い戻った。

翌朝、私たちはロッジの周りに電線を一本、大人のゾウの頭の高さに張り巡らした。ナナをがっかりさせまいと、地下水の管を引いて、電線の外に新しい水飲み場も作った。

この配置は完璧だった。たとえ電線が壊れても、ゾウたちは二度とロッジにはやって来ないだろう。

第24章 濡れ衣

一週間後、私は良き友人だったヌコシ・ヌカニィソ・ビイェラが亡くなったという悲しい知らせに接した。彼はもう若くはなかったし、ここしばらく体調を崩していた。医師の専門的な手当もあったが、ついに病に屈したのだった。予期されぬことではなかった。つい二週間前、私と一緒に戸外で腰掛けていたときは、亜熱帯の暑さにもかかわらず毛布で肩をくるんでいた族長《ヌコシ》だが、彼はそれでも体の震えを抑えられないでいた。

部族全体が深い悲しみに包まれ、嘆きの声が丘々に響き渡った。トゥラ・トゥラには誰も仕事に来なくなった。私たちは、伝統的な葬儀の時期はごく少数のスタッフで乗り切るしかないと覚悟した。王族の場合それは数週間である。それが終わってもしばらくは元のようにはいかないだろう。植民地時代にその権威はすこし削がれてしまったとはいえ、ズールーの族長たちは皆、生涯を通じ、王様なのである。

ヌコシ・ビイェラはその時代にふさわしい人物だった。強力な伝統的な指導者ではあったが、二つの世界を跨いでいた。多くの歳月を経た伝統の価値と同時に、近代の必要性をも理解していたのである。彼は機転と知恵を活かし、その良さが証明済みの「古さ」と、将来に道を拓く「新しさ」とを融合させるという、まったく報われない仕事を始めていた。

彼の跡継ぎは息子のピワユィヌコシ・ビイェラであった。最初の妻との子どもで、私はあまりよく知らなかった。彼の華やかな就任式には私も出席し、お土産をたくさんもらった。

一族からは面会を約束され、私からも何度もお願いしたのだが、なかなか実現しなかった。

新しい族長の権威がやがて試されることになった。彼が権力を掌握して少し経ってからである。それまで燻《くすぶ》っていた部族の紛争が大きく燃え上がり、一キロ半ほど先のブカナナの村で散発的な銃声が起きるのが、私たちの動物保護区からも聞こえた。私はトゥラ・トゥラへ影響が及ばないよう、境界に警備員を配置した。

私は一日中、地元の警察に電話を掛け続けたが、警察は最後にようやく出てくれた。

「何ごとなんですか？」私が分署長に聞いた。彼は人好きのするアフリカーナー人（オランダ系白人）で、最近就任したばかりだった。

彼はうんざり、といった感じで答えた。「派閥争いだよ」

私の予想した通りだった。派閥争い。アメリカ史に名高いアパラチアの抗争顔負けの際限なくもめ続ける部族の内紛である。複雑で、血なまぐさくて、古くて、残虐で、古代から受け継いだ大地そのものである。永遠に続くのかもしれない。兄弟を殺され、親を殺され、抗争は恨みとともに世代から世代へと引き継がれる。

よくあることだが、今回の争いも土地を巡るものであった。ブカナナ村は私の動物保護区に隣接し、一九六〇年代後期、リチャーズ湾周辺に住んでいたズールー部族のいくつかが、アフリカ最大の港湾開発のために立ち退きを余儀なくされ、その人たちの移住先として作られたものであった。これらの気の毒な人たちは、ヌコシ・ビイェラの一族が代々受け継いできた土地に、彼の許可なく勝手に投棄されたようなものであった。それほど当時のアパルトヘイト政権は傲慢であった。

移住を余儀なくされた人々の指導者は名前をマックスウェル・ムテムブと言い、彼らはマックスウェル族と呼ばれるようになった。果たせるかな、マックスウェル族とビイェラ族の部族抗争が始まって何年も続いたが、マックスウェル側は数の上で劣勢、抗争も不利に展開し、結局しぶしぶヌコシ・ヌカニィソ・ビイェラに忠誠を誓った。その代わり、マックスウェルはビイェラ族のインドゥーナ——すなわち指導者の一人に任じられ、彼の部族はビイェラの土地に住み付き、ビイェラ族に統合されたのであった。

このようにしてヌコシ・ビイェラは部族の伝統的な土地を、流血を最小限にくい止めながら、取り戻したのであった。しかし、部族の忠誠心は、炉辺の話し合いで都合良くまとめたような協定より、はるかに根の深いものである。ブカナナの人々は今なお、非常に「マックスウェル的」であった。

ヌカニィソ・ビイェラが亡くなって、マックスウェル族がビイェラ族への忠誠を撤回した。これだけでも事は重大だ。しかし、マックスウェル族は、歴史的にビイェラ族の土地だった所も、自分たちのものだと言い出したのである。これにはビイェラ族の人々が激怒した。そして双方が武器を手にしたのである。

最初の衝突は激しかったが、短くもあった。そのあとは、小競り合いが地下に潜った。単発の襲撃事件や夜の待ち伏せ攻撃といった形になっていったのである。そんな事件が、私の家のほんの玄関先で起きていた。

私にとって問題は、私たちの従業員のほぼ全員がマックスウェル族であり、ブカナナの人間だったことである。確かにヌカニィソ・ビイェラは私の良き友人であり、私とビイェラ族との関係も良好だった。しかし一方で、マックスウェルが一九九〇年代に亡くなって跡を継いだマックスウェル族の指導者ウィルソン・ムテムブのことも、私はよく知っていた。

ムテムブは突然とんでもない難題を抱えることになったわけで、そのマックスウェル族がこの抗争に勝つ見込みはまったくないとは思ったが、私の隣人だからと言ってビイェラ族をこの抗争の中で公然と支持するのは、燃える石炭を手でもてあそぶようなものだった。どっちに転んでも私はまずい。だからあくまで中立を通すことにした。うまく解決して下さいよと祈りながら、やり過ごそう、というわけである。新しいヌコシ・ビイェラの手腕に期待した。

西洋人、あるいはそれに近い私のような者にとって、ズールー人の部族政治というのは、とにかくややこしくて仕方がない。驚いたことに、中立を守る傍観者のつもりだった私が、いつの間にかこのごたごた劇の中心的な問題人物に仕立てられていた。この不穏な事態の背後で依然としてうごめいていたのが、例の有力な家畜所有者の陰謀グループである。彼らはロイヤル・ズールー・プロジェクトの土地を喉から手が出るほどほしがっており、なんとしてもプロジェクトを葬り去りたいのである。私はこの野生動物保護プロジェクトを推進するための部族集会に出て、敵意ある質問ぜめにあっていたことから、彼らがどんな面々かは知っていたが、グループの背景については何も知らなかった。情報提供者に尋ねても、判で押したように肩をすくめて「家畜所有者だ」としか言わなかった。

マックスウェル族がヌカニィソ・ビイェラの死を独立宣言の絶好のチャンスととらえたように、陰謀グループもこの人望のあった先代族長の死とマックスウェル族との対立を一つの好機と捉え、私と故ヌカニィソ・ビイェラの一族、なかんずくその息子すなわち新しいヌコシとの関係を壊そうとした。

ズールー社会は噂や風評に弱い。それは国民的娯楽と言ってもいい。そして、陰謀グループは私に関する様々の風説を流布させていた。私が密かにマックスウェル族の分派を支援しているというのである。

これはまったくのでたらめであった。しかしながら、彼らはどうやら、抗争中、マックスウェル族の人たちが私の知らぬ間にトゥラ・トゥラの遠くの茂みを夜間の隠れ家として使っていることを突き止めたようである。その後、陰謀グループは、私が反乱勢力をかくまっているという噂を広めた。噂はたちまち野火のように広がった。

さらにまずいことに、この悪意ある風説によれば、私は反乱勢力に銃や弾薬を提供していることにもなっている。このようなたちの悪い宣伝活動が続けば、私にとって致命的なことにもなりかねない。苦労して築いてきた信頼もたちまち非常に危ういものとなってしまった。彼らのほうが一枚も二枚も上手だったのである。

もしヌカニィソ・ビイェラが生きていたら、一笑に付していただろう。しかし、彼はもういない。彼の後継者、息子の新しいヌコシは、高潔そのものの善人ではあるが、私のことをよく知らないし、彼のもとには嘘の情報が嫌というほど届けられているはずである。

私にはこの噂を早く打ち消すための強力な味方が必要だった。私は人望の厚いギデオン・ズールー王子に電話した。ズールー王の叔父で、王室のトップである。私が状況を説明すると驚愕し、身の危険が及ぶ可能性があると注意を喚起してくれた。本当の怖さはこんなもんじゃない、とでも言いたげだ。有り難いことに、彼の大きな影響力を行使してくれるとも言ってくれた。私がまずやるべきは、新しいヌコシと直接連絡をとって、状況を説明することだともいう。その間、彼がいろいろな人に聞いて、噂の出所を探るとのことだった。

私は若きヌコシに電話をし、もし彼の敵の一味が本当に私の土地に足を踏み入れていれば、それは違法行為である、と請け合った。私が許可したことではないということを、はっきりさせたのである。

彼は丁重に耳を傾けてくれた。彼のもとには意図的に誤った情報が押し寄せているはずだが、彼が少なくとも私に申し開きの機会を与えてくれているという事実だけでも、彼が公平な指導者であることがはっきりした。私は非常に気が楽になった。

「電話をしてくれたのは良かった」と彼は言った。「今週まさにこの問題に関してブカナナで集会がある。あなたも集会に出て、話をしてほしい」

私としては、いろいろと直に説明できる二人だけの面会をこれまでに持てていたらどれほど良かっただろう。このままでは、私一人でこの問題にぶつかっていかなくてはならなくなる。激しい抗争のさなか、各派とも非常に思い入れの強い部族の集会に唯一の西洋人として参加するというのは、それだけでも大変なことなのに、銃や弾薬を密売しているという濡れ衣まで着せられているのだからかなわない。実際に人が死んでいるというのにだ。本当に参ってしまう。

しかし一方で、彼の選択は賢明だとも思った。私に弁明の場を与えようというのである。それをどう活かすかは私次第だ。私はギデオン王子に感謝し、出席します、集会のことはあとで報告します、と言った。

彼は私を安心させようとした。「私の所の連中も参加して、事務方の仕事を手伝うけれども、あなたを代弁したり、弁護したりはできないのです。あなたは自分自身でやるしかない。強く訴えるといいでしょう」

その後、下手をすると悪くなる可能性のあった状況が、実際、悪くなっていった。私は、今やトゥラ・トゥラそのものが脅威にさらされていることを噂で知った。アパルトヘイト後の南アフリカでは、かつて人種隔離政策を押し進めた政府によって不当に差し押さえられた伝統的な土地を、部族が取り戻すことを奨励していた。ビイェラ族も以前、トゥラ・トゥラやその周辺の土地に対する権利を主張したことがあった。その主張は法的には通らず、この件はヌカニィソ・ビイェラと和解が成立していた。しかし、陰謀グループは、私に対する嘘を広めるだけでは物足りず、これらの一度棄却された訴えを再び蒸し返そうとしていた。彼らはロイヤル・ズールー・プロジェクトの土地だけでなく、トゥラ・トゥラにも触手を伸ばそうとしていたのだ。

私は事務所に戻って、一世一代の大演説の起草にとりかかった。トゥラ・トゥラの将来がかかっている。というのも、もし陰謀グループがトゥラ・トゥラに家族や家畜を入りこませることに成功したら、私たちの固有種の生き物たちが死に絶えてしまいそうだからだ。ゾウの群れもそうだ。ナナとその一族はようやく安住の地を探し当てた。しかし、ゾウは侵入者たちに危険な存在となるだろうから、私が集会で失敗したら、ゾウが彼らの銃の最初の犠牲者になるはずだ。

こう思うと、私の熱くなっていた頭も、かなり冷めてきて、どう議論を展開すべきかも見え始めた。陰謀グループは、私が戦闘員をかくまっていると言うであろう。だから私は、トゥラ・トゥラほどの広大な保護区は、すみずみまで目を光らせることは物理的に不可能であると証明すればいい。戦闘員が私の土地にいたと証言する人間も確実に現れるであろう。しかしそれが私の承知の上であるはずがない。もし私がトゥラ・トゥラで起きていることのすべてを把握できるのなら、密猟など一夜にして撲滅できるはずだ。

この集会は、正式な裁判ではない。私は視覚的・実際的な証拠を一般の人々に示し、無罪放免にしてもらえばいいのである。私の弁明は、無味乾燥な法律用語を使うものではなく、理性に訴えるものとなるであろう。

極めて由々しい言いがかりをつけられた私ではあったが、私が地元で得ている評判も、地元部族の指導者たちは無視できないだろう。私が人種隔離政策アパルトヘイトを心から憎み、国のズールー人指導者たちとも長年、緊密に協力していたことは、よく知られている。そういった年月を経て迎えたのが、一九九四年の南アフリカ初の民主的な選挙であった。

まず何はさておき、通訳者の手配だと思った。私のズールー語はまずまず合格の部類ではあったが、尋問の一つ一つをズールー語から英語に丁寧に通訳してもらえば、私はその間、答えを考える時間が稼げる。しかし、双方が納得する通訳者でなくてはならない。でなければ、私が質問にちゃんと答えていないと非難されるに決まっている。

私の警備班長ヌグウェンヤが、ある地元の司祭を紹介してくれた。地元社会から尊敬を集める人物だ。彼に通訳をしてもらえばいいというわけである。司祭は高齢の親切な人で、引き受けてくれ、ついては教会に来て祝福の儀式を受けるよう勧められた。

ブカナナには多くの司祭や牧師がいるが、大半はいわゆる伝統的な聖職者である。キリスト教に先祖崇拝とアニミズムが交じっている。要するに、アフリカ特有の混交型の霊性・精神性の世界であり、ありとあらゆるものが拠り所になっている。

私は翌日彼の教会を訪れた。素朴な小屋で、トタン壁とトタン屋根で出来ていた。中にはぐらぐらした椅子がいくつかあった。うち一つは部屋の真ん中に置かれていて、そこに座るように言われた。トタンの壁に手書きで白く描かれた十字架が唯一の装飾であった。

彼はそれから大きな亜鉛のたらいを私の足もとに置いた。中には川の水とおぼしきものが入っていて、彼はそれに何か粉をまくと、私の周りをぐるぐる回り始めた。ズールー語で言葉を唱えながら、神と先祖の両方に、呼びかけに応えてくれるよう嘆願した。彼はそうしながら、新聞から何ページかを引きちぎり、火を付け、ひらひらと振ってから、水の中に入れた。新聞はきつく束ねられており、水に浮いてしばらく燃え続けた。

数分後、彼は立ち止まって、灰で濁った水を掻き回し始める。もともときれいな水ではなかったが、それが今や、新聞の燃えかすも混じって、ぐしょぐしょの浮遊物をたたえた液体となった。それでも詠唱は続き、最後にその水はプラスチックのボトルに移し替えられた。

「これは良きムーティ（厄払い）です」彼が言った。「集会ではこのボトルから飲んで下さい。その姿をみんなに見せなくてはなりません。そうすれば、この集会はあなたにとってうまくいくでしょう。あなたが祝福を受けたからです」

私は彼に感謝し、ボトルを持って、今週またお会いしますと言った。

その五日後、私はデヴィッドとブカナナの村の集会所に行った。太陽はまだ真昼の高さでもなかったのに、中の空気はオーブンのようで、荒れ野の丘の上にしゃがみ込んだように建っているレンガとトタンの簡素な建物は、大入り満員であった。その小さな窓では、とてもじゃないが、このむせ返るような部屋の換気は無理だった。中の空気はとにかく汗臭かったが、人々の敵意もみなぎっていた。

外では、席のない部族の男たちが武器を手に多数たむろしていた。車で到着した私たちを、男たちが指さした。一人は、拳を振り上げた。もう一人は伝統的なズールー人の槍――イクチュワを振り回していた。この名前は、突き刺したこの槍を引き抜くときの、吸い込むような音に由来している。あまり幸先の良い感じはしなかった。

警察官が大勢いた。私は車を意図的に警察の車の近くに停めた。

警察の現場責任者で、明るい青の制服を着たズールー人の女性警察官が、私の所までやって来た。

「何の用ですか？」彼女が聞いた。部族の集会に白人が来たので、怪訝に思ったのだろう。

「話をすることになっているんです」

「なるほど」彼女は興味深そうに私を見つめた。「じゃああなたがアンソニーだ」

私は頷いた。「中はどんな感じですか？」

「熱いよ」彼女が答えた。と言ってもそれは気温のことではなかった。彼女が使ったのはズールー語の口語で、危険という意味の言葉だった。つまり、緊急事態というわけである。

彼女は舌を打ち鳴らした。私が来て、もっと面倒なことになるかもしれない、と思ったのである。

「やっぱり話しますか？」と聞く彼女の視線を追って、私は男の集団が到着するのを見た。一人はおんぼろの散弾銃を振り回している。「すでに無線で巡査の増援をお願いしていますから」

警察が多数繰り出しているのは、私個人のためというより、部族抗争がくすぶっているのがその主な理由であった。いずれにせよ、この集会が成り行きいかんでは荒れかねないと警察が見ているのは、気がかりであった。

「ええ、話しますよ」自分では意識しなかったが、私は虚勢を張って答えていた。まんまと罠にはめられてしまったとは思っていた。ほぼ内戦状態の怒れる部族の数百人を前に身の潔白を証明するというのは、いくら背後でギデオン王子が助けてくれているとは言え、生易しいことではない。

警察官との会話は、私を呼びに来た使いの人によって遮られた。私は彼に案内されてすし詰めの場内に入り、最前列の椅子に腰掛けた。インドゥーナの一人が壮麗な戦士の装いでちょうど威勢のいい演説を終えるところだった。要するに彼の言っているのは、敵のスパイがこの部屋の中にいるぞ、ということであった。場内にどよめきが起き、人々は、怪しい人物はいないかと、周りをきょろきょろ見渡すのであった。

司会者は長老の一人で、私を紹介すると、公平な弁明の機会を与えるようにと聴衆をさとした。集会の一触即発とも言える雰囲気を考えると、言うだけのことはあったと思う。

私は深呼吸をし、司祭からもらったムーティのボトルを手に立ち上がり、私もよく知る司会者に謝意を伝えた。雲行きが怪しくなってきたら、彼が頼りだ。私は招待してもらったことを、ヌコシを始め、長老やインドゥーナたち、その他私の知るすべての人に感謝し、彼らの名前を一人一人挙げて、私がいかに有り難く思っているかをことさら強調した。つまり私は、偉い人とこれだけ知り合いですよということを、恥も外聞もなく、ひけらかしていたのである。司祭が通訳した。

それから私はムーティのボトルを私の椅子のすぐ脇の床に置いた。聴衆からすぐに大きな反応はなかったものの、これが少なくとも目に留まったことは確かだった。彼らもその意味を知っているだろうし、持って来て良かったなと思った。とにかく自分の助けになるものなら、いくらでもほしかった。

不安ではあったが、自分の声はしっかりしていた。ギデオン王子の忠告をきちんと守った形だ。自信がついた私は、背筋をぴんと伸ばした。私は出来うる限りの冷静さで、ズールー文化は誰にでも公平な申し開きの機会を与える立派なものだと強調した。私は英語で話した。質疑のときも、聴衆からの質問を英語に通訳してもらい、その間に、答えを用意する時間を稼ごうと思ったからである。

すべて順調と思ったまさにそのとき、大変な騒ぎが始まった。「謝れ！」私の発言をさえぎって、誰かが大声で叫んだ。「自分のしたことを謝罪しろ！」

他にも扇動に加わる声がして、聴衆をけしかけようとした。「謝れ！　謝れ！」一瞬私はたじろいだ。まるでスポットライトを突然あびたウサギである。しかし、すぐにすべてがはっきりした。私はどうしたらいいか分かった。謝罪なんかしたら、自分の非を認めて致命的なことになる。陰謀グループの思うつぼだ。この罠に掛かって、下手に司法取引みたいなことをしたら、私はそれでおしまいだ。そこで私は場内の扇動は無視し、司会者が「みなさん静粛に」と言って秩序の回復するのを待った。場内が静かになると、司会者は私に頷いて、続けるように促した。

「謝ることはできません」私がこう言うと、会場の一角からさらにヤジが飛んだ。私はさっとその方向に目をやった。彼らは一カ所に固まって席を取るという過ちを犯していた。これで私は彼らが何者かを知った。

「謝ることはできません」私は繰り返した。「何も、謝らなくてはならないようなことはしていないからであります」

さらにヤジが飛ぶ。

「男は——男であればですよ」私は強調した。「何か悪いことをした場合にのみ謝罪します。そして謝罪しなくてはなりません。皆さんは私に嘘をついてもらいたいですか？　皆さんに対して、あるいはヌコシに対して嘘を。この集会に対して嘘をつけとおっしゃるのですか？　脅されているからと言って、自分の男らしさをかなぐり捨てて、卑怯者のように嘘をつけと」

こういう議論は、先進国のエアコン付きの法廷では、ずいぶん時代遅れのように響くかもしれない。しかし、ズールーランドの地方部では、人が道義的に正しくあることが、その人の男らしさのいちばん大切な部分であった。ここではとにかくそうなのだから仕方ない。外の者に対して嘘はついても、自分の部族には決して嘘はつけない。

まばらな口ひげをはやした、針金のように細身の男が、スクッと立ち上がった。「でも嘘をついてるじゃないか！　でまかせばかり言うんじゃないよ！　私は見てたんだぞ。あんたが武器を敵に渡すところを！　暗かったけど私は自分の目でちゃんと見た。あんたが密かに私らの敵と会っているところを。彼らにたくさん武器を渡していたよ」

私の知っている男だった。のらくら者で、密猟者だ。しかも、へまな密猟者。なんとこの人物が陰謀グループの証人、彼らの頼みの綱だったのだ。私はほっとして微かにため息をついた。私を弾劾する決め手が、地元でまったく信用のないこの名うてのチンピラとは。ヌコシやその側近たちがそこを見過ごすとは思えなかった。

スターの座を手に入れて舞い上がってしまったのか、このイムピムピ——すなわち密告人は、焦って馬脚を現していたのだった。聴衆は今や、告発のカギを握る証人が、およそ信頼できない人物であることを知ることとなった。

すると陰謀グループの親玉が立ち上がった。会場が静まり返る。恰幅のいい男で、ひょろ長いあごに白髪まじりの鬚をもじゃもじゃと品良くたくわえている。牧畜業で産を成した地元の有力者である。彼は威厳をもってしゃべった。密告人《イムピムピ》の焦りで被った失点を挽回しようというわけである。

「アンソニーさん。重要な問題で釈明のためお出で下さったことを感謝いたします。あなたが嘘をつかぬ方であることは存じ上げております」彼はここで間を置き、効果を意識したような咳払いをした。

「嘘をつかない方と見込んだ上でお聞きしますが、あなたは、トゥラ・トゥラにあなた方と一緒に暮らしている人々がいて、私たちの住民を攻撃し、ヌコシを脅かしていることを、否定されるのですか?」

要するに、陰謀グループの親玉は、私をけしかけ、私の土地に戦闘員がいるという目撃証言に異議をとなえさせようというわけである。

「私たちは皆、この疑問への答えを聞きたいと思っているわけです」

私はゆっくりと返答した。「だから私たちはここに集まっているのです」演壇の指導者たちが身を乗り出すのが見えた。「しかし、先ずはどうか私に最後まで言わせて下さい。私がすべてを語り終えてから、皆さんで判断して下さい。よろしいでしょうか?」

私はそのことをどうしても認めてもらう必要があった。

「よろしいでしょう」長老の一人が言った。「アンソニーさんに、最後まで話してもらいましょう」

「分かりました」私はこう言って、声を一段と大きくした。「であれば、私は、彼らが私と一緒に暮らしていることを否定するものであります。きっぱりと否定いたします」

会場がどよめいた。私が悪いことをしていると、皆それほどまでに確信しているのだ。私は悪事をつきとめられた、なのに、しらばっくれている、というわけである。

インドゥーナたちが数分がかりでなんとか会場を鎮めた。そして、約束どおり、私は話を続ける事ができた。

「しかしながら、私は、男たちがトゥラ・トゥラに紛れ込んで来ていることは否定いたしません」私は言った。「ですが、彼らが私の知り合いであるとか、彼らが私と一緒に暮らしている、ということはきっぱり否定いたします」

陰謀グループの親玉が再び立ち上がった。首を振り振り、ニヤニヤしている。

「この男は、誰が自分の家にいるのか、自分の土地にいるのか、知らない、と言います」聴衆に向き直って続けた。「でも自分の客人を、知り合いでないという人がいるでしょうか？」

会場がドッと笑いに包まれた。ヌコシが手を掲げ、聴衆を制した。そして私に頷いて、先ほどの話を続けるよう促した。

「みなさんも良くご存知のとおり、トゥラ・トゥラは非常に広いです。いくら急いでも、端から端まで移動するのに、何時間もかかってしまいます。誰だって、ここに潜むのは簡単です」

「でも、使用人が土地の巡回をやってるだろう！」陰謀グループの親玉が叫んだ。人差し指を突き出している。「それでも、客人たちのことは知らない、と言い張るのか？」

「知りません」私は答えた。「でも、あなたはどうなんですか？　ビイェラの土地に、誰が住んでいるか、ご存知ですか？」

「もちろん私たちは知っているよ！　地区のインドゥーナに名前を知られてないような人物が、私たちの土地に住めるわけがない」彼は再び余裕の笑顔を見せ、いかにも自分の勝利を信じているようなそぶりで得点を稼ごうとした。

私はそこで、会場の後ろにいたデヴィッドに合図をした。彼はしばらくして、ヌグウェンヤを連れて、前のほうにやって来た。ヌグウェンヤはこの状況に感激し、両手を頭のところまで掲げる伝統的な挨拶の仕草をした。

私は彼を紹介した。「これはヌグウェンヤと言います。私の所のベテラン動物監視員です。私たちは彼の家族がこの地域で大変尊敬されていることを知っています」長老たちの何人かが頷いているのが目に入り、嬉しかった。

　私は次に、私たちの所の西側にあるヌタムバナナ地区を治めているインドゥーナのほうを向いた。

「ヌタムバナナのビイェラの土地は、立ち入り禁止と私は理解しています。誰もここに住むことはできません。そうですよね？」

「そうだ」彼は同意した。「誰もここには入れない。誰もここに住んではいけない」

「ヌグウェンヤと私は最近ここに行ってみました。するとどうでしょう、何人かがこの土地の奥深くに住んでいるではありませんか。彼らを見つけて話をしたのですが、何週間も前からいるということでした。茂みに隠れて見えなかったのです。それと同じで、私の土地にいたという男たちも、茂みで隠れて見えなかったのです」

　こう私が言うと、ヌグウェンヤは頷いていた。

「そうなのか？　ヌグウェンヤ」突然立ち上がってインドゥーナが聞いた。「そこに行ったのだな？　そして、そこに住んでいる人たちがいたと言うんだな？」

　ヌグウェンヤが頷いた。「はい《イェボ》。アンソニーの言ったとおりです」

「ハウー！」インドゥーナがズールー式の驚愕の声を上げると、それは静まり返った会場に響き渡った。「ということは、不法侵入者だな」

　陰謀グループの親玉が、そうじゃないとばかりに肩をすくめたが、私は聴衆の反応に手応えを感じ始めていた。部族の長老たちが、もっと先を続けなさい、と言いたげな眼差しを私に投げかけている。

「もう一度言います。私はトゥラ・トゥラの茂みに人が隠れているとは知らなかったのです。ちょうどインドゥーナ閣下が、自分の土地に隠れ住んでいる人がいることを知らなかったのと同じようにです。不法侵入者は不法侵入者です。客人とは違います。歓迎すべき人たちではないのです」

そりゃそうだ、といった感じのつぶやきを聴衆は発していた。そんなに大きくはなかったが、それでも心強かった。

「銃はどうなんだ？」誰かが後ろのほうから叫んだ。

確かにこれはそのことをめぐる集会であった。

「ええ、確かに私たちは銃を持っております」私は言った。「しかしそれは、動物から自分たちを守るためであります。それは皆さん、ご存知でしょう。私たちが銃をわざわざ他の人に渡して、身を守る術をなくして藪の中を歩き回り、自分たちの命を危険にさらすことなど、どうしてありえましょうか？」

ありえません、と自分で続けるつもりが、一人の長老に先を越されてしまった。彼は立ち上がって私を弁護してくれた。形勢が逆転しつつある兆しであった。

「ムクルーは本当のことを言っている」彼は言った。「私は彼の所の監視員たちとも話をしたが、全員、銃を持っていた。彼らが銃を手放すことはない。仕事に欠かせないからだ。わざわざ手放して、自分の命を危険にさらすようなことは、するわけがない」

「アンソニーは嘘をついている！」陰謀グループの一人が叫んだ。必死だった。「彼が銃を配り、その銃がヌコシと戦うために使われていることは、みんなが知っている」

ふう。いよいよ個人攻撃だな。私の声に怒りがにじむようになり始めた。

「いいえ。みんなが知っている、などということはありません。みんなじゃないんです。みんなが私を非難しているわけではないんです。ごく少数の人たちが、ひどい言いがかりをつけているだけです。証拠もないのに。要するに、ここで何が起きているかというと、それは、誰かが私とヌコシの間を引き裂こうとしている、ということなのであります。それは、何か思惑のある人です」

「そんなの嘘だ！」また同じ男が叫んだ。「私らの同胞はあんたのおかげで死んでいるのだ。あんたたちには、ここに私らと一緒に住んでほしくはない。あんたは白人だ。あんたたちは信用できない。家族と一緒に出て行ってほしい」

会場に突然、息を吸う気配がした。聴衆の首がいっせいに波打って、まずヌコシに、そして私に向けられた。

私は急にうんざりした。結局またこの話か。南アフリカでは、論理が破綻すると、再びあの古くおぞましい恐竜のようなものが、その醜い頭をもたげてくる。しかし、人種的な中傷があったおかげで、私は聴衆の絶対的な注目を浴びることになった。

「今日お集まりの指導者の皆さんの何人かは、私がトゥラ・トゥラに来るずっと前から私の名前を知っておられます。アパルトヘイトの時代に、私がズールーの指導者の皆さんと協力していたこともご存知です。聴衆の一部の方々が、まだ生まれてもいなかった頃です」。私はこう付け加えて、ズールー人の年上を深く敬う気持ちに訴えた。

「私は、心の底から、アパルトヘイトが終わることを願っていましたし、そうなると信じていました。なのに、この人は、私たちのこの村で、またそれを始めようと言っているのです」

私は彼のほうを向いて言った。「あなたは私たちみんなに恥辱をふり注ぐでしょう」

ここで、若きヌコシが立ち上がった。槍のようにまっすぐにすくっと立った。私はこの瞬間に、彼が真の指導者であることを確信した。

「このへんでもういい。これは裁判ではないのだ」彼は言った。「アンソニーは被告ではない。銃の密売という話は、警察沙汰だ。証拠のある者がいたら、警察に通報すればいい。ここで、今やっているような乱暴な議論を続けても始まらない。この集会のあと、私も警察と話をする。アンソニーは父の良き友人だった。この問題は、ここまでだ」

一件落着となった。私は安堵のため息をついた。

陰謀グループとしては、いちばん避けたかった展開である。彼らには、トゥラ・トゥラのほぼ到達不可能な奥地に部族の反対勢力が不法に侵入しているということ以外、証拠は一切なかった。彼らは自分たちでも銃の密売という話がでたらめであることを知っていた。彼らは私がヌコシの一族を崇敬していることを知っていた。私をやっつけるには、群衆を扇動して私を糾弾するようけしかけるしかなかった。しかし彼らはそれに失敗し、逆に、屈辱を味わわされてしまったのである。

彼らのでたらめは、実にヌコシ本人が見抜いた。私にとっては甘い嬉しい勝利となった。集会のあと、多くの村人が私に握手を求めて来た。棍棒を手に戦いの出で立ちの人もいたし、手を振るだけの人もいたが、まるで私を再び仲間として迎え入れるかのような振る舞いであった。この敵意のみなぎる集会で私が演説をしたことで、私の無実が証明された形となった。ズールー人の伝統では、この問題は二度と問われない。トゥラ・トゥラは救われたのである。

トゥラ・トゥラに戻ると、私はマックスを足元に置いてくつろぎ、保護区を見やった。地平線にゾウの姿がちらりと見えた。移動中であった。群れは安全で、自由で、あちこち好き勝手に動き回っている。この勝利の味は実に甘いものであった。しかし、だからといってこれで戦いが終わるわけではなかった。私は恐るべき敵を作ってしまっていた。そのことはあとで思い知らされる。

第25章　よるべなき仔ゾウ

次の日の朝早く、ゾウ管理者・所有者協会のマリオン・ガライから電話があった。いつもながら、突拍子もない話だ。

「ゾウをもう一頭、引き取らない？　十四歳のメスで、引き取り先がどうしても必要なの」

「どんな問題で？」

「ほんとに怖い話なのだけど、長い話を短くすると、彼女の家族は全員、撃ち殺されるか、売り飛ばされるかしているの。彼女はまったくの独りぼっちで、ビッグ・ファイブの保護区にいるわ」

「ビッグ・ファイブ」という名前は、狩りをするのが最も危険とされる五つの動物が住んでいることにちなむ。すなわち、ゾウ、クロサイ、スイギュウ、ヒョウ、そしてもちろんライオンの五つである。ゾウが番付の筆頭だが、もし近くにライオンがいれば、思春期のゾウなら、群れに守られない限り生き長らえる見込みはあまりない。ライオンとて大人のゾウを襲うことはできないのだが、相手が若いゾウとなれば比較的簡単に餌食にできるし、ゾウを襲うことでライオンも自尊心が満たされるのである。

マリオンの話はもっと怖いことになっていく。「さらにひどいことに、彼女は、剝製の収集家に売却済みなの」

この情報には、まるでついでのようにして軽く触れた彼女だが、私に対して決定的な効果があることを知った上でのことだった。確かにこういう話は私としてもどうしても納得がいかない。一体どんな人間が、十代の悩めるゾウを、しかもこの場合メスだ、それを銃で殺そうというのか？　生き物を殺すのがそんなに楽しいのか？　炉端に安っぽい置物として飾っておくためか？　そしてこんな若い、よるべない生き物を、そんな理由で殺すのを、一体どんな保護区のオーナーが、黙って見ているというのか？

少しばかりの肉を食べるための狩猟なら、私はこれまでも反対はしなかった。この惑星の生き物は、生きていくために、なんらかの形で狩りをしているのである。それは小さな大生物たる微生物を始め、すべての生き物に関して言えることだ。適者生存というのが、この世界の有りようなのだから仕方ない。しかし、楽しみのための狩り、スリルを求めての殺生、というのは、私としてはどうしても認められない。私も剥製が好きな狩猟家にはたくさん会ってきた。彼らはもちろん皆、自然愛好派であり、低木林地帯を愛し、自分たちの行為を環境保護の見地から正当化し、その分野の専門用語や流行語をちらつかせながら話をする。

しかし、本当のところは、生き物を殺したい衝動を心に秘めた人たちなのである。それは、彼らの手にかかって生き物が残酷な死を遂げることによってのみ、満たされる感情である。この抗いがたい衝動を満足させ、そしてなかんずく正当化するためには、彼らはどんなに面倒なことでも決して厭わない。

その上、彼らの主張の馬鹿馬鹿しさをさらに上塗りするのが、今の精巧な武器を相手にほんの少しでも勝ち目のありそうな生き物は、この地上にもはや存在しないという事実である。望遠照尺を備えた現代の高性能狩猟用銃器を前に、狩猟のスポーツマンシップといった議論は、もはや成り立たなくなった。

私は新参者のゾウを一頭、群れに加えることでどんな影響があるか、考えてみる必要があった。幸いナナとその一族が落ち着いてきたので、このメスも新しい家族の一員として受け入れてもらえそうではあった。その自信は、私にはかなりあった。それができるのは、安定した群れだけである。うまく適応できていないゾウの群れなら、新参者は追い回されて、場合によっては、もっと悲惨なことにもなる。

いくらこちら側にリスクが降り掛かるからといっても、独りぼっちになったゾウ、しかもまだ十代で、とても怯えていて、ライオンに囲まれ、やがて狩りの対象となる運命というのは、いかにも気がかりで、放っておけない気がした。

「引き取るよ」

「素晴らしい。捕獲と輸送の費用は、寄付金でまかなうわ」

ところがやっぱりである。狩猟家が、この獲物を易々とは手放さなかった。しかし、ブレンダンに名案が浮かんだ。その人物の大型動物狩猟許可証を調べようというのである。天才的ひらめき、神業、奇跡、何とでも呼ぶがいい。許可証を調べてみると、なんと、その日が有効期限だったのだ。さらに驚いたことに、ブレンダンの大学時代の友人が認可当局で働いており、私たちはなんとか再発行を阻むことに成功。ぎりぎりのところで、この親を失ったゾウの命を救ったのである。

狩猟家は憤った。厳密にはまだ彼がこのゾウの所有者だったからである。彼は自分の権利金を取り戻そうとした。有り難いことにマリオンのところの寄付提供者が再び救済に現れ、引き渡しの代金を支払った。一週間後、若いゾウはトゥラ・トゥラに向かった。

私たちは急いでゾウの囲いを修復し、デヴィッドとブレンダンと私で、新参のゾウが慣れるまで、再び低木林のドタバタ劇と相なった。四輪駆動車も、最初に群れを隔離したときと同じ場所だ。働き者のコガネグモ、ウィルマは、まだいるだろうか？　アンテナにまた巣を張るのだろうか？

マックスは一帯をざっと点検したあと、腰を落ち着けた。彼も、私たちがしばらくここに落ち着くことを知っているのである。

昼下がりを過ぎて、輸送用のトラックが到着し、積み降ろし用の塹壕に、バックで入った。今度は高さもぴったりで、荷台のドアはすんなり開いた。私たちは全員、もっと良く見ようとツルのように首を伸ばした。私が瞬きをしなかったのは正解だった。というのも、ドアが開いた瞬間、ゾウが飛び出し、囲いの中のいちばん茂みの深いところに一目散に駆けて行ったからである。彼女はそのあと数日、そこにこもりっきりで、出て来るのは真夜中に食事をするときだけだった。私たちは柵越しにエサを投げ入れていた。私たちがもっと近づこうと柵に迫れば、彼女は私たちの匂いを嗅ぎ付け、必ず遠くへ逃げて行った。これほど怯える動物を私は見たことがなかった。彼女はきっと私たちに殺されると思っているのだろう。丁度、彼女の家族全員が人間に殺されたように。

群れとのこれまでの経験で培ったテクニックを駆使し、私は彼女に優しく語りかけ始めた。歌いながら、口笛を吹きながら、柵の近くを歩き回り、私に慣れてもらおう、私が優しい味方であることを分かってもらおうとした。しかし私が何をしても、彼女は根を生やしたように、茂みのいちばん奥深いところから出て来ようとしなかった。怯えきったまま。

ほぼ一週間、彼女の心の状態や態度に変化はなかった。そこで私は、この手順を中断する必要があると考えた。それまでの、間接的ではあったが、彼女とコミュニケーションを取ろうとしたやり方に代わって、柵に近づき、特定の場所を選び、そこに留まることにした。何も言わず、何もせず、ただじっとして、彼女のことを気にもとめない。私はただそこにいるのである。

毎日、午前、午後と私は違う場所を選んだ。そしてほんの少しずつ、彼女の隠れ家に近づいていった。

三日目に反応があった。しかし、私の期待していたようなものとは少し違っていた。私としては彼女が気持ちを慰められていてほしかったのだが、茂みから凶暴な姿を現すと、まるでつむじ風のように私に向かって突進して来た。

彼女が迫って来る様子を見て、驚いた。私は、このような迷える魂は、温かく接すれば、応えてくれると思っていたのだ。ゾウの囲いでは柵に電気が流れていて、私はそれに守られているのだから、そんなに危険な状態でもなかった。そして私には三つの選択が可能だった。その場を譲らず誰が親分かを彼女に思い知らすこと、彼女を無視すること、そして逃げること。この三つである。

突進してくる彼女はいかにも凶暴であるが、私を襲おうとしているのではなかった。私など一撃で殺してしまうであろうこの二トンの牙と肉の塊も、肝っ玉の大きさではネズミ並みであることを、私は知っていた。彼女に必要なのは自信であった。彼女が知らなくてはならないのは、自分がひとかどの存在であることを他者から認めてもらえること、そして、自分が荒野の主であることであった。だから私は大芝居を打って、逃げることにした。適者生存の世界では直感に反する決断だったが、ここでは彼女が親玉だ、ということを彼女には理解してもらおうと思ったのである。逃げる真似はそんなに難しくなかった。柵がなければ本気で逃げなくてはならないのだから。

彼女は柵の手前で急ブレーキをかけ、埃を舞い上げたが、何がなんだかさっぱり分からない、という顔をしていた。彼女はこれまで、人間が自分から逃げるという経験をしたことがなかったのだろう。自分が襲うようなそぶりを見せて人間に向かって行けば、雷鳴のように銃声が轟くというのが、これまでの常だったはずだ。

彼女は私が逃げるのを見た、というか、その匂いを嗅いだ。そして、方向を百八十度転換すると、茂みに戻って行った。自分の勝利に、文字どおり鼻高々であった。彼女がこの仕草を見せるのは初めてだった。彼女は敵を追い払ったのである。それよりもっと大切なことは、彼女が恐怖心を行動に移し替えたということである。これは、少なくともこれまでのところ、大きな前進と言うことができる。

効果はあった。あり過ぎるほどでもあった。私が近づけば、彼女は必ず向かって来るようになった。そして毎回、私は例の芝居を打った。怖がって逃げるふりである。私は、彼女がいかに強いかということを、そして、彼女が低木林の女王であるということを教えてあげたかった。ゾウは堂々たる生き物だ。いじめっ子もいないし、いくじなしもいない。彼女には彼女自身を発見してもらいたいと私は思った。

彼女は気持ちが少しずつ安定してきて、昼間でも藪から出て来て、囲いの中を歩き回るようになった。

彼女が茂みから出て来るときは、私も必ずその場に居合わせるようにした。彼女が星のように輝くその目で私を見ている。私は再び彼女に語りかけ始めた。でたらめな歌を歌い、かと思うと、ただ黙ってそこにいた。その間、彼女は、何かに心動かされても、怒っても、怖がっても、一切音を発しなかった。それはとても悲しいことだった。ラッパのように響くゾウの鳴き声。ゾウは、森の音楽家だ。なのに、これまでよほど辛い思いをしたのだろう。この生き物は、空気のように押し黙っていた。全速力で向かって来るときも。

ある日私たちがエサを柵越しに投げ込んでいると、彼女が向かって来た。彼女の空腹が恐怖心より上に来た、初めての出来事であった。彼女は私たちを追い返そうとした。そしてこれもまた初めてのことであったが、彼女は声を振り絞って、ラッパのような鳴き声を上げた。しかしそれは、はっきりと透き通った声ではなく、首を絞められたガチョウのようにしわがれていた。

デヴィッドと私はお互い顔を見合わせた。これで、なぜ彼女がこれまで押し黙っていたかが分かった。可哀想に、彼女は声帯を損傷していたのである。心細くて、母親や叔母さんゾウを求めて、助けてよー、助けてよーと、いつまでも必死に鳴き続けていたに違いない。荒野の中、周りにライオンがうろついているというのに、迷子になり、たった独りで……。確かにこの子の境遇は特別だった。

雰囲気を少しでも明るくしようと、私たちはこの子に愛情をこめてＥＴ《イーティー》と名付けた。恐るべき子ども《アンファン・テリブル》の省略形である。

ほんの少しばかりは私にも我慢し始めた彼女ではあったが、依然、自分のことをものすごく不幸に思っていた。彼女の不安と孤独が、ゾウの囲い全体に暗い影を投げかけていた。夜、かがり火を囲んだ私たちも、普通ならおしゃべりの時間だが、その影を感じていた。私たちは這うようにして寝袋に入ると、仰向けになって、星を眺めた。

いよいよ成功、と思い始めていたのに、彼女は再び底の見えない絶望の淵に堕ちていくのであった。たとえ叫んでも、缶詰の缶を打ち鳴らしても、私たちの入り込むことのできない深い淵だ。彼女はその後、私たちからさらに離れて行った。周りのことはもはや念頭になく、彼女はただ、大きな8の字を描いて、あてどなくぐるぐるといつまでも歩き続けることを始めた。その悲しみと隣り合わせに、嘆く気持ちがあり、それはあまりにも心の奥深くに根ざしており、とても私たちの入り込めるものではなかった。彼女の落ち込みようはあまりにも深く、私は彼女が打ちひしがれて、このまま死んでしまうのではないか、と心配だった。私は戦術を変えた。

私は群れを捜した。彼らに解決してもらうしかなかった。「おおおーーーーい！　ナナーーーーー、私の赤ちゃん《バッバース》！」群れの姿が見えると私は大声で呼びかけた。三百メートルほど先でナナが視線を上げ、鼻を高くして風の匂いを嗅いだ。さらに数回私が叫ぶと、彼女は私の声のする方向を見定め、群れ全体が私のほうにゆっくり歩き始めた。人間なら皮膚がぼろぼろになってしまうであろう厄介なトゲだらけの藪を、難なく突っ切ってくる。彼らが前進するさまを私は驚きとともに眺めた。なんとも素晴らしいゾウの群れだ。この美しい生き物、まるまると太って、灰色で、光り輝いている。新しく若い世代も育ってきて、とても幸せそうである。

私はそんな彼らの助けを必要としていた。しかし、私はこれまで一度もしたことのないことを、これから原野の中で試みようとしていた。群れを私のあとについて来させようというのだ。

彼らが近づくと、私はゆっくりとアクセルを踏み、五十メートルほど先を行った。ナナは私がなぜ遠ざかるのかと怪訝に思ったらしく、歩みを止める。そこで私はもう一度呼びかけた。彼女は少し周りをぶらぶらしそうになったが、結局私のほうに歩いて来た。彼女が近づくと、私の車が再び遠ざかる。彼女はまた止まって、混乱していた。

そこで再び私が叫ぶ。「おおおーーい。来るんだー。ナナー！」前に進むよう彼女を促した。呼びかけを続け、大変なことになっているんだ、君の助けが必要なんだ、ということを言った。もちろん言葉は、彼女にとってはまったく意味をなさないだろう。しかし、なんとか気持ちは伝わらないものか、と思った。急いでいる、ということをなんとか分かってもらえないだろうか、と。

驚いたことに、彼女は付いて来た。最後には私からの呼びかけがなくても、後を付いて来た。群れもすぐ後ろに付いている。バックミラーで見ると、九頭のゾウが私の後に付いて来ているのが分かった。

私はまさにゾウの行進を先導するハーメルンの笛吹き男だった。四角い鏡にナナの姿が現れる。残りのゾウたちも後に続いていて、藪を踏み散らかしながら進んでいる。アフリカの低木林地帯の奥深く、私は野生のゾウの群れを引き連れて進んでいた。私がそうしたいからであり、その必要があったからである。とてもありえないような話だが、現実に起きていることであった。ああ、なんといとしいゾウたちだろう。

五キロほど進んで、私たちはゾウの囲いにたどり着いた。とても信じられないことだが、群れはずっと付いて来ていた。

私は柵から三十メートルくらいのところで止まった。ナナが私に近づき、一瞬立ち止まり、そして若いゾウを見つけた。ナナは私に視線を戻した。まるで、なぜ私が彼女を呼んだかが分かったとでも言うようであった。そして柵に近づくと、しばらく胃をゴロゴロ言わせていた。

イーティーは一本の木のようなその場に立ち尽くしていた。深い茂みに見え隠れする群れを見やり、鼻を持ち上げて匂いを嗅いでいた。この状況がしばらく続いた。すると突然、遊園地に来た子どものようにはしゃぎ始め、柵越しにナナのいる所まで走って行った。一年ぶりに見る自分の同類だ。

ナナはニシキヘビのような太い鼻を持ち上げ、電線越しにイーティーに触ろうとする。イーティーも鼻を持ち上げてこれに応じた。私はこの様子に我を忘れて見入っていた。ナナが悩める若者に触れると、若者はリーダーの権威を神妙に受け入れた。すでに群れの他のゾウたちも出て来ていて、皆、興味津々である。フランキーも高さがあるので、電線越しに鼻を伸ばした。群れとイーティーが集まって、皆でお腹をゴロゴロ、グルグル言わせて、ゾウの会話が続くのだった。

それが二十分盛んに続いて、匂いの交換も行われ、お互いの自己紹介が終わった。それに続いて起きたことから見ても、イーティーの苦労もここまでかと思われた。ついに解決策が見つかったのである。

ナナが体の向きを変え、歩き出した。自分でも支柱を倒して逃げ出した門の所を通り過ぎる。明らかに、イーティーに出口を教えているのだ。と同時に私には門を開けろと言っている。彼女には助けを借りたいと伝えていた私だが、彼女はそれに応え、決断したのである。「このゾウを出しなさい！」

しかし、周りにゾウがたくさんいるので、私たちはとても門には近づけない。私たちは手をこまぬいてイーティーの動きを目で追うのがせいぜいだった。彼女は柵の中で他のゾウの反対側を行き来したが、これ以上先に進めない囲いの端まで来てしまった。そのあと、また戻って、柵沿いに行ったり来たりして、必死に群れと合流するための出口を探すのだけれども、最後は絶望のあまり、切ない鳴き声を上げ始めた。見ているだけでも本当に気の毒であった。

しかし、イーティーは私たちに出番を与えてくれるだろうか？　それは無理だった。門に私たちが何度近づこうとしても、彼女は私たちに対して怒りを爆発させ、突進して来た。私たちが、イーティーと群れとの合流を邪魔しているものと思っている様子だ。

突進を繰り返すうちにイーティーも疲れてきて、私たちにようやく出番が回って来た。私たちは急いで門の所の電線と横木を外した。

ナナは茂みに控えてこの様子を眺めていたが、再び現れると、群れを柵の外で一列に並べた。そしてもう一度、意識して、ゆっくりと、門の所を通り過ぎた。今度は門が開かれている。イーティーは茂みから走って出て来たが、やっぱり出口が分からない。柵の中で群れの反対側を行き来するが、またそれ以上動けなくなってしまった。彼女の悲痛はいかばかりかと思われたが、私たちにはどうすることもできない。しかしその彼女にも門の所が唯一の出口だということが、ようやく分かった。

ところがナナのほうが待ってくれない。川のほうに向かって歩き出していた。今夜のところはこれまでか、門を閉めるしかないな、と私が思い始めた矢先、イーティーが門にたどり着き、あっと言う間に出て行った。鼻先を地面すれすれにヒクヒクさせながら、群れの匂いを追って、小走りに去って行った。

私たちは柵の電源を切り、荷物をまとめた。三十分後、私たちは車で家路につく途中、草原を行く群れを見かけた。まだ一列に並んでの行進だったが、すでに序列が確立していた。イーティーはしんがりから二頭目だ。前のゾウのしっぽを摑んでいる。すぐ後ろがノムザーンだった。彼は鼻をイーティーの背中に乗せて、進んでいた。彼女を慰めているのだった。

ウォルト・ディズニーでも、これ以上の結末《エンディング》は思いつかなかったであろう。

第26章　殺し屋との対決

フランソワーズは新しい豪華宿泊施設にエレファント・サファリ・ロッジと名付け、その成功めざして奮闘した。低木林地帯の雰囲気を保つため彼女は豪華客室を八部屋に限定し、それをヌセレニ川の岸辺の大きな草葺きのロッジに並べていった。とても勇気あることだと思うが、彼女はプロの関与を拒否し、すべて隣村のズールー人に仕事を覚えてもらって完成させた。フランス人とズールー人の意思の疎通はそれなりに課題も多く、デヴィッドもブレンダンも私も、毎日楽しませてもらった。

「テレビも駄目、新聞も駄目、携帯電話も駄目」彼女は譲らなかった。「大自然の原野そのものを体験してもらわなくてはいけないの。都会の生活の解毒剤よ」ロッジはまさにその通りになっていた。しかも彼女の持ち前のセンスを活かした最高の料理付きである。フランソワーズとの出会いがなかったらどうなっていたか、ということは私も考えた。お客は恐らく木の切り株に腰掛けて火を囲み、串刺しのソーセージをほおばって、藪をトイレ代わりにしていたであろう。

ロッジが出来て、彼女にとっても私にとっても、すべてが変わった。毎日が長い一日となった。早朝のサファリ・ドライブに始まり、私たちの仕事は、夜、最後の客がベッドに入るまで続いた。私がさっそく学んだのは、今の時代、環境保護家として生き残るためには、ワインにも詳しくなり、カクテルの作り方も覚えなくてはならない、ということであった。

その間も私は、例の畜産陰謀グループがロイヤル・ズールー動物保護区プロジェクトの妨害工作を陰で続けていることは知っていた。しかし、イーティーを群れに慣れさせることにかまけて、そのことはあまり考えられないでいた。

そこへ母がエムパンゲニの事務所から電話を掛けてきた。いかにも心配げな声だ。治安警察から話があり、私と連絡をとりたがっているという。警察から聞かされた話は、どんな母親でもびっくりするようなものだった。トゥラ・トゥラの東に接する土地は隣の部族が支配していたが、警察がそこのある有力な指導者インドゥーナの農場を内偵したところ、私を殺す目的で複数の人間が雇われていることが分かったというのである。

陰謀グループの仕業に違いない。事実、警察の協力者によれば、この悪徳インドゥーナは、私を片付ければ、他部族との共同管理地は自分たちのものになると公言しているという。本来この土地は、法的にはいくつかの異なる氏族に属し、私はプロジェクトの調整役にすぎないのだけれども、彼らは私の関与さえなくなれば、自分たちの権利を主張できて、プロジェクトも阻止できると思っているのである。状況としては、何年も前にケニアで『野生のエルザ』で有名な動物保護活動家ジョージ・アダムソンが殺された事件と、似通っていた。彼を殺したのは、彼がライオンのための活動をしていたコラ動物保護区を牧畜用地にしたがっていた部族の男たちだった。

警察は、私を殺すために雇われた殺し屋たちの名前まで把握していたが、伝聞にすぎないので、それをもとに行動を起こすことはできないのだという。しかし、情報源は信頼できるので、注意するように通告してきたというわけである。

私はズールー文化を理解し、愛している。それは私の毎日の生活の一部である。しかし同時に、問題には早く手を打たないと、知らないうちにとんでもない話になっていたりすることも、自分としては分かっている。もう誰も記憶していないようなことを理由に、今なお、激しい抗争が続き、多くの血が流されている。これを避けて通ることはできない。この脅威には正面から、迅速に立ち向かう必要があった。私はこのインドゥーナにできるだけ早く面会しなくてはならないと思った。

私の良き友人で、とても勇敢な長老オビエ・ムテトワによれば、私一人でインドゥーナの所に乗り込んで行くのは危険すぎるとのことで、彼が同行してくれることになった。オビエはムテトワ氏族の長老格の評議員であった。この氏族は、ズールー部族の中でも最も有力なものの一つで、地域では高く評価されていた。私は彼とは長年の付き合いで、お互い良き友人になっていた。彼が付き添って来てくれれば、こんな有り難いことはない。

私は警察が摑んでいる、私を殺すために雇われたという男たちの名前を、オビエに知らせた。彼らの評判については聞き及んでいるということだった。オビエは「ツォツィ」と、ならず者を意味するズールー語の蔑称を口にすると、地面に唾を吐いた。私たちはこの日の午後、轍のできた道を車で行き、ズールーランドの田園地帯の奥深く、そのインドゥーナの自宅に向かった。

美しい村だった。丘の上に草葺きの伝統的な丸い小屋がきちんと並んでいた。村人たちはその日の仕事の仕上げ中であった。家畜飼いたちは家畜を集め、母親たちは子どもを呼び寄せ、みんなが夜の準備をしていた。夕食の匂いが村中に漂っていた。

私たちはほぼ一時間待たされ、中に招じ入れられる頃には、すでに暗くなっていた。不吉な予感がする。改めてオビエの同行が心強かった。私たちはイシシャヤムテト、すなわち草と粘土でできた母屋に案内された。大事なときに使われるいちばん大きな小屋である。

一本のロウソクが、壁に影を作ってゆらゆらと揺れ、部屋の簡素な家具類を照らしていた。テーブルが一つに、いくつかの壊れそうな木製の椅子。私はインドゥーナが一人であることにすぐ気付いた。これは極めて異例のことだった。普通だと、顧問や評議員が何人も付き添うからである。外で待っている間、その何人かにはすでにお目にかかっていた。

彼らはどこへ行った？ インドゥーナには彼らに聞かせたくない、一体どんな話があると言うのか？ するとズールー人の習慣に従って、まずはお互いの体調、家族の体調について尋ね合い、天候の話をした。その間、私は、腰掛けている椅子が壁に直接当たって、後ろに誰も忍び込むことができないようにした。私の身に危険が迫るとしたら、それは正面で受け止めたかったからである。

ようやくインドゥーナが私たちの用件を聞いた。私はズールー語で、警察からの情報では、私を殺すために契約が交わされ、そのために雇われたのがあなたの部族の人たちらしい、と説明した。

「なんと《ハウー》！」彼は驚いた。「私の所の人間ではないはずです。みんなあなたのことは尊敬していますから、ムクルー。あなたこそ、新しい動物保護区のプロジェクトで彼らに仕事をもたらす人です。あなたを殺したいなどと思うわけがありません」

「それは本当だと思います。でも警察は、自分たちの情報も、これまた本当だと言うのです。警察が言うには、あなたの部族のみんなが私を殺したいと思っているわけではなく、一部のごろつき《ツォツィ》だけがそう思っているのだそうです。私を殺せば、土地を自分たちのものにできると思っているというのです」私は一旦間を入れると、彼を正面から見据えて続けた。「しかしお互い分かっていることですが、この土地は私のものではありません。部族に属し、共同管理しているものです。私を殺しても、土地の所有者が変わることはないのです」

インドゥーナは再び唖然とした。私は、ひょっとすると警察の情報は間違っていたのかもしれない、と思い始めた。とんだ濡れ衣か。それとも彼は嘘の達人なのか。

その瞬間だった。外で車の止まる音がした。それに続いて、身元を明かす伝統的な挨拶が大声で響いた。十分ほどして、男が四人、中に入って来た。インドゥーナへ報告に来たのだった。インドゥーナから座るように言われると、男たちは床に屈み込み、頭を低くして、失礼にならないようにした。

彼らが落ち着くと、オビエが私の腕を摑んで、英語で囁いた。「こいつらだよ、殺し屋は。警察が名前を挙げたごろつき《ツォツィ》ども」

薄暗いので彼らも初めはオビエと私が誰かは分からなかった。しかし、眼が慣れてくると、彼らもやがて突然あっと驚いた表情になって、私たちが何者か分かったことを、隠そうにも隠しきれなかった。

私はぶくぶくにかさばったブッシュ・ジャケットを着て、ポケットの中には九ミリ口径の拳銃を忍ばせていた。私は手を銃床に這わせ、ゆっくりと安全装置を外し、ポケットの中から、いちばん近くの男の腹部に銃口を向けた。

オビエが前のめりになり、再び私の腕を摑んで囁いた。「非常に危ないね。逃げよう、今すぐ」

しかし出口がない。私はインドゥーナの顔を正面から見据え、片手で拳銃をきつく握った。

「私を殺そうとしている男たちの名前は、警察から聞いています。この四人です」空いているほうの手で、男たちを指さして言った。「あなたは警察の言っていることがよくお分かりなのでは？」

殺し屋たちは飛び上がると、私に向かって大声を上げ始めた。

「嘘をつけ！　お前なんかに用はない！」

私も飛び上がって男たちに向き合った。拳銃の手は緩めていない。オビエも立ち上がると、肩をいからせて殺し屋たちを睨みつけ、こう言った。

「トゥラ・ムシンドゥ（黙れ、うるさい！）」鉄槌を食らわすような命令である。「ここはインドゥーナの屋敷だ。彼に話してもらわねば。お前の出る幕ではない。非礼は許されないぞ」

インドゥーナは私たち全員に座るよう身振りで促した。

「ムクルー。どこからそんな情報を入手されるのかな。なぜ警察が私のことで嘘をつくのか、私には訳がわからない。おっしゃることは、私は一切あずかり知らぬことでね。私が知っているのは、あなたの名前を載せた暗殺リストなんてありやしない、ということだけだ。そんなことを言う人間は、嘘をついている、ということだよ」

すらすらとよどみなく出てきた言葉だったが、彼の態度は明らかにすっかり変わっていた。彼は今や完全に逃げ腰である。私が彼のことを嘘つき呼ばわりしていると間接的に私を責めている。人をいわれなく嘘つきと呼ぶのは、ズールー文化では極めて忌まわしい中傷である。

「ではなぜこの男たちは、こんなに簡単にあなたのお家に入って来ることができるのですか？」私は食い下がった。「怪しくないですか？」

返答はなかった。

「さらに」と私は追い打ちをかけた。「警察にはあなたの所に話をしに行くと伝えてあります。私がここに来ることは警察にすっかり知れているのです。彼らは私たちが帰って来るのを心待ちにしています。もし、オビエ・ムテトワか私が今夜家に帰らなかったら、ここでどんなことが起きたか、警察はお見通しです。あなた方は、警察に見つかり、あなた方は当然の報いを確実に受けることになります」

これまた、何の反応もなかった。

私は拳銃をぶっ放しながらここから逃げおおせるとは思わなかった。そんなことをしたら、私は彼らの刃物で、確実に二カ所は刺されてしまうだろう。でもその間、オビエは脱出できるかも知れない。

私はロウソクに意識を集中した。一またぎで届く床の上だ。事が始まったらロウソクを蹴って、部屋を真っ暗にしようと思った。気がつくと、インドゥーナもロウソクを見つめている。私とまったく同じことを考えているに違いない。すると彼は視線を私に向けた。

お互いそれがなぜかは分かっていた。

視線を先にそらしたのはインドゥーナのほうだった。彼が落ち着きを失っているのが私には分かった。特に、警察に私たちの来訪が知れているということが気になって仕方ないはずだ。殺し屋たちがやって来たのは特にまずかった。そして私たちに正体を見破られていることもだ。これで、今日それまで彼が行った否認がすべて嘘だったこと、白を切っていただけだったことが、はっきりした。

殺し屋たちは雇い主に目をやった。男たちはどうしたらいいか分かってはいない。四人でかかれば、私たちを力で上回るとは思っているはずである。しかし、ベテランの銃使いなら、私がポケットの中で発砲の準備ができていることも見抜いているに違いない。彼らが自分たちの銃に手を伸ばしたら、私はいちばん近い男に一撃を食らわしてやるつもりだった。あとはインドゥーナがどう出るかだ。

睨み合いは極度に緊張し、沈黙が支配した。誰もじっとして動かない。

結局、私がインドゥーナに逃げ道を用意した。

「私は別にあなたを嘘つき呼ばわりはしません。警察はどう言うか知りませんが、それはあなたと警察とでけりをつけてもらえばいいことです。私がお願いしたいのは、あなたの部族の誰も、そしてあなたの配下の誰も、私の身に危険を及ぼさないという、あなたの約束です」

インドゥーナはすぐに食いついてきた。私が彼の部族の人間から危害を受けることは決してない、と彼は請け合い、殺し屋を雇うなどという話はないと再び強調した。

それが私の必要とするすべてだった。会合の主たる目的は達せられた。インドゥーナが約束を破るとしたら、それは愚かというものだ。私の身に何か起きれば、彼に実際その科《とが》があるなしにかかわらず、彼が真っ先に重要参考人になるであろう。そのことも彼は理解したはずである。

私は、今回お会いしたことは次の評議会の集会でヌコシにも報告されるでしょう、と最後の捨て台詞《ぜりふ》を吐いた。そして私たちはその場を後にした。車に乗ると、オビエが大きく「ふーっ」と息を吐いた。お互い一時は死を覚悟せざるを得ない場面だった。私はこの長老の顔を感謝と尊敬の念とともに見つめた。彼には獅子のような度胸があった。そして自分の命を危険にさらしてくれた。それも、最も純粋な動機、友情のためにである。

闇の中、私は車を走らせた。生来の語り部、オビエは、この日の出来事を事細かく何度も再現した。登場人物の独特の抑揚やなまり、一つ一つの動作まで、その再現は正確の極みであった。私は生きて帰れるという狂おしい興奮状態からまだ覚めやらぬまま、腹の底から笑った。私は知っていた。オビエはこの物語をすっかり記憶するであろう。それは、私たちがいかに手強いインドゥーナとならずものたち《ツォツィ》と渡り合い、出し抜き、生き残り、その一部始終を語り伝えるに至ったかの物語である。そしてその物語は、彼の集落の夜のかがり火の周りで、幾度も幾度も語り継がれ、彼の部族の伝承の豊かな布地に織り込まれていくであろう。

この事件を機に、陰謀グループは退却を決め込んだ。警察が内偵を差し向けていることも分かってしまった。自分たちの中に、警察の手先が潜入しているのだ。そして私は、彼らのリーダーの一人から、危害は決して加えないという約束をもらっていた。ただし、彼がその約束を守ると決まったわけではなかった。

第27章　相棒を襲った悲劇

私はイーティーが新しい家族にどうとけ込みつつあるか、とても興味があったので、出来るだけ林で群れと一緒に過ごすことにした。

しかし、彼女が群れに加わってどうなったかは、さほど待たずに、直に知ることができた。ナナとフランキーは私が近くにいても、これまでどおりまったく平気だったが、イーティーは近づくと怒り心頭だった。特に私が車から降りるのが気にくわないようだった。群れのリーダーが、悪の権化たる人間が近づいても平気、というのが信じられない様子だった。彼女は鼻をひくひくさせると、いつ突進し始めてもいいという厳戒態勢をとった。ということは、私は決して出しゃばった真似をしてはならないということだった。彼女は若者でも、体重二トン、人間の想像を超えた力持ちである。彼女が人を襲ったら、ナナやフランキーがどんな反応を見せるか、私に確たる自信はなかった。私にとってそれは、まだ足を踏み入れたことのない領域だった。私はひたすら我慢して、イーティーの怒りが収まるのを待つしかなかった。

私をヘビのように忌み嫌った彼女ではあったが、良かったのは、彼女が新しい家族を得てとても喜んでいることだった。これまであれほどの鬱状態にあったこの生き物が、他の若いゾウたちと楽しそうに押し合いへし合いし、ゾウの大好きな体による戯れ合いで絆を築いていく様子は、見ていてとにかく素晴らしかった。

ノムザーンはというと、相変わらず仲間外れで、他のゾウに近づき過ぎると、追い払われていた。そして新参者が受け入れられるのをぼんやりと眺めていた。彼のいちばんの友達は私のようだった。と言っても、他にいないからそうなっているのだけれど、私が車で通り過ぎようとすると彼は必ずラッパのような鳴き声を上げて、追いかけて来る。私は必ず止まるが、彼はそれから道をふさいで、できるだけ長い間私をそこに閉じ込めてしまおうとする。そして車の周りで草や木の枝を食べるのであった。私は彼との「おしゃべり」が大好きだったが、それで彼の孤独や不安が消えるわけでもなかった。彼が私との間に見出したこのつながりは、いくら彼にとって好都合でも、自然のものではなく、私は少し心配でもあった。ゾウのオスは思春期に必ず群れから追い出される。そして最終的には、その拒絶を克服し、他の独身のオスと緩やかな協力関係を結ぶようになる。

しかし、私のところには他に独身のオスの成獣はいなかった。ノムザーンの父親代わりともなるような有力なオスを連れて来ることを、クワズールー・ナタール州の野生生物局が考えるとは思えなかった。野生生物局の新しい規則によれば、もっと大きな保護区でなければ、ゾウの大人のオスを何頭も入れることはできなかった。やはりロイヤル・ズールー・プロジェクトの実現を待つしかない。ということで、ノムザーンは、独りっきりになったり、群れの末席を汚したりしながら、仲間外れのどっちつかずの立場を続けるしかなかったのである。

ある日、彼が数メートル先で草を食んでいると、無線で不吉な知らせが舞い込んで来た。私たちの飼い犬、ブルテリアのペニーが行方不明になったというのだ。彼女はロッジでぶらぶらしているのが大好きだった。お客たちに可愛がられるからである。だから私たちも彼女を家からロッジによく連れて行った。彼女はまたロッジの真ん前にある川岸の水場で泳ぐのが大好きだった。体を冷まそうとしてよく水に飛び込んでいた。前にも書いたが、彼女の私たちへの、そして特にフランソワーズに対する献身ぶりは、絶対的なものであった。ブルテリアにしては小柄だったが、体に似合わぬものすごい度胸と度量を併せ持っていた。

私は昔からブルテリアとスタフォードシャーテリアが大好きだった。これほど寛大で、情に厚く、人なつこい犬も珍しい。しかも、飼い主を懸命に守ってくれるという、おまけつきである。残念ながら、他の犬があまり好きでないという欠点があり、その点は注意しておかないといけないが、訓練で克服できることでもあり、訓練してみるだけのことはある。

私はマックスを連れて、ロッジの周辺を捜索し、ときどきペニーの名前を呼んだ。彼女は普通なら私の口笛に応えて、しっぽを忙しく振りながら、茂みからすっ飛んで来る。しかしこの日は静まり返っていた。私は最悪の事態を恐れた。保護区の犬が無断外出したまま戻って来ないとなると、可能性は二つであった。ヒョウか、密猟者の罠である。罠なら、早く見つけてあげないと、長く苦しんだ末に死ぬという、可哀想なことになってしまう。私はそのような想像を必死にはねのけながら、茂みの中で、どんどん捜索の輪を広げて行った。注意深く足跡を探したが、何も見つからなかった。

結局私はあきらめて池の所に戻りかけ、ふと新しい足跡を見つけた。それを伝って行くと、川床に達し、深い緑の池を過ぎてさらに上流に繋がっている。私は鳥肌が立つほど慄然とした。

アフリカーナーの諺に「ン・ホンド・セ・ゲッドガーテ」というのがある。文字通り訳すと「犬の考え」だが、虫の知らせという意味だ。人により程度の差こそあれ、私たちに生まれつき備わる、予感する能力のことである。私は、忌まわしいいくつかの池を見ながら、何かおかしいぞと感じ、反射的にマックスの首輪に手を伸ばした。

すると見えてきた。それは、こぶだらけの緑灰色の鎧を身にまとい、風にそよぐ葦の合間で、ほとんど見分けもつかない、恐るべき一匹のワニだった。何か白いものも一瞬、私の目に入った。ワニからわずか数メートル先。それは、水たまりに身動きもせず横たわっているペニーだった。私は愕然とした。彼女は襲われ、溺死したのだ。

ワニは休憩中だった。死体を池に沈めて腐らせようとするところだった。ワニは牙こそ鋭いが、噛み付くことはできても、噛み砕くことはできない。二匹で死体を引き裂くことはできようが、一匹だと、死体が腐敗して柔らかい小さな肉の塊に分解していかないことには、食べられないのである。

忠実に尽くしてくれた愛犬をここに置き去りにできるものではなかった。私はにじり寄った。ワニは大きな音が嫌いである。驚かされるのはもっと嫌いだ。私は地面を這って徐々に近づき、ワニまで十五メートルほどになったところで飛び上がり、叫び声を上げ、手を叩いた。ワニは大きなしっぽの回転でひゅーっと音を立てると、あっという間に消えてしまった。

私はワニが少し先の下流で浮上するのを待って池に入り、ペニーの遺体を取り戻した。衝撃と悲しみとともに私はそれをロッジまで持って行き、芝生の上にそっと置いた。マックスもずっと離れずに付いて来ていたが、前に歩み出て、ペニーの亡骸の隣に静かに腰を下ろした。

ビイェラと私は、彼女を美しい大きな「バッファローのとげ」の木の下に埋めた。ズールー人が霊的な世界と関連づける伝説的なウムパファの木である。私たち二人だけだった。ペニーが大好きだったブレンダンは保護区の反対側にいたし、フランソワーズは悲しみのあまり、埋葬には立ち会えなかった。

「水浴びが過ぎたんだよ」鍬を置きながらビイェラが言った。「ワニは手ぐすね引いて待っていたんだね」

ペニーのことはよく分かっていたので、私には果たしてビイェラの言う通りかどうか、判然とはしなかった。ペニーは飼い犬ではあったが、藪のことも知り尽くしていた。ワニが付きまとっていたとは知らなかった。ペニーは俊敏で、頭も良く、机にかじりつく人間がとうの昔に失っていた生き残りのための知恵も、持ち合わせていた。彼女の死は本当にこたえた。私は事の真相を知りたいと思った。

次の日、私は彼女が襲われたと思われる場所に行ってみた。そこから足跡をたどって、実際何が起きたかを突き止めようとした。原野に残された痕跡で物を知ることは、今日では得意とする人もほとんどおらず、もはや廃れゆく技術であるが、私は長年の経験で少しは身につけていた。私は川に留まり、あらゆる手がかりを検証して、真相を解明しようと思った。

まずはあの怪物のようなワニが近くにいないことを確認し、岩の上に落ち着くと、私は静かに禁欲的なまでに証拠を吟味し、藪に語ってもらおうとした。ペニーの足跡で、彼女が川岸を進んでいたのが分かる。歩幅、前足の跡、右へ左への方向転回などから言って、彼女は素早い動きだったに違いない。明らかに興奮していたものと思われる。しかし足跡があるのは水際ではない。堤防を数メートル上がった所である。お腹をすかしたワニが襲ってきても、彼女の瞬発力なら逃げおおせる安全な距離だ。彼女が水に近づいたのは一カ所だけであった。恐らく水を飲んだのだろう。

そのあと私は岩の所を離れて、足跡などを消してしまわないよう注意しながら、ワニの四つ足を、土手に現れた所から辿った。それはロッジの方向に一旦向かったあと、方向を変えていた。最後にワニはするっとすべるようにして水の中に戻っていたものと思われる。面白いことにペニーの足跡はその二メートルほど上である。ペニーはワニが現れたのに気付いて、それを追っていたようだ。ワニがのしのしと土手沿いに進むので、警戒したのだろう。となると、ワニが突然彼女を襲ったということではなくなる。

そこで私はペニーの足跡に戻り、それが唯一川縁に向かう所をよく調べてみた。彼女が水を飲みに行ったものと最初私が思った場所だ。しかし、どうもしっくり行かない。

争った跡がないのだ。さらに決定的なのは、ワニが水から出て襲撃をしかけた形跡がなく、ペニーをくわえて引きずった跡もなく、川の中の泥にもそのような跡がないことだった。ワニが顎をバチンと閉じれば、あとは否応なく水の中に引きずり込まれる。恐ろしい地獄行きの片道切符である。そうなれば、餌食となった生き物が必死で抵抗した跡がはっきりと残るはずなのである。特に、ここのように水がたまった場所では。

しかしペニーの足跡はまったくその逆を示していた。足の方向が逆なのである。つまり、彼女のほうが川に向かって突進していたことになる。これではまったくつじつまが合わない。

しかしやがて私にもひらめいた。彼女は水を飲みに川に下りて行ってワニに襲われたのではなかった。まったくその逆だった。ワニがペニーを襲ったのではないのである。私の可愛い、頭に血の上った、いかれたこの犬のほうが、ワニを襲ったのである。彼女のほうからわざわざ水際まで突進し、彼女の二十倍もあるこの殺人機《マシン》を相手に、戦いを引き受けたのであった。藪の跡は嘘をつかない。

愚かな犬だと言う人もいるだろう。しかし私は強く反論したい。私は、ペニーがワニを見つけてそれを脅威と認識し、彼女なりに我々の縄張りを守ろうとしたのだと思っている。ブルテリアの底知れぬ勇気で、彼女が大切にし大好きだったものすべてを守ろうと、命をも惜しまずに戦ったのである。ちょうどマックスが毒吐きコブラと静かに戦ったように、ペニーも、自分の義務と心得ることを全うして、死んでいったのである。それはペニーにとってのアラモの戦い、あるいはテルモピレーの戦いであった。

彼女は私の知る最高の、そして最も勇敢な生き物の一つであった。

何か事が起きると、良い事も悪い事も、一つきりでは済まないのが、私の常である。必ず三つは来る。

ペニーを亡くしたと思ったら、今度はマックスだ。彼はロッジのパティオでうつらうつらしていたが、突然しゃきっと立ち上がった。風で何かの匂いを嗅ぎ付けている。異様な匂いの流れを辿るうち、彼はすぐにその源を突き止めた。カワイノシシだ。馬鹿でかいイノシシが芝生を駆け抜け、ロッジに向かっていた。

カワイノシシは身長六十センチから九十センチで、イボイノシシと大きさはほとんど変わらず、慣れていないとよく混同する。しかし似ているのはそこまでである。イボイノシシには半円形の牙がある。そして恐がりである。一方カワイノシシは恐ろしく凶暴で、自然の中でこいつに遭遇したら、とにかく何がなんでも相手にしないことだ。闘争心が旺盛で、大きいものは体重が六十キロを超える。下の門歯は恐るべき威力を発揮し、軽く見るとひどい目に遭う。

マックスはそのことを知らなかった。彼にとっては自分の縄張りを荒らす闖入者《ちんにゅうしゃ》だった。マックスの針金のような毛が背中でむくっと突っ立った。例によって吠えはしない。全力疾走でイノシシの進路に割って入り、立ち塞がったのであった。カワイノシシにとっては異例の脅しだ。異例というのは、腹を空かしたハイエナが二匹いても、相手が大人の健康なカワイノシシなら、避けるからである。

自然界に空の脅しというものは存在しない。睨み合いはだいたい、一方が戦術的に撤退して、メンツを保ち、危機を回避して終わるのが普通である。藪の中に医者はいない。動物たちは、たとえ引っかき傷一つでもばい菌が入れば死ぬことだってあることを、本能的に知っている。だから、車で追い越されたからのなんのと、ごく些細なことで大げんかをする人間などと違って、動物が戦うのは、いよいよ最後の手段なのである。この場合、戦う理由はなかった。どちらも相手を食べられるわけでも、食べたいと思っているわけでもないし、カワイノシシはたまたま一時的に侵入したに過ぎない。それ以上、事を構える必要もなかった。

ところが、それ以上のところまで行ってしまったのだ。大きなイノシシはその場を譲らず、退却を拒否、マックスは、それなら相手になってやろうとばかり、ぐるぐるとイノシシの周りを動きながら、隙をうかがっていた。するとイノシシが少し攻撃のフェイントを掛けて来た。それはそれで終わりだったのだが、マックスが先祖たちから受け継いだテリア特有の闘争心に、これで火がついた。音は立てなかったが、大きなイノシシに正真正銘の突撃を食らわせたのである。このとき私は母屋にいたのだが、幸いデヴィッドが近くにいた。マックスがのっぴきならない危険に直面していることを理解すると、彼は自分の危険は顧みず、大声を上げながら、走り寄ったのであった。

しかし手遅れだった。イノシシは回転すると、そのショベルのような形の頭をマックスの腹部に潜らせ、マックスを宙に浮かせ、放り投げたのである。マックスがひっくり返るとイノシシはその上にまたがって、あいくちのような門歯をマックスの柔らかい腹部に突き刺していた。

マックスはあわてて起き上がると、再び猛然とイノシシに襲いかかった。しかし体格において勝るイノシシは、マックスをまたもや投げ飛ばすと、恐るべき正確さでマックスに噛み付いていくのだった。マックスは倒れ、転がり、必死に立ち上がろうとした。

両者が一旦離れた。イノシシはどっしりと構えている。マックスはというと、皮膚にべっとりと血のりが付いていたが、再び用心しながらイノシシの周りをグルグル回り始め、隙をうかがっていた。両者とも、デヴィッドの叫び声などまったく耳に入らないようであった。

再びマックスが突進する。そして再び凄まじい乱闘の末、カワイノシシは、自分より小さなこんな動物からここまでしつこく攻められるのに慣れていないためか、結局、藪に退散した。

その数秒後、マックスはデヴィッドのもとに小走りの凱旋をしたが、胃に穴をあけられ、はらわたがはみ出てぶら下がっているのには目もくれなかった。

「マックスよ。お前、とんでもないことになってるぞ」デヴィッドが言った。大変なショックを受けている。彼はマックスを抱え上げると、ズルズルぶら下がっている腸がちゃんとつながっていることを確かめ、車に向かって走って行った。三十数キロ先のエムパンゲニまでアクセルを踏みっぱなしで、ブレーキを踏んだのは手術室の前だった。獣医によると、手術し始めたときは、どっちに転ぶか分からない、危険な状態だった。

私は獣医のもとに通いつめてマックスを見舞ったが、彼は数日でトゥラ・トゥラに、しっぽを盛んに振って戻って来た。胃の所に縫ったあとが塀のようになっている他は、別段、消耗のあとも見られなかった。

数日後、信じられないことだが、私たちの飼い犬に三つ目の事件である。こんどはフランソワーズの可愛いプリンセス、ビジューが面倒なことになった。前にも書いたが、ビジューはまさに我儘そのものだった。草よりカーペットを好み、床には寝ることができないのか、寝ようともしなかった。フランソワーズがどうしてもと言うので、彼女は瓶に入った水しか飲まなかった（監視員たちがビジューに水をやるときは、レストランのお客にでも聞くように「炭酸の入ったやつですか？　入ってないやつですか？」とからかうほどである）。

この話をするのは、この甘やかされた駄犬が、大人のオスのニアラを「襲おう」としたことの馬鹿馬鹿しさを強調しておきたいからである。ニアラはロッジの正面入り口に近い芝生の上で草を食んでいた。ビジューは肩の所までで十五センチという、堂々たるというにはほど遠い体格だ。それが巨大な鹿――ニアラに向かって行ったのである。きゃんきゃん鳴き声を上げながら。それを見てデヴィッドが笑い転げていた。

しかし、大笑いをした彼が、喉を詰まらせてしまった。事態は急展開、小さなマルチーズは、近づき過ぎている。命の危険を感じるほど近いのだ。デヴィッドが割って入ることもできなかった。オスのニアラは頭を持ち上げると、その長い角をぶーんという音を立てながらビジューに向けて思い切り振り下ろしたのである。

ビジューは地面に横たわっていて、動かない。白いハンカチを丸めたものよりは少し大きいくらいの姿だ。デヴィッドは心臓が止まるかと思った。自分が見ている時にビジューが殺されただなんてフランソワーズに報告できるわけがない。それで自分の人生も終わりかもしれない。

デヴィッドはニアラを必死に追い払って、プードルのもとに駆け寄った。持ち上げて、傷がないか調べたが、なかった。血の微かなしみすらもない。じゃあ、心臓発作か、と思ったが、ビジューは徐々に生気を取り戻した。恐怖のあまり気を失っていたのである。角は打ちおろされて、二カ所で地面に突き刺さったが、ビジューはちょうどその真ん中。あと数ミリというところだった。今でもビジューは屋内を我が物顔でちょろちょろ走り回っているが、これに懲りてか、外にはあまり出なくなった。

しかし、多くのニアラが私たちの寝室のすぐ外で草を食んでいることから、私は改めてここの保護区にこの素晴らしいレイヨウの数が有り余っていることに思い当たった。そこで、繁殖を目的に、他の保護区に三十四ほど売却することにした。

そのあと電話が掛かってきて、動物の捕獲の専門家がトゥラ・トゥラにやって来た。彼はダート銃で麻酔薬を打ち込み、ニアラを囲いの中に収容した。中には水とアルファルファをたっぷり置いておき、売却数がそろうのを待つことにした。そのあとはおあつらえの輸送車に乗せて、売却先に届ければいいわけだ。

捕獲の監督係だったブレンダンから無線連絡があり、売却数に達したので翌朝輸送車を出す、ということだった。この日は長い一日で、私は疲れていたが、翌朝も早く起きる予定だった。だからブレンダンの無線で夜の十一時に起こされたのには参ってしまった。「ここまで来るといいよ。すごいことになってるから」

私は毒つきながら服を着てブレンダンたちのいる所まで車で行った。まず気付いたのは、囲いの門が開いていることだった。

「ニアラはどこなの？　まさか、夜中に積み込んだんじゃないよな？」

私は動物捕獲の専門家とそのスタッフに聞くことにした。彼はスタッフともども、開いた門に視線を投げ掛け、その場に立っていた。彼は幽霊を見たかのような表情だった。

「どんなことになっているか……信じられないと思うよ」

「さあ、どうかな」私は睡眠不足で、いささか気が短くなりかけていた。

「私らは囲いのところで腰を下ろして、おしゃべりをしていたんだ」彼は言った。「すると、ゾウの群れがやって来た。その二分後、ナナを先頭に茂みから出て来るので、私たちは退散した。逃げ足の特に速い人も何人かいたけどね」こう言って彼はブレンダンを見て、にやりとした。「ゾウのご一行、アルファルファを嗅ぎ付けたな、と思ったよ。中にはオスのニアラが十二匹いるから、ゾウが食べ物を求めて暴れ出し、囲いを壊しでもしたら大変なことになるかもしれないと心配したよ」

「そしたら群れが止まったんだ。まるで指示を受けて、そうしたようだった。そして、ナナだけが囲いに向かった。柵を壊して突き抜ける気だな、と思ったら、門の所で止まるんだ。鍵はかけてなかった。留め金があったから、それを引っ掛けておくだけで大丈夫だろうと思っていた。ところがナナは留め金をいじくり始めたんだ。そして一個外した。それからもう一個。そして門を開けてしまったんだ。みんな、信じられなかったね。ナナは自分で門を開けちゃったんだよ！」

彼が周りを見渡すと、他の人々がその通りと頷いた。

「それからは彼女のそもそものお目当て、アルファルファに向かうだろう、と思いきや、そこを動かずに待っているんだ。数秒後、ニアラが一匹出て来た。それからまた一匹。気がつけば、ニアラはみんなもみんな付いて行った。アルファルファには目もくれなかったよ。極上品がどっさりなんだけどね。まったく関心がなかったみたいだね」

「いちばん不思議だったのが、最後のニアラが逃げたあと、ナナが帰って行ったということ。他のゾウも出口を見つけて、出て行っていたよ」

私は笑顔で彼を見やってこう言った。「なるほど。つまり、ゾウたちは哀れなニアラに同情したと言うんだね。群れがわざわざここまでやって来たのは、親切心から、ニアラを解放してやろうということだったんだと。ゾウとしては、他にやることもないし。なかなかの話だ。でも、本当はどうだったの？」

「だから、神に誓って言うけど、これが本当に起きたことなんだってば。他の人たちにも聞いてごらんよ」すると、みんな一斉にぺちゃくちゃ話し始めた。彼の言うとおりだと、この話の信憑性をお互い我こそはと立証しようとするのであった。

私はこの話を自分なりに消化するのに少し時間を要したが、彼らが本当のことを言っているのは疑いを容れないと思った。囲いの周りはゾウの足跡だらけだったし、ナナは動かぬ証拠とばかりに、門の所にできたてのホヤホヤの糞を落としていた。留め金もゾウの鼻の粘液ですっかりべとべとになっていた。

いかにして、そしてなぜ、このようなことが起きたのか、謎だ、と言う人もいるだろう。しかしそれは、ゾウの能力を低く見ればの話である。太古の昔からこの惑星の上をさまよってきたこれら巨大な生き物が、高度な知覚能力や情動を備えていると考えれば、謎でも何でもない。かつては自分もここに閉じ込められていたことのあるナナは、ニアラの解放を心に決めたのである。要するに、そういう簡単な話である。複雑な話と言ってもいいのだけれども。いずれにせよ、それ以外、説明の仕様はないのである。

この話は地域で幾度となく繰り返し語られ、ついにはメディアの知るところとなり、内外で報道されるに至った。野生のゾウの群れが、囚われのレイヨウたちをいかにして解放したか、というニュースである。一つの種が何の思惑もなしに別の種を救う、という注目すべきこの出来事は、すっかり物事への関心を失ってしまったジャーナリストの興味をも、かき立てたようである。

もちろん私たちは翌日またやり直さなくてはならなくなった。ニアラを捕らえ、今度は囲いの電源は移動式の発電機にした。ゾウによる救出活動を防ぐためである。私にとって、これはやるだけのことはあった。私はこのゾウたちのことをこれほど誇りに思ったことはなかった。

第28章 イーティーの特訓

低木林で犯してしまう間違いには、習性として、修復不可能になりがちという厄介な面があった。私は〈今は亡き英雄〉として偲ばれたいといった願望はないので、普通はかなり用心して行動をとるほうである。ランドローバーを群れの近くに停めるときは、必ずちゃんとした避難路を確保した。あるいは、徒歩でゾウに近づくときは、この車から大きく離れることだけは決してしなかった。

しかし今回は不意打ちを食らっていた。イーティーが近づくのが見えた時は、もう手遅れだった。彼女は藪からいきなりミサイルのように突進してきて、私はどう急いでも車までの避難が間に合いそうになかった。私は大変なことになっていた。私は自分の体の中で叫んでいる本能の声すべてに抗して、その場を動かず、ゾウの突進に耐えるしかなかった。狼狽は募る一方ではあったが、ここで逃げようとするのは文字通り致命的な過ちであるという小さな声も、私の耳には聞こえていた。

突然、ナナが二十メートルほど先から、その体格にしては驚くような速度で走って来て、割って入り、その横腹でイーティーの突進をさえぎった。若いゾウはよろめき、進路が逸れてしまった。ぎこちなくバランスを取り戻しながら大人しく方向を変え、群れの最後尾のほうにノシノシ歩いて行く。ナナは何事もなかったかのように、また草を食べ始めた。

私は目を丸くして、ほとんど息も出来ず、体と魂と神経を再び一つにつなぎとめようとしていた。私にとっては確かに初めての経験だった。しかし、野生のゾウが、別のゾウの突進をさえぎって、人間を守るという話は、これまで聞いたことがなかった。ナナは、ゾウに対する私の認識を根本的に変えつつあった。それまでの数週間、私はイーティーの止まない攻撃性に手を焼いていたが、私の代わりにナナが問題を解決してくれた。私に危害を加えないようにしつけ、教えていたのである。

イーティーが来る前は、私は群れを訪れる回数をそろそろ減らし始めようと計画していた。私の唯一の狙いは、彼らを低木林に回帰させることだった。この環境にすっかりなじんでもらって、本当の意味で野生のゾウでい続けてほしいと思ったのである。だからスタッフにはゾウに干渉しないよう徹底させた。下手にちょっかいを出したら、直ちに解雇とも言い聞かせていた。大切なのは、群れが、誰か人間を一人でいいから信用するようになることであった。そうなれば、人を襲うことをやめるだろうし、なおかつ、野生であり続けることができる。人に慣れるゾウは、一般的に非常に危険な存在になることもあり、時としてとても気まぐれで予測がつかず、最後は必ずといっていいほど銃殺である。だから、私はお客のためにゾウと触れ合うことは、決してしなかった。

私としては、群れが落ち着いたら、私は徐々に引き下がって、最後には一切接触しないようにしようと考えていた。そして、ほぼその段階に達しつつあると思っていた。

しかし、イーティーがまだ大きな問題だった。群れは私たちが車で近くを通り過ぎても、無視してほとんど気にしなくなっていた。しかし、イーティーはまったくその逆だった。車に向かって脅すような動きや仕草をするので、お客は警戒し、動物監視員は動揺した。原野を徒歩で行くのは、お客にはいちばんの人気だったが、もはや危険すぎて続けられるものではなかった。

ということで、私は彼女と一緒にもっと時を過ごす必要に迫られた。そのため、ゾウとの接触を減らしていくという計画はひとたび中止にし、訪問をもっと増やすことを余儀なくされた。それで危ない目にもあったのは、すでに紹介したとおりである。これからはもっと注意してかからなくてはならない、ということだ。

私はまず車から試みた。ゆっくりと正面から近づき、彼女の反応を見るのである。彼女は必ず私に向かって来た。二、三歩、攻撃的に踏み出すというだけの時もあれば、憤然と耳を広げ、しっぽを上げ、突進して来る時もあった。そんな時、ゾウの囲いの所では、私はわざと逃げていた。怖がっているふりをして、彼女の萎えてしまっていた自信を回復させようとしたのである。その時はそれでうまく行ったのだが、ひょっとすると、うまく行き過ぎたのかも知れない。今度は、戦術を百八十度転換させる必要があった。彼女には私に一目置いてもらわなければならなかった。それができれば、すべての車、すべての人間に対しても、態度が変わるはずだ。

試行錯誤の末、私は攻撃的なゾウにどう対処すべきかに関して、いくつかのテクニックを編み出していた。一つは無視するということである。これがまたよく効くのだ。無視されることでゾウは逆に好奇心をいたくそそられ、私の存在を好意的に認めるようになるのである。しかし、これはもっとあとで使うべき方法だと思った。イーティーの場合、まずは正攻法で、直に攻めるべきだと思った。心理戦をやってもたぶん駄目だろう。彼女には正面からぶつかっていかなくてはならなかった。

もちろん最初から徒歩でというわけにはいかなかった。まずは車で近づき、正面で止まり、エンジンは掛けたままひたすら待つのである。すると彼女が向かって来て、近づく。そこを私は彼女のほうに車を一、二回、ほんの一メートルほど急発進のそぶりを続けざまに見せるのだ。だいたいはそれだけで彼女は止まり、考え直すのであった。ゾウにとっては、こう言われたも同然だった。「これは遊びじゃないよ。戦うぞ。だから、下がれ」

これでいつも彼女の攻撃性はくじかれた。そのあと私は窓から身を乗り出して、きっぱりと、しかし安心できるような声で、こう言うのだった。「イーティーよ。私に変なことしなければ、お互い友達になれるんだよ」私はこうして、ゾウの群れにおける私の序列を主張していた。

ナナとフランキーは、群れの新参者、手に負えない養子とも言えるこのイーティーに、私が何をしようとしているのか、完璧に理解していた。そのことは私が保証する。でなくては、イーティーが藪からゾウとばかりにいきなり飛び出して来て、再び避難路を断たれた徒歩の私に向かって来た時のことは、説明がつかない。この時私は、慎重に近づいていながら、不意をつかれていた。彼女は茂みの奥深く群れと一緒かと思いきや、珍しいことに、自分だけ離れて脇につけていた。

この時、反応したのはフランキーだった。彼女はイーティーに並走し、牙を彼女の臀部に乗せた。イーティーは腰から下が揺れ、たまらず転倒した。埃が雲のように舞い上がり、イーティーは地面に腹這いになってぶざまな姿をさらしていた。フランキーは威圧するようにその横に突っ立っている。イーティーは、ゾウがそんな時よく見せる動作だが、へたり込んだ位置からぎこちなく立ち上がると、すねるようにして群れのほうに戻って行った。フランキーと言えば、前は攻撃性の塊のようなゾウだったのに、その彼女が私を守るとは、実に驚くべきことであった。

三回目の本格的な襲撃は、ナナがやや不思議な方法で食い止めた。私は群れから三十メートルくらい離れて腰を下ろし様子を見ていたが、イーティーが私のほうに向かってノシノシと進み始めた。しかし、ナナの前を通らなくてはならない。彼女は少し先で草を食べていた。彼女は若者が近づく音に気付き、頭を傾げた。イーティーがいよいよ頭から湯気を出さんばかりに逆上して、ずんずん迫って来る。ナナは鼻を持ち上げ、身構えて待ち受けた。イーティーが彼女の横に来ると、ナナはその鼻先でイーティーの額の真ん中にとても優しく触った。

イーティーはぴたりと止まった。まるで頭蓋骨にハンマーでがつんと一撃を食らったかのようであった。しかし、ナナがしたのは、ほとんど愛撫とも言えるような仕草だけであった。こんなのは初めて見た。

こういった行動は当然、他の動物の注目も集めてしまう。この時は、クーズーだった。螺旋状の角で狩猟家たちに人気のクーズーたちが、興味深そうに一部始終を見ていたのである。楕円形の耳をぴくぴくさせる他は、じっと身動きもせず。

クーズーのオスは、決して警戒を緩めるなということを私に教えてくれていた。野生の世界では絶えず神経を張りつめていなくてはならない。いつも、一瞬の判断で、逃避か闘争か、すなわち逃げるか戦うかを決められるようにしていなくてはならないのである。絶やすことなく警戒を続けるということ、周りのどんな些細な動きにも注意し、安全と危険の度合いを常に計り続けるという生活である。それは、どこにいるべきか、どこにいるべきでないかをわきまえるということであり、生き残るために極めて大切な本能的な情報を、絶えず分析し続けるということである。

野生の生き物はすべて周りの環境に順応し、自らの運命に目覚め、この惑星とも完全に調和している。彼らの注意は完全に外に向かって焦点が合わさっている。一方、人間はというと、あまりにも自分たちの生活のことをいろいろと頭の中でこねくり回し、思い悩み過ぎる傾向にあり、動物の王国なら一瞬たりともエネルギーを費やさないような問題を気に病んだり、問題を却って大きくしたりしている。生と死が実際に何か意味のある自然界であるが、その自然界の素晴らしい秩序は、もはや大半の人間にとって認識不可能なものになってしまっている。

私はイーティーには前進が見られると思っていた。来る日も来る日も彼女と時を過ごすことによって、改善しつつあると思われた。

それは私の間違いだった。成果が上がっているのは、彼女が群れと一緒の時だけだった。彼女は、私を殺したいという強い衝動にはけ口を与える、新しい戦術を開発していたのであった。若手の監視員二人と私は、安全な距離から徒歩で群れを追っていた。私は、ナナとフランキーがイーティーをしつけながら、暗黙のうちに私の側についていてくれているということを知っていた。だから、私は比較的安全に感じていた。

しかしイーティーの認識はこれとは違っていた。彼女は、群れのリーダーとその副官が近くにいては、とても私に対して勝ち目はない。そこで隠密作戦に転じたのである。群れが前進すると、彼女は群れから離れ、密かに脇に回って、待ち伏せるのだ。気が付くと、例の恐ろしい音がした。茂みから枝の折れる音とともに彼女が姿を現す。頭を下げながら走って来る。ゾウが襲撃を始める時にとる恐るべき姿勢である。標的の私はついに目と鼻の先となった。ナナとフランキーが止めようにも、近くにはいない。

私は逃げても間に合わない後ろの車に目をやり、二人の若い監視員に叫んだ。「彼女がやって来る！動くなよ！　大丈夫だ。大丈夫だから、動くんじゃないよ！」

こっちが逃げると、向こうでは脅しで始めたことが、本気になりかねない。そして、確かにこれはいちばん恐ろしいことではあるが、脅しで襲われたら、何はともあれ、こちらも立ち向かう姿勢を見せるしかないのである。

「駄目だ！　駄目だよ！」私は向かって来るイーティーにこう叫んだ。「駄目だ！」彼女は突進し続けたが、私は両手を頭上にかかげ、彼女に向かって叫び続けた。

いよいよぎりぎりのところで彼女は突進をやめ、方向を転換すると、鼻高々、ノシノシと帰って行った。

と思ったのも束の間、私は、やれやれと絶望的な気持ちになりつつあった。イーティーは大きく輪を描いてまたまた方向転換、こちらにやって来るではないか。「また来るぞ！　動くな！　動くなよ。動かないでくれよ！」

しかし気がつくと、それは私の独り言だった。若い監視員二人は、生まれて初めてゾウの襲撃に立ち会い、また来るというのにじっとしていろというのは、いくらなんでも勘弁してほしい、逃げるが勝ちだ、と思ったに違いない。あっという間にいなくなったので、横の大木のてっぺんまで、ＳＦよろしく「転送」されたのかと私は思ったほどだ。

二人はそれでいいかも知れないが、あとに残された私は、一人でイーティーの襲撃に立ち向かわなくてはならない。監視員が恥も外聞もなく遁走してくれたおかげで図に乗ったイーティーだ。そしてそれはまさに私が避けたかった展開なのだが、彼女はかさにかかって攻めて来た。

ゾウを相手にこれはいよいよまずいぞと思える瞬間は、騒ぎが急にスローモーションになって、悲鳴を上げたいようなぞっとする恐怖も体からすーっと抜けて、至福の時と見まごうような全き静寂が訪れる時である。そして、この時がそうだった。私はほとんど放心状態でその状況を眺め、彼女がほとんど私にのしかかるかというまさにその瞬間まで叫び続けていた。その最後のぎりぎりの瞬間に、彼女はひょいと私の横を通り過ぎた。彼女は強いて私をよけようとしていたわけでもなかったと思う。

彼女はそのまま走り抜けて、群れに加わった。群れはゆっくり歩きながら、一体これは何の騒ぎかと、見物を決め込んでいた。私は個人的には、ナナはもっと早く来てくれても良かったのに、と思った。

見上げると監視員が二人、木にしがみついていた。「いやあー、すごかった！」木のいちばん上から一人が叫んだ。親指を上にして、私に、やったぜ！　の合図を送っている。「いや、もう駄目かと思ったよ。あなたも一巻の終わりかと。よくやりましたね」

「そうかい。ありがとうよ」

群れが近づいて来る。まだ興奮覚めやらぬイーティーも一緒だ。私は車に急いだ。大きなイチジクの木の下にそれを停めると、私はあえてナナとフランキーの名前を呼んだ。樹上の住人、二人の監視員はゾウたちが下でぶらぶら歩き回るのを見ていたが、私は彼らには冷たい笑顔を向け、親指を上に手を突き出す仕草のお返しをしてやった。逃げ足の速いこの二人には、ちゃんと藪の鉄則を教えてあげないといけない。二人は逃げることで全員の命を危険にさらしたのである。

私はゾウたちとしばらく会話した。ナナにはなぜ来てくれなかったのと冗談で非難がましいことを言い、イーティーには今日の出来事を厳しく叱りつけておいた。そして私は車を出した。監視員たちを木の上に残したまま。彼らのしがみついた枝の真下に、ゾウの群れがいた。

家路をたどる私は、この日の悲劇を補ってあまりある幸運に出くわした。ミツアナグマのつがいが車のほんの数メートル先を走って行ったのである。そんなに頻繁に見かけるものではない。私の大好きな生き物の一つである。

体を地面すれすれに低く伸ばし、毛足は長く、色も深い黒、ただ背中だけは鮮やかに白銀、というミツアナグマである。ふくよかなその地肌は緩めで、体がしなやかに百八十度回転できるため、捕食動物に捕まってもすり抜けることはおろか、つるはしのように長くとがった歯で反撃に出ることすらできるし、そんなミツアナグマに噛みつかれたら最後、ふりほどくことはできない。捕食性の動物でさえ、摑みかかろうなどという勇気ある態度、あるいは愚かな態度は、ミツアナグマに対してはあえて見せないのである。

とにかく勇気ある動物だ。ミツアナグマ。アフリカーナー人はラーテルと呼ぶが、何者をも恐れない。人間も、ライオンも。とにかく怖いものなしである。こんな生き物にちょっかいを出そうものなら、出したほうが危ない目に遭う。かつて私は同僚の監視員から、一対のミツアナグマが、食べ物の隠れている場所を忙しく探し回るうち、ライオンの群れに出くわしたという話を聞いたことがある。アナグマたちは別に驚くでもなく、そのまま辺りを動き回っていたが、慌てたのはライオンのほうで、ラーテル食べるに値せずとさっそく判断したようだったという。百獣の王ライオンのほうが目をまん丸にして飛び上がり、獰猛な小さな戦士たちは悠然とその場をあとにした、というのは確かに不思議な光景だったに違いない。

およそ三時間後、私はビールをやりながら家の庭でくつろいでいた。そこへ監視員たちが帰ってきた。汗ぐっしょりで、ぼろぼろだった。私は何も言うことはなかった。

彼らとてそうだった。お仕置きは十分であった。

第29章　春の嵐

再び春が巡ってきた。トゥラ・トゥラの風景は、エメラルドの鮮緑色と翡翠《ひすい》のような明るい青緑の色合いを帯び、鳥や花や樹木によってまばゆいばかりに彩られることとなった。新しい命がいたるところに生まれ、すべてかくあるべしという姿を留めているようであった。木々に花ほころび、レイヨウ、ヌー、シマウマは肉を付け、体調は万全、メスたちはお産の用意ができつつあった。しかし、春とともに必ずやって来るのが嵐だ。

私は風向きが突風とともに突然変わるのを感じた。空を見上げると、東の地平線の彼方、積乱雲が空高く幾層にも連なっているのが見えた。嵐がやって来る。大きな嵐だ。私はブレンダンと監視員たちに無線を入れ、注意するように伝えた。

「ものすごいやつみたいだよ。猛威を振るわれる前に、みんなに教えておかなくちゃ」

一時間経って、覚悟すべき相手が見え始めた。風が強まり、紫と灰色の毛布を空一面に広げたようになってくる。それまでの二週間は地獄のような暑さだったので、今度は雨の神様のお出ましということのようである。

雷鳴が遠くで轟き始めると、マックスが卒倒した。雷が大の苦手という犬なので、私は彼を家の中まで抱えて行った。彼はそこで頼り無げに壁を見つめていた。私は、自分が万が一、スタフォードシャーテリアを飼っている家に押し入るはめになったら、嵐の日に決行すべきだな、などと馬鹿なことをふと考えていた。ビジューはというと、羽根枕の上に安置されており、彼女の昼寝のあとのいつもの居眠りの時間が、あまり邪魔されないことになればいいが、と思った。

外がみるみる暗くなってきた。真っ白な稲妻がギザギザ模様を描いて空を引き裂き、それに続いて、物凄い雷鳴が頭上に響き渡った。私は庭の端まで歩いて行って見渡したが、保護区は、丘に降り注ぐ大きな灰色のシーツにどんどん覆われつつあった。すさまじい雷雨に襲われるズールーランドの様子を一度目にしたら、もう一生忘れられないだろう。

雨粒が地面に落ち始めると、それは小さな無数の爆弾のように爆発していき、埃を舞い上げた。そしていよいよ嵐の本体が襲って来る。いつもはしゃきっとしている草木だが、雨風に打たれてあっという間に降参し、原野はすっかり水をかぶり、こぞって降伏してしまった。

打ち付ける雨は水たまりを作り、それがやがて幾筋もの流れとなって地面を這い、豊かな土の色彩をも奪っていく。そのような水の筋が何百とできて、ぐんぐん流れていく。動いて、止まって、始まって、合流して、流れて、膨らんで、そして最後は奔流と化してヌセレニ川に注いでいった。ここの保護区の真ん中を流れる川である。

私は、豪雨の打ち続くのを、幸せな気分で眺めていた。堰に再び水がたまり、無数の亀裂や窪みや裂け目やへこみが水分を含み、それが命を支えていく。雨はいくら降っても足りないくらいだ。絵葉書で見るとみずみずしくも美しい南アフリカであるが、実際は、干ばつが長く続き、ときどきやっと雨が降るという土地なのである。

私の背後で家の明かりがチラチラしたかと思うと、消えてしまった。暴風雨だから停電も仕方のないことだが、電話も不通ということになる。窓を通して、フランソワーズがロウソクを灯しているのが見えた。でもまだ夕暮れ時でもない。

私は家に入ると双方向の無線をビニールに包んだ。私は経験から、今夜はこの無線機が外部との唯一の連絡手段になることを知っていた。

一時間半後、私の満足に、ほんの少し心配も混じり始めた。なにしろ、雨は激しくなるばかりだし、道はどこも濁流に飲まれつつあったのだから。

「ブレンダン、応答せよ。ブレンダン」私は無線機に向かって言った。

「こちらブレンダン」

「川はどんな様子だい？」

「良好です。少し水位は増してる感じだけど、ぜんぜん平気」

ブレンダンはロッジの近くの拠点で、ヌセレニ川に警戒の目を光らせていた。私は前からヨーロッパ流の、川岸がしっかりして水が悠然と流れる川があこがれだったが、ここはアフリカだ。川の穏やかならざること、さながら無煙火薬であった。いつ爆発するか分からない。水はいったい流れているのか？と思うほど静かだったかと思うと、次の瞬間には、暴れまくって濁流と化し、ぼんやりしていて水に流されようものなら、あっという間に三十キロ先の海にまで運ばれてしまう。

川が保護区に入る個所と出て行く個所の柵が、特に洪水に弱かった。特別の防護柵を設置していて、洪水のときは、自然と壊れるようになっているのである。しかし、壊れたあとは、新しく付け替えないと、大きな隙間が柵に残されたままになって、ゾウは脱出が可能となる。つまり、嵐が去ったあと、急いで作業にとりかからなくてはならない、ということである。

二時間経つと辺りはほとんど真っ暗になった。雨は相変わらず激しく降り注いでいたが、様子がすっかり変わっていた。ブレンダンの無線の声がとぎれとぎれ、スタッカート気味である。「来て見てみるといいよ。川はもう手がつけられなくなってきてるから」

「防護柵はどうなった？」

「とうの昔に流されたよ」

フランソワーズが私の隣に座っていた。「ブレンダンのいる川の所に行くよ」私は彼女に言った。「増水だ。ロッジにも寄って、様子を見て来るよ」

「私も一緒に行くわ」ビジューを膝からおろしながら彼女が言った。ビジューは夜の就寝前の居眠りの時間だった。「停電で、泊まり客のことが心配なの。何人かはとにかく都会人だから、いてあげたほうがいいと思うの」

私たちはレインコートを摑むと、車に飛び乗り、道に出たが、もはや泥んこ道、あちこちですべりまくってかなわない。頭上には絶えず稲妻が光り、サバンナの草原が完全に水に浸かって銀色に輝いた。

私たちが最後のカーブを曲がると、川の一角が初めて視界に入ってきた。逆巻く奔流に、心臓が止まるかと思った。車を止めると私は叫んだ。「なんてこったい！　見てよ。怪物だ！」

私は車をバックさせて方向を変えると、川の渡り場に降りて行った。四輪バイクに乗ってフランキーに襲われた場所の、少し上流である。私は波打つ激流にヘッドライトを当ててみた。

牛の死体が一つ、ゴボゴボ泡立った波に運ばれて来た。そしてさらにもう一つ流れて行く。「信じられない光景だね」私がこう言うと、フランソワーズは言葉もなく、ただ目を見はった。

私は車のギアをバックに入れたが、ぬかるみに車輪をとられ、空回りをするだけで、動かない。後ろに進むどころか、恐ろしいことに車は前にすべり始めた。土手を下れば、その先は泡の逆巻く激流だ。

これですべておしまい、奔流に突入だ！　と思ったまさにその瞬間、私は本能的にハンドルを切って、車を右側の土手に激しくぶつけた。車は柔らかい土に突き刺さるようにして止まった。

「降りろ！　早く！」私は、目をまん丸にしたフランソワーズに言った。「車がまた滑るぞ。逃げよう！」

彼女は車から降りて、すぐ見えなくなった。なんと、ぬかるみにばたりと倒れてしまったのだ。

私はなんとか彼女の側に回って、助け起こした。それから私たちは暗闇の中を、つるつる滑って、お互い支え合い摑み合いしながら、摩擦抵抗ゼロの泥の上をずるずると悪戦苦闘の末、なんとか渡り場の土手を這い上がった。幸い、私は無線を持って来るだけの心の落ち着きがあった。懐中電灯はベルトに固定してある。私はブレンダンを呼んだ。

「こちらブレンダン。今、どこ？」彼が聞いてきた。

「ロッジの渡り場の所だ。車は川岸で動けなくなった。トラクターをできるだけ早く持って来てくれないか？　でなきゃ、あの車は、終わりだね」

「くそー！　そこで何してるの？」

「何してると思う？　ちょっと水浴びでもと思ったが、気が変わったよ。牛の死体が流れて来たのでね」

「そうそう。僕も見たよ。ぷかぷか浮いて、コルクか何かみたいだったね。それにもっとひどいのは、人の死体らしきもの。一つ、二つ、流れてたようだったよ。暗いから、はっきりとは分からないけどね。でも、申し訳ない。そっちには行けないよ。こっちの車は全部、車軸までどっぷり泥に浸かっている。トラクターは、なんとか動かせないか、やれるだけやってみるよ」

「フランソワーズが一緒なんだ。このままずっとここにいるわけにはいかない。ロッジまで歩くことにするよ」

「分かった……」と言って彼は少し間を置いた。「ヌグウェンヤたちのこと、忘れないでね」

フランソワーズが聞いていると分かって、彼はあえてズールー語でワニのことを注意するように言ったのだった。私は心の中で彼に感謝した。

ロッジの敷地の入り口まではわずか百メートルほどだった。ロッジそのものは、そのあとさらに百メートル先だ。しかし、ここから入り口までの間に深い池が二つあった。それぞれ道路の右と左である。前日、ブレンダンと私は、ものすごく大きいワニが一匹ずつ、この池に居を構えているのを確認したばかりであった。いつもと違い、私は銃を持って来ていなかった。持って来るべきだったと後悔した。ワニを撃とうというのではない。脅して遠ざけるためにである。

私はこれから先の道を調べてみた。二つの池は水があふれて道を覆い、一つの小さな湖のようになっていた。道がどこを通っているかは分かる。しかし水は五十センチ近くの深さで、暗くもあり、ワニが潜んでいてもおかしくない。

私はその水際まで近づき、懐中電灯で水面を照らしてみた。一匹はすぐ分かった。眼が赤く反射して、こちらを見ている。そのあともう一匹も見つけた。二匹一緒で、水たまりから三十メートルほど移動し、もっと高台の岩棚にいた。私たちから十分距離はある。前回出くわしたときから三匹目が加わっていないことを祈りながら、私はフランソワーズの手を取って、水たまりの中を歩き始めた。

渡り終わって、私はなるほどと思った。ワニですら、本能的に高台をめざすのだ。川の増水は、いったいどこまで続くのだろう?

数分後、ロッジにたどりつくと、そこは真っ暗だった。フランソワーズは、まず体を洗った。そして、客室を離れた人たちがいたので、彼女はそのあと彼らの世話を始めた。彼らはバーの辺りにいて、やせ我慢の表情だった。私は警備担当のスタッフの腕を掴むと、二人で広い芝生の所を下りて、ヌセレニ川のほうに行こうとした。激流の音はものすごく、お互いの言葉が聞き取れないほどであった。しかし、進もうにも、長靴の中が水浸しになっていた。ちょっと雨が降って水たまりができた、といった生易しいものではなかったのである。

稲妻が光って、状況が分かった。川は百メートルほど先だが、水かさが増して、堤防を越え、芝生を飲み込みそうになっていた。私は急いで引き返し、ロッジも通り過ぎて、ワニのいた池の近くまで走って行った。

思ったとおりだ。二つの池は、川からあふれて来た水にもうすっかり浸かっていて、ロッジの敷地の後ろのほうでは、水がさらに勢いを増している。そして私は、私たちが完全に孤立してしまったことを理解した。前方に猛り狂うヌセレニ川、後方に鉄砲水。だからワニたちは高台を目指したのである。このままロッジは水に飲まれてしまう危険があった。

無線のガーッという音がかすかに聞こえた。ブレンダンだった。「応答願います。応答願います……」繰り返し呼びかけている。

私はボタンを押した。「はいはい、聞こえますよ。すまない。川の音で、気付くのが遅くて」

「車はなんとか出したけど、かろうじて、だね。あなたたちの所までは行けないよ。水が堤防を越えて氾濫している」

「知ってるよ。もうほとんど手の施しようがないね。ロッジに足止めだよ。ここでなんとかやりすごすしかないね。連絡を取り合おう。電池を節約してね」

「了解。ではまた」とブレンダンが言って数分後、彼の車が、一キロ半から三キロくらい先の闇を照らしながら家に帰って行くのが見えた。

ロッジに戻ると、私はそれからの三時間、気が気ではなかった。川から氾濫した水が、じわじわと建物に迫って来る。と、有り難いことに、雨がやんだ。私たちがお客を屋根に誘導するしかないなと思い始めたころ、増水が止まった。私たちは助かったのだ。フランソワーズが空き部屋を用意してくれた。お湯のシャワーを浴びると、私は夜担当の監視員に、川の水位が上がったら起こすように告げた。

翌日、スタッフに指示を出すブレンダンの無線の声で、私は夜明けに目を覚ました。嵐は去っていた。窓から外を見渡すと、空には雲一つなかった。夕べはあれほど大変だったのだが……。太陽はさんさんと輝き、川は水位がどんどん下がり、しかし、私たちは孤立したままだった。

「やあ、ブレンダン。被害の様子はどうだい？」

「そうだね。雨量は百五十ミリを計測したあと、計器の限界を超えてしまった。ヌセレニ川は八キロにわたって堤防が決壊。問題は、防護柵が流れた他にも、五百メートル近く、東側の柵がやられたことだね。とにかくまるで最初から何もなかったように、あとかたもなく消えてしまっているよ」

「ゾウはどこにいる？」

「さあ、どこだろう。でもナナのことだから、群れを丘の上にまで連れてっているんじゃないかな」

「そうならいいけどね。柵の修復には一日かかるよな。それにまずは川を渡らないといけない」

「それを言わないでよ。まずはケーブルを通すよ。泳ぐのはまだ危ないからね。進捗状況は随時報告するから」

「分かった。でも何人かでゾウを捜してもらおう。居場所をつきとめなくちゃ」

「了解です。ではまた」

幸い、群れはブレンダンが作業しているのと反対側の岸にいた。柵に隙間の出来た所から逃げように も、そこまで到達できない。ヌグウェンヤには、どこか小高い所からゾウを監視しておくように伝えた。

ロッジの裏手の鉄砲水はもう引いていて、監視員の一人が私の車を運転して私たちの救出に現れた。すると、ほぼ同時に、私が恐れていた連絡が届いた。ヌグウェンヤだ。

「ムクルー！　ムクルー！　応答願います。早く。ゾウが逃げた。保護区の外だよ」

私は無線機を摑んで応答したが、目まいがした。「どこだ？　どうした？」

「北の外柵。ゾウは柵沿いに歩いているんだけど、柵の外側なんだ」

保護区の北の境界は、そんなに遠くなく、有り難いことに、高台になっている。私は車に飛び乗ると、柵が担当の監視員に無線で呼びかけ、四輪バイクで私のあとを付いて来るよう指示した。道はかろうじて通れる状態だった。

二十分で着いた。私はナナをすぐに見つけた。しかし、彼女も他のゾウも、柵の内側にいる。逃げた？　ヌグウェンヤは何のことを言っていたのだろう？

しかしとにかく私はまずはほっとした。そして一瞬の間を置いて、やっと分かった。何か大変な間違いが起きていたのである。ナナもフランキーも、とても興奮しながら、右往左往している。数秒ごとに二頭とも立ち止まって、一番上の電気の通ったワイヤー越しに鼻を伸ばしたり、柵の支柱を揺らしたりしていた。電気ショックを感じずに触れることのできる唯一の部分である。

私はいつものようにゾウの頭数を数えてみた。一頭足りない。でも、誰だろう？　ノムザーンに違いない。いや、彼はいる。じゃあ、ということで、もう一度、数え直してみた。

そのときだった。柵の反対側に何か動きがあって、群れの注意を惹いているのだ。それはナナの長男、まだ幼いマンドラであった。彼一頭だけが、別行動だった。そして彼の打ちひしがれた様子を見ると、彼の精神状態がパニックから無気力へと変化したのが分かった。心配する母親のもとへ戻るという希望を捨ててしまっているようであった。柵は持つだろう。少なくとも今のところは。しかし、どうやってマンドラを中に戻すというのか？　一番近い門でも数キロ先だ。しかし、門というのでは意味がない。マンドラは入ってきても、ナナが出て行くかもしれないからである。

私は車を近づけ、ナナに呼びかけ、私が来たことを知ってもらおうとした。彼女は私のほうに目をやり、じっと見つめた。私は頭の回転を効かせ、なんとか解決策を思いつこうとした。マンドラを早く柵の中に入れないことには、群れが柵を破って外に出かねない。そのことははっきりしていた。ゾウの母親というものは、子どもの安全のために必要なら、どんなことでもする。

柵のワイヤーを切断することもできよう。しかし、それでは門と同じ問題が生じてしまう。私は車を降りると、タバコに火を付け、対策を検討した。群れを外に出さずにマンドラを中に入れるにはどうしたらいいか？　私は電線を見ていて、ある考えがまとまり始めた。もし、電気の通じていないワイヤー、すなわちただの針金すべてと、通じている真ん中と下のワイヤー、すなわち電線を切断すれば、マンドラは中に入って来ることができる。いちばん上の電線だけを残し、それで大人のゾウたちが外へ出るのを防ぐのである。問題は、その一本だけで、ナナとフランキーを保護区内に押しとどめておくことができるかどうかだった。

ナナが再び柵を激しく揺すり始めた。すると突然、犬の鳴き声がした。猟犬が数匹、吠えている。ズールー人は伝統的に土着の猟犬を使って狩りをするが、マンドラのいるその先で、狩りをしている人たちがいるのだ。ナナにも聞こえていた。彼女は柵を揺するのを中断すると、耳を広げ、すべての音を吸収しようとしていた。

狩りは彼らが自分たちの土地でしていることであり、そのこと自体に問題はなかった。私が心配したのは、犬たちがマンドラの匂いを嗅ぎ付けて吠えたて始めたら、ナナがそれこそブルドーザーのようにして柵を一気に壊してしまわないか、ということだった。

私たちは道具箱からペンチを取り出した。こうなると問題は、マンドラの真ん前で、しかも興奮したゾウたちの息が私たちの首に吹きかかるくらい近い所にいて、どうやったら柵のワイヤーを切断できるか、だった。

私の答えはこうだった。五十メートルほど先で切断する。そしてナナを呼び寄せる。柵の外側でマンドラはその母親の動きに並行して進み、柵の切り開かれたところまでやってきて、そこが通れることに気づき、通り抜けて中に入り、それでドラマは終了。

簡単なこと。だな？

私たちは移動し、ワイヤーを切断して柵に穴を開けた。電線は三本のうち下の二本を切断。計画の第一段階は難なく終了した。第二段階は、そうは行かなかった。ナナが、マンドラのもとを離れようとしないのである。私はそれから十分間、彼女の名前を呼び続けたが、無駄だった。膠着状態となる。

猟犬のきゃんきゃんいう鳴き声が近づいてくるので、私はムーサに、ワイヤーを切断した所から柵の外に出て、マンドラの後ろに付けるように頼んだ。後ろから音を立て、マンドラを脅かして、前に追い立て、柵の穴のところまで来てもらおう、というわけである。

「まだ若いゾウだよ」私は言った。「距離を十分とって、手をパチパチ叩いて、柵の穴の所へ追い込むんだよ。危険なことはないさ」

「はい、ムクルー《イエボ》」という彼の声に、やる気はあまり感じられなかった。

「よし。無線で話を続けよう。どうしたらいいか、全部教えてあげるから」

ムーサはいい奴だった。しかし、少し〈いい恰好したがり〉のきらいがあって、野生の動物を相手に自分がどんなに勇敢なことをしたかという冒険談で同僚たちを楽しませていた。そこにはゾウも含まれる。「ゾウなんて、怖くないさ」自分の腕を鼻の代わりにしてフランキーの仕草を真似ながら、彼は言うのだった。「ゾウのほうが俺を怖がっている」

本当かどうか、これから実地に分かろうというものだ。

彼は柵をすり抜けた。彼が所定の位置に付けるまで五分の猶予を与えたあと、無線で聞いた。「今どこだ?」

「ここですよ」彼が答える。私は自分の髪を引きちぎりたいような衝動に駆られた。笑い話のようだが、ムーサは私が彼の映像まで無線機で見ていると思っているのである。田園地域のズールー人に言わせれば、欧米人が、いくら科学技術は進んでいても、自然に関してものすごく無知であるのも笑える話なので、おあいこと言えば、おあいこである。

「そりゃそうだが、ここって、どこ?」

「ここだよ」自信たっぷりに答えてきた。「私のいるところがここです」

私はあとで首を絞めてやりたいと思った。

「よし。じゃあ、若いゾウは見えるかい？」私が聞いた。

「はい《イエボ》、ムクルー。見えます」

「どのくらい離れてる？」

「近いよ」

「じゃあ、手を叩いてくれるかい。私は母親を呼ぶから」

沈黙。

「ムーサ。何をぐずぐずしてる。両手でパチパチやるんだよ」

しーん。

「ムーサ。どうでもいいから、手を叩け！」

するとようやく手を叩く音がした。かすかに、である。いらいらするくらいのろく、単調で、優しくて、これではノミだって驚きやしない。一番まずかったのは、柵の反対側ではあるが、彼が私のすぐ近くでこれをしていたということだった。見渡すと、いた。彼は藪の真ん中の地面に腰掛けて、ゆっくりと手を叩いているではないか。柵をすり抜けて外に出たまでは良かったものの、マンドラに近づくどころか、数メートル離れて、藪の中に隠れていたのである。これでゾウは怖くないとは、よく言ったものだ。

「ムーサ」

「はい《イエボ》」

「君のいる場所が分かった。そこから出て来なさい」

これで彼は、私が無線で彼の姿まで見えているということをいよいよ確信した。彼は藪からおそるおそる出て来て、私を見つめ、そして無線機を見つめた。

こうなると、ナナを呼び続け、私たちが柵に穴を開けた所までナナに来てもらい、マンドラにも付いて来てもらうしかなかった。四十分ほどそれを続け、私が喉をからしながら、彼女を呼び、懇願し、哀願し、嘆願して、ようやくナナは動き始めた。マンドラもちゃんと付いて来て、柵の穴を見つけ、ちょこまかと保護区の中に戻ってきて、めでたく一件落着となった。

彼が戻ると、ゾウたちが全員、彼の周りに集まって来て、鼻で彼を触り、いろいろ構ってあげて、みんなでお腹をゴロゴロ鳴らしていた。とても辛い思いをした彼に、ゾウたちが思いやりと情愛をふんだんに降り注ぐこの姿には、本当に感心させられた。

あとで分かった事の真相はこうだ。洪水で一カ所、柵が壊れ、その部分の電線は一本だけ残ったけれども一番上の線だったので、マンドラはその下をくぐって外に出た、しかし、群れの残りは、その電線に引っかかることもあり、出られなかった。一頭だけ外に出た形のマンドラはパニックになり、中に戻ることができなくなっていたのである。

私はマンドラが戻って来て嬉しいあまり、ムーサの「武勇」を褒めることを忘れてしまっていた。ゾウたち、特にフランキーが、いかにムーサのことを恐れていたか、という話をせずじまいだった。しかし、そんなほら話は私がするまでもなく、その夜、村のかがり火の周りで、私のうっかりを補ってあまりある大武勇伝を、本人自らさかんに吹聴し、得意満面だったはずである。

第30章　霊的な世界

田園地帯の大半のズールー人が信じるところによれば、霊はさまざまに姿形を変え、人の運命にさかんに影響を及ぼし、植物や動物の世界に現れ、川や空や山々には超自然的な何かが宿っている。

彼らによれば、死後の世界には天国の褒美も地獄の懲罰もなく、人はただ先祖の誰かの人格を引き受け、そこから再び旅立って、霊的な世界と物質的な世界の永遠の共生にいつまでも終わることのない役割を果たしていくのである。ズールー人に深く根づいたこのような考えは、あまり良く理解されておらず、物事をいちばん良く分かっているつもりの西洋人によって、これまで余りにも安易に、あざけりの対象とされてきた。

しかし、一旦明かりを消せば、話は変わってくる。というのも、暗闇にまさるものはないからだ。田園部のアフリカ人たちと一緒にアフリカの藪で夜を経験するにまさるものはない。彼らは不思議な物語をたくさん知っていて、それを語ることによって、私たちの魂を彼らの世界に招き入れてくれる。というのも、文明が霊の世界を蝕んだのではなかったからである。夜の電灯ゆえに、闇を奪った明かりゆえに、私たちは幽霊や天使や悪魔が見えなくなり、先祖たちも退けられてしまったのである。

ほとんど真夜中であった。私はロッジの夜のスタッフを宿舎に送り届けようとしていた。すると道路に木が横向きに倒れていた。ノムザーンがこの辺りにいたのを確認していたので、例によって彼の仕業と思われた。私は前から、彼が道を塞ごうとして、わざとやっていることだと思っていた。いつも必ず道路をまたぐように木が倒れているというのは、他に説明のしようがない。

車を木にぶつけて通過することはできないので、私は進路を変え、川縁の道を行くことにした。代わりの抜け道としては上々だ。するとスタッフの一人の女性が言った。「ムクルー、なぜこの道を行くの？」

「いいじゃない。なぜ駄目なの？」私が答えた。「こっちのほうがずっと早いよ」

「駄目よ」彼女がすぐに答えた。「この道は駄目。今は駄目」

「なぜ駄目なの？」私は同じ言葉を繰り返した。

「ここに住んでいるタガティのこと、知らないの？」

「知らないね。どこだって？」

「川の崖の所にある大きな岩よ。あそこに住んでいるの。近づいてはいけないわ。お願いだから、戻って」

タガティというのは活発な悪霊で、ズールー人たちの鉄則は、この霊とは関わりを一切持ってはならないということであった。だから、私はスタッフの願いを重んじて、車を戻し、時間のかかるほうの道を行った。後日、私は少し調査をしてからその場所に戻り、彼らが何のことを言っていたのか、答えを探すことにした。

村の呪術医《サンゴーマ》、すなわち予言者（よく祈禱師と誤解されている）が、私にこう説明してくれた。「タガティは、大昔からあそこに取り憑いている。トゥラ・トゥラよりずっと前から、白人たちの来るずっと前からだよ。そして私たちがみんないなくなってからも、タガティはずっとあそこに居続けるだろう。あそこは彼の場所なんだ。行ってはいけないよ」

「なぜ駄目なんですか？」私は聞いた。

彼は不思議な視線を私に投げかけた。「タガティに近づこうという人がいるだろうか？」けんか腰とも言える口調だった。「あなたはタガティのことを知らない。くれぐれも気をつけなさい」

もちろん、私はそこに行ってみた。しかも、一度ならず。そして、頑張ってみたが、何も見えなかったし、何も感じなかった。それでも、想像力をたくましくして、少し空想も加えてみれば、何か感じるのかも知れない。ある時、しばらくそこにいて、岩の様子などを調べていたら、確かに、何かを微かに感じた。それは誓っても良かった。何かちょっと不安になったのだ。しかし、その後、何も起きなかったので、そのことはそのまま忘れてしまっていた。

私がこの場所に何度も足を運ぶのをスタッフはたしなめていた。そんな彼らに敬意を表して、私も迷信を重んじることにし、この場所は、どうしてもそうせざるを得ないとき以外は通らないことにした。やはり、私たちの道の一つなので、絶対に通らないというわけにもいかなかったのである。

ある日のこと、私は夕暮れ時に、川沿いの道をゆっくりと車で進んでいた。私はたまたま外来種の植物を探していた。すると、何かしら変な気持ちがした。何気なく見上げると、なんと、私が警告を受けていた例の岩の窪みである。

実務的なことをしていた私は、この非論理的なものに割り込まれて驚き、そこで立ち止まった。すると、不思議な感覚に襲われ、何かおかしいという気が微かにした。私はそこに、魔法にでもかかったようにじっと腰を下ろしたが、その感覚は膨らむばかりであった。突然、私は何者かの存在をそこに感じた。それは絶対的な悪としか形容しようのないものであった。私はその瞬間、我にもなく恐怖に襲われ、体中に鳥肌が立った。そしてそのあと、その感覚は消えていった。まるで岩そのものがそれを引き取ってくれたかのようであった。

自分はまったく迷信を信じないたちなので、自分でも自分の反応に衝撃を受け、岩を振り返った。私はまだそこに惹き付けられていたのである。誓って言うが、そこにはまだ何かがいた。私が感じたばかりの何かの、小さな残滓《ざんし》が。そして、その時私は、その正体が分かったのであった。その残滓というのは、それまでこの場所に来て、はっきりはしないが微かに感じていた何かである。私はふと我にかえると、頭が非常に混乱したままその場を後にした。恥ずかしくて誰にもそのことは話せないでいたが、いつしか気にならなくなっていた。

数週間後、私はどうしてもあの場所に戻らなくてはならないと思った。誰か第三者の意見がほしかった。しかしズールー人ではない誰かだ。ズールー人はこの場所に関してはなかなか話してはくれないし、彼らが話したとして、どんなことを言うかはもう分かっていた。私は欧米系の人間がどう言うか聞きたかった。そこでデヴィッドに頼むことにした。夕暮れを待って、私は彼に言った。「一緒に来てくれないか。見せたいものがあるんだ」

夕闇迫る中、私は川沿いに車を走らせた。あの岩の下で車を止め、エンジンを切った。

「何をしようっていうの?」デヴィッドが聞いた。

「この場所は……」私は言った。「というか、あの岩だ。あれをどう思う。じっくり時間かけていいから、考えてみてくれ」

デヴィッドは私たちが訳あってここにいることをよく分かっていた。彼はゆっくりと周りを見回したが、私がその様子を見ていると、彼の視線がゆっくりと上のほうに移って、まるでそちらに惹き付けられるかのようにして、例の岩の殿堂に注がれた。私は皮膚がジーンとなるのを覚えた。しばらくして彼は私のほうに向き直った。デヴィッドといえばとてもタフな男だが、何かひきつったような笑顔だ。そして小声でこう言った。「ずらかろうよ。今すぐ」

私たちはほとんどロッジに着こうかという所までずっと黙りこくっていた。すると彼が笑い出して、こう言った。「いったいあれは何だったの?」

「タガティ」笑い返して私が言った。「どえらいタガティ様だよ。ほんとにもう」

田園部のズールー社会はサンゴーマが牛耳っている。と言っても、公然とではない。密かに陰で大きな影響力を持っており、大変大事にされているということである。多くは、迷信を自分の都合のいいように操る山師であるが、中には正当な人たちもいて、古代から受け継がれた技を実践している。ただし、ヨーロッパの科学からこれほどかけ離れた世界もない。良きサンゴーマとの問答は、興味深い経験どころの話ではない。それを遥かにしのぐ、深遠な世界である。

人はサンゴーマになるのではない。サンゴーマに生まれるのだ。自分で勝手に、サンゴーマになります、という訳にはいかない。サンゴーマになるのは選ばれた人である。あるいは、異例の状況のもと受け入れられる人であり、歴史的にそれは、当人がまだ幼い頃に起きるのが普通である。時には、サンゴーマが家に訪れ、お宅のお子さんはサンゴーマですと両親に告げることもある。それは、故人となったサンゴーマの生まれ変わりだったりする。そう告げられた家族にとっては大変な名誉であり、かなり最近まで、そのような子どもは遠い所に預けられ、サンゴーマたちから教えを授かり修行をして、その衣鉢を継ぐ人生であった。

薬草医であるインヤンガと違って、サンゴーマは霊的な世界の人である。サンゴーマとの面会では、通常、サンゴーマが神がかり状態となり、先祖たちとの交信を行う。それは主に面会に来た人の先祖であり、ずっと前に亡くなった一族の人たちである。先祖代々の挨拶があり、お告げがあり、時に、将来の予言も行われる。

病気の人は、サンゴーマがその病気を言い当てなくてはならない。西洋医学と逆である。患者が医師に症状を教えるのが西洋医学だが、サンゴーマの場合、どこが悪いか、こちらから伝える必要はない。サンゴーマは、患者から話は一切聞かずに、自分一人で診断しなくてはならない。彼の名声はひとえにそこにかかっている。

私は一度サンゴーマを車に乗せてあげたことがあったが、お礼に私を診てあげると言われ、私は興味があったので、彼のもとを訪れた。私はたまたま腰痛だったのだが、彼はそれを言い当てた。病状をこちらからは語らずに言い当てられ、先祖がからむ神がかり状態から治癒法を引き出してもらう、というのは少し薄気味悪いものである。

それ以来、私は何度かそのような口寄せをしてもらった。それが実に著しい効果をもたらすこともあるが、気の弱い人にはお勧めできない。サンゴーマの言葉は、歯に衣《きぬ》を着せず、ずばりと来るのだ。

フランソワーズは、海外からのお客が興味を持つかもしれないと言う。そこで、地元のあるサンゴーマと提携して、ロッジの宿泊客に「占い」を提供することにした。料金も割増しで、彼はなかなか好調な滑り出しだったし、お客たちにも大人気となった。

ところが彼は新品のピカピカしたブリーフケースをこれ見よがしに携行するようになった。どこに行くにもそれを手放さない。私たちは彼に、あなたのイメージというものがあって、動物の皮や数珠をまとったあなたの出で立ちは、海外から来る人たちにとってはとても大切であって、彼らの前では、その新品のブリーフケースはどうか隠すようにお願いします、と伝えた。彼は承諾してくれたが、不満たらたらであった。彼に言わせれば、立派なブリーフケースだから、お客たちもきっと「さすがは」と思ってくれるに違いない、ということであった。

彼は収入が増えるにつれ、携行品も様変わりし、携帯電話が新たに加わって、ズールーの数珠でベルトに繋がれていた。そのことに関しても彼に諭さなくてはならなくなった。というのも、彼が占いの最中に、その携帯電話を使い始めたからだ。お客には、これは特別製の電話でコードが要らない、などと解説までしていた。

フランソワーズも私も、〈郷に入りては郷に従え〉だから、地元の考え方は尊重した。時々、スタッフが病気がちだったりすると、あるいは特別何か不幸な出来事があると、私たちはちゃんとしたサンゴーマを呼んでムーティの儀式、すなわち厄払いを保護区でしてもらった。そして、そういうことを私たちがしていることを、人々にちゃんと見せることが大切だった。というのも、白呪術——善意の呪術をしなければ、タガティはどんどん図に乗って、人間になりすましたり、夜、ヒヒの背中に取り憑いたりして、人を恐怖に陥らせ、悪を振りまくと信じられているからである。

しかし、トゥラ・トゥラには先祖の霊やその他の様々の霊が、もっと軽い乗りで、あるいは時にユーモラスな形で現れた。たとえばトコロシだ。トコロシは、悪者でいたずら好きの小さな悪魔である。古代スカンジナビアの神話で言えば、混沌の神ロキのような役どころだ。しかし、寸法的にはもっと小さい。トコロシはタガティの子分に当たり、ズールーランド全土に毎晩送り出され、混乱を引き起こすのである。トゥラ・トゥラのズールー人はほとんど全員、ベッドの土台はレンガで、ベッドの脚一本につき、レンガが二個ないし三個使われている。これは小さなトコロシが、床の上をちょろちょろ動き回りながら、頭をぶつけないように、そして寝ている人を起こさないように、という配慮だという。トコロシを実際に見ることができるのは、無邪気な子どもだけとされ、トコロシは人に悪い夢を見させることもできるという。

私がいつも面白いと思うのは、ズールー人にトコロシの話をさせようとすると、よく馬鹿にしたように笑って、真面目に取り合わないのに、彼らの部屋に行ってみると、ベッドの下にはやっぱりレンガがちゃんとある、ということである。

しかし、呪術というのは、怖い一面もある。ある日、私はブレンダンと監視員のズングと一緒だった。村の五、六カ所から煙が上がっている。

「いったい何事なの？」ブレンダンがズングに聞いた。

「今日は、魔女と魔法使いの家を焼く日さ」と、それがまるで恒例の行事であるかのように、そっけなく言った。「夜中にヒヒの背中に取り憑いていたりするんだ。目撃情報もある」

「殺してるの？」心配げにブレンダンが聞いた。

「いや。昔は殺していたけど、今じゃ、家と家財道具を全部燃やして、村から追い出すだけ。殴られる人もいるけど、殺されはしないね。でも、村は出て行かざるをえない」彼の口調はきっぱりとして信念がうかがえた。

「でも、魔女ってどういうこと？　魔女だってどうして分かるの？　そもそもその魔女が存在すること自体、どうして分かる？」

「誰でも、彼らが魔女であることは知っているよ」彼は余裕の答えぶりだった。

ブレンダンはあまりにも西洋流の論理に偏りすぎた追求だが、さらに食い下がった。

「でも、あなたのお母さんが魔女だって言って村の人たちが家まで来たら、どうなるの？」

「そんなことはしないさ」

「なぜ？」

「だって、みんな知ってるもん。彼女が魔女じゃないってこと」

「そうか」ブレンダンが困って続けた。「彼らがそれほど悪いことをしたのなら、裁判所に訴えればいいじゃないか。なぜそれをしない？」

「だって、裁判所は証拠を見せろって言うじゃないか」とズングの答えだ。

「いいじゃないか」ブレンダンが答えた。「悪いことをした証拠がなければ、処罰は下せないよ」

「証拠はないよ」ズングが言った。「もちろん、証拠はない。魔女だもの、証拠なんか残さないよ。だから魔女なんだよ」

ブレンダンは首を振り振り出て行った。しかしズングの言っていることにも一理ある。魔女が一族に呪いをかけたから、男がヘビに嚙まれて死んだとか、作物が枯れてしまった、と言われて、はいそうですねと信じる裁判官がどこにいるだろうか？

私がゾウと不思議な交信をしているという話は、私が猛毒のヘビやサソリですら殺すなと言っていることと一緒になって知れ渡り、村の少なからぬ人々が、私のことを動物と神秘的な形で繫がっている、と考えるようになっていた。確かに、普通の生活を避け、アフリカの低木林地帯に住み着いて、自分の同類ではなく、ゾウと交感しようなどという物好きが、いったいどこにいるというのか？

でも、ゾウとは言わないまでも、大きなヒヒでもいい。私に手なずけることができたら……。

第31章　ワシの災難

「ここだよ、ムクルー、ここ！」ベキが叫んだ。ランドローバーの荷台から運転席の後ろの窓に寄りかかっている。「左だよ、左！」

私はハンドルをぐいっと切って、道のでこぼこをぶっつぶし、四輪駆動車の荷台に立っている動物監視員たちが、木の枝にあるたちの悪いトゲに引っ掻かれないようによけながら、先を進んだ。

マックスは窓から首を出していたが、車の中に飛ばされ、私の膝の上に落ちた。

「まっすぐ、まっすぐ！」屋根をドンドン叩いて私の注意を惹きながら、ベキが叫ぶ。首をかがめてトゲのある枝をよけたりしながら、彼は荷台の高みから、木の絡まり合った藪の道案内をしてくれた。その数分後、ブレーキのきしむ音とともに、私たちは死体の現場にたどり着いた。

ヌーの死体だ。ただ、ほとんどそれと見分けがつかないくらい、めちゃめちゃになっていた。しかし、そのためにここまでやって来たのではなかった。この死体の近くに横たわっていたのが、ワシの死体であり、さらにその先にも、一羽、倒れていた。いずれも、頭をナタで切り取られていた。

動物保護区に活気があるかどうかをいちばん正確に示すものの一つが、ワシがちゃんと繁殖しているかどうかである。トゥラ・トゥラに初めて来たときは、ワシのつがいが、なかなか見つからなかった。動物が十分いなければ、ワシも住み着かない。初期の頃は、この素晴らしい優雅な腐食性の鳥たちは、ウムフォロジの保護区から飛来していた。地表で暖められた上昇気流に乗って、信じられないほどの高度をゆらゆら飛び、大空には豆粒ほどにしか見えないが、そこから地上をうかがい、死体を探しているのであった。

今ではトゥラ・トゥラの保護区も動物がたくさんいる健全な状態なので、ワシもたくさんのつがいが川沿いの大きな木のてっぺんに巣を作り、季節ごとの子育てに励み、順調に繁殖していた。ところが、ここに来て突然のことだが、ワシが密猟の殺害リストのトップに躍り出た。しかも、保護活動に携わるものの誰も予測できなかった奇妙な理由によってである。かつては顧みられもしなかったワシが、いつしか、幸運を呼ぶ生き物として祭り上げられていた。仕掛人は、サンゴーマたちであった。

その理由は簡単だ。お金である。国が最近宝くじを始め、毎週、巨額の賞金が支払われるようになった。六桁の数を当てると、たちどころに百万長者である。私たちの大半は、宝くじで当たるのは運に過ぎないということが分かっている。しかしアフリカでは、当たりくじの番号を当てることが、一つの神秘的な技能となり、ほとんどオカルト化していた。大当たりをかっさらう唯一の方法は、先祖にお伺いを立てることだと信じる南アフリカ人が増えている。では、現実世界と霊の世界の仲介者は誰か？　そう。サンゴーマである。

これを、田舎の原始的な迷信にすぎないと否定し去るわけにはいかない。あらゆる人々が先祖のお導きに頼っている。読み書きのできない家畜飼いから、いくつも学位を持っているような大学教授にいたるまで、地位や教育程度を問わない。この信仰の力を理解することなしに、アフリカの豊かな、しかしよく理解されずにいる精神性・霊性は、真に把握できないのである。

一部の不届きなサンゴーマによると、最も強力な宝くじのムーティとなるのが、乾かしたワシの脳ミソである。こうして、一夜にして百万長者！　という宝くじ熱が高じるにつれ、これまで見向きもされなかったワシが、一部の保護区ではほとんど絶滅しかねないほど、密猟されるようになっていた。「ムーティ」というのはズールー語の言葉で、魔法という意味もあれば、サンゴーマの作る恐ろしくまずい霊薬を指すこともある。そして善きムーティもあれば悪しきムーティもある。後者は、必ず呪術と関係している。そして、乾燥させたワシの脳ミソは、最高の善玉ムーティとされた。こうしてサンゴーマたちは、その一切れを枕元に忍ばせて寝れば、夢の中で先祖が宝くじの当籤番号を囁いてくれますよと、面会に来るカモたちに吹き込むのである。

ワシのムーティでまったく理解しがたいことの一つが、人はどうして、これほど当てにならないことに、これほど無条件の信頼を寄せてしまうのだろうか、ということである。何千人、何万人という極貧の人たちが、賭け事で勝つ確率のことなどまったく無知のまま、自分たちの自由にできるお金をそっくり宝くじにつぎこんでいる。大金を手にするのは、ごくごく一握りの人たちなのに、毎週、何百万人という人たちが、汗水垂らして稼いだお金を捨てている。枕元に、乾かしたワシの脳ミソの片割れを忍ばせていようが、いまいがである。

しかし、これで大繁盛というのがサンゴーマだ。ワシの脳ミソの小さな一切れが十米ドルほどする。ズールーランドの田園部では、大金だ。そして宝くじに当たるのはほんの数人というのに、サンゴーマを訪れる人は、引きも切らないのである。いくら負けても、村人たちは大金をはたいて、さらにワシの脳を買い求め、信心深く枕の下にそれをはさんで、先祖が夢に現れ、魔法の数字を教えてくれるのを待ち望むのであった。

その結果どうなるかは、憂鬱なくらい明白である。人々は大切なお金を失い、ワシはどんどん殺されてゆき、一部の動物保護区では、繁殖できるつがいがあまり見当たらなくなりつつあった。結局、宝くじで一番いい思いをしているのは、サンゴーマであった。

私たちは車から降りると、車の進路を妨げたシロアリの塚をいくつかよけてから、ヌーのむごたらしい遺骸をつぶさに調べにかかった。自然死でない場合は、まず死因を突き止めるのがいつもの作業だ。多くのワシが上空を旋回したり、近くの木の上に集まったりして、磁石に引き付けられる鉄くずのように、死体に釘付けとなっていた。私たちがいるので邪魔された形だ。

もちろん、伝染病で死んだのなら、いちばん心配だ。あっという間に他の動物たちにも広がりかねない。私たちはまず、鼻の粘液、ダニの量、怪我の有無、そして死ぬ前の全般的な状況を知ろうとした。ヌーはそれまでは健康体と思われ、死因は、ナタで切り刻まれているので分かりにくかったが、一発の弾丸と思われた。

ベキとヌグウェンヤがライフルを置いて、死体に近づこうとした。裏返して、反対側を見ようというわけである。しかし、私は何か変な気がして、二人を止めた。

「毒だ」私は言った。徐々に状況が飲み込めてきた。「毒があると思うよ。死体を触るのは後にして、まずはワシを見よう」

二人は驚いたようだが、私を見て無言のまま戻って来て、あとを付いて来た。私は、頭のないワシの一羽目の死体を目指した。

私はマックスに目を光らせていたが、「ついて!」の命令で彼にはだいたい十分であった。これで、私の脇を離れてはならない、ということが徹底できるのである。動物の死体の匂いをちょっと嗅ぎたいと、好奇心にかられていてもである。密猟者らが何を使ったかは知らないが、ストリキニーネであれ、殺虫剤であれ、鼻に吸い込んだら、マックスにいいことはない。

私はこんなに近くでコシジロハゲワシを見るのは初めてだった。両翼を広げると二メートル十センチ、とにかく大きい。どう見ても圧巻である。ところが、とほうもなく惨めで情けない、その死姿であった。さしもの空の王者も、頭はなく、ぶざまに這いつくばり、片翼を草の中に突き出して、その死に様を晒していた。体に傷は一切ない。ヌーの死体からの距離で判断すれば、あっと言う間に死んだものと思われる。飛び立とうとしていたのかもしれない。もう一羽も同じだった。こちらはもう少し先まで行くことができたようだが。一帯をよく調べると、全部で四羽の死骸が見つかった。

ヌーにはたっぷりと毒物が盛られていたに違いない。でなければ、ワシもこんなに簡単には死なない。量が少なかったら、ワシは飛び立ち、死体は何キロも先だろう。密猟者にも探し出せないはずだ。

私たちは車のところまで戻って、ボンネットにもたれかかり、この殺戮現場を検証した。監視員たちは、ヌーのしっぽが切り取られているとも言った。

「不思議な死に方だな。呪術だよ」ヌグウェンヤが不吉なことを言う。

ヌーのしっぽはサンゴーマに珍重され、ズールー版魔法の杖として使われる。ヌグウェンヤの言うとおり、この殺戮の背後には呪術があるが、ヌーをしとめようとしてのことではなかったはずだ。

「そう。呪術だね」私は彼の推測を支持して言った。「でも君の考えているのとは違うよ」

私はそう言って、先祖の夢とワシの脳ミソ、サンゴーマと宝くじの話をして、彼らの反応を待った。

ベキがまず反応した。「その話は聞いたことがあるよ。でも、ずっと北のほうで、モザンビークに近い辺りの話だ。この辺りでは一度も聞かないよ」彼は首を振りながら続けた。「こんなことはできないよ」

「いや、ここいらでもやり始めているんだよ」ヌグウェンヤが言った。「この連中は、考えがないからね。ワシがいなくなったら、代わりに誰が動物の死体を片付けてくれると言うんだ？　肉が腐って、病気が広がるよ。良くないね」
ヌグウェンヤが周りを見渡した。病気の話をしただけに、彼が何を考えているか見当がついた。「まだ毒はここに残っている。ぜんぶ燃やしてしまわなくては。ヌーも、死んだワシも、すべて。でないともっと死ぬことになるよ」彼はこう言って、上空を旋回するワシたちを指さした。「それに、ごちそうにありつけると思っているハイエナやジャッカルも、今夜、死ぬことになるね。今のうちに燃やしておかないと……」

「いや、まだそれは早い」とベキがさえぎった。「密猟者らは、上で飛んでるワシを遠くから見ているはずだよ。もっとワシの死体が手に入ると思って、ここに戻って来るよ。僕らがここで待ち伏せしていれば、連中は今日のうちに捕まえられるはずだ」

「名案だね」私も同感だった。「ワシをここいらで密猟している連中は、他の密猟者たちのイムピムピ──通報者らしいね。奴らをこの際捕まえないと、ゾウやサイも大変なことになってしまうよ」

時計を見ると、すでに昼下がりだった。保護区では一つのことをやっていれば済むということはない。必ず他にも用事がある。

「私はもう行かなくちゃ。状況は追って報告してくれ。でも、どんなことになっても、鳥にも、他の生き物にも、もうこれ以上あの肉を食べさせてはいけないよ」

「もちろんだよ、ムクルー。またここに戻って来てね」

その二時間後、私はノムザーンかゾウの群れが見つからないものかと車を進めていたが、突然、銃声が三キロほど先に響いた。私は急ブレーキをかけた。すると落ち着いたヌグウェンヤの声が無線から、とぎれとぎれに聞こえて来た。

「ムクルー、ムクルー、応答願います、ムクルー」

「聞こえます。どうぞ」

「捕まえたよ」ヌグウェンヤが言った。彼のいつもの冷静沈着な声に、珍しく喜びの響きが交じり気味だった。「二人」

「早速かい。よくやった。よし、そこにいてくれ。これから行くから」

住居区画を通り過ぎるところで、私は一計を案じた。ひょっとして「サンゴーマ劇場」で一芝居という手があるかな……。

私はまず車庫の隣の倉庫に行って、いくつか小物を選んで大きな麻のバッグ二個に入れ、車の荷台に積み込んだ。それから調理場に入って冷蔵庫から牛のあばら肉を三袋取り出し、紙に包むと、運転席の下、マックスの届かない所にしまい込んだ。

それからズールー人の別の監視員二人に無線を入れた。一人は中年で貫禄じゅうぶん、私の目論みにぴったりである。彼らには制服から私服に着替えるように伝え、私と落ち合う場所も教えた。

最後にヌグウェンヤに連絡して、捕まえた密猟者に死体の毒のことは聞いたかと確かめた。

「いいえ」との返事である。

「よし」私はほっとした。「ワシや毒の話はしないでね。とりあえず、ヌーを殺したから捕まえたという振りをしておいてほしいんだ。どういうことか、着いたら説明するから」

監視員二人を車で拾うと、途中、ロッジに立ち寄り、骨董品の売り場に向かった。

ベキとヌグウェンヤが待っているところまで車で行く途中、私は二人の監視員に計画を明かし、二人にやってほしいことを説明した。そして袋の中の品々を見せてやった。年上のほうの監視員は目を丸くして、笑い始めた。飲み込みが早い。

「ハイエナの鳴き声は得意?」私は若いほうの監視員に聞いた。

「学校じゃ、僕が一番だったよ」遠慮がちに彼が言った。

動物の鳴き声を、薄気味悪いほど正確に真似できること。これは、田園部のズールーの若者の多くが身につける技能であり、今夜はそれが大いに活躍してくれそうである。ハイエナには超自然的な能力があると信じる人たちもいる。この素晴らしい生き物を間近に観察し、そのしなやかな足取りや、不気味な夜の遠吠えに接したら、なぜその神話が今なお健在か、納得できようというものだ。

ズールー人は生まれながらの役者で、芝居が大好きなので、これから大いに楽しんでもらえると思った。しかし、これは遊びではない。彼らの演技は、わざとらしくなく、説得力がなくてはいけなかった。私は二人を木の下に残して、芝居の計画を練ってもらい、車を進めてヌグウェンヤとベキに会いに行った。

密猟の犯人二人は、しゃがみ込み、後ろ手に手錠を掛けられていた。ベキとヌグウェンヤはヌーの死体の周りに腰を下ろしていた。ワシが集まって来ていたが、人がいるので、毒入りの肉に降りて来ることもかなわなかった。ワシの群がっている周りの木は、その重さに耐えていた。

密猟者は二人とも二十代前半、投げやりな、もうどうでもいいというような態度を装っていた。私たちがこれまでに捕まえた密猟者はみんなそうだった。しかし、チャンスがあれば、ウサギのように逃げ出すし、もし銃があれば、それで撃ってくるはずだ。そうだ。銃はどこにある? 私は思った。どこにもないぞ。

ヌグウェンヤが出迎えてくれた。私は水をあげた。見張りを続けて、暑い、喉の渇く一日だったに違いない。

「はい、ムクルー《イエボ》」彼はこう言うと、水筒からごくごくと水を飲んだ。「簡単だったよ。奴らは歩いて来て座ったから、後ろから迫ったんだ。空に目がけて一発撃つと、すぐに降参したよ。これが奴らの銃とナタ」

見ると、古いが手入れの行き届いたロッシ三八口径の回転式拳銃が、草の上に置いてあった。

「何だこれ？」私は意外に思って、こう聞いた。「拳銃でヌーは撃てないよ」

「そこんとこを追及したら、答えは、半分ウソ、半分ほんと、だったね」ヌグウェンヤが言った。「地元の人間じゃないんだよ。北部のサンゴーマの手下だ。しっぽを集めるのが仕事だって言うんだけど、しっぽなんか、持ってやしない。ヌーを撃ったのはプロの密猟者で、彼らも同じサンゴーマに雇われているんだとか。その二人が肉の大半を奪って、この二人をここに残して行ったと言うんだよ。拳銃は、護身用なんだって。初心者だよね、この二人。でも、危険な奴らではある」

「ということは、みんなサンゴーマの手下だな」私が大声で言った。「車はどこ？」

「そんなもの、ありません」ベキが言った。「歩くんです。そのあと帰りは乗り合いタクシー《ブッシュ・タクシー》でしょう」

「じゃあ、ワシの頭は？」

「それはあなたの指示があったから、聞いてないよ。でも袋を持ってたね。近くの薮の中に置いてあります。心配しなくていいよ。ちゃんと確保してるから」ヌグウェンヤが答えた。

「なるほど」

私はそこで声を低くして、囁くように言った。「この件は警察に突き出してもしょうがないだろう。ヌー一頭にワシの頭がいくつかだ。だから今日は、一生忘れられないようなお仕置きをしてやろうと思うんだ。奴らは、サンゴーマに仕える身だろ？　ここからサンゴーマのもとに教訓を持ち帰ってもらえれば、誰ももうここに来ようなどとは思わなくなる。だから、これから私らの呪術で逆襲しようと思うんだ。いいかい、こうするんだ」

　ベキとヌグウェンヤは、にっこり満面の笑みをたたえて私の説明を聞いた。これから即興劇でトゥラ・トゥラの厄払いだ。計画に従い、彼らはこの密猟者二人の所まで歩いて行き、二人を立たせ、藪の中に連れて行った。

　応援を頼んだ二人の監視員を呼ぶと、持って来た薪で、二十メートルほど離れたところに小さく火を起こし、三脚付きの鉄鍋で牛のあばら肉を茹でた。そして二人は、倉庫から私が持って来たワニと大きなヒヒの頭蓋骨を袋から取り出し、ヌーの死体の両側に置いた。年上の監視員はハイエナの皮を肩に掛け、骨董品の売り場から持って来た数珠を腕と足に巻いた。特殊効果の仕上げは、ホロホロチョウの羽根――これを、頭に挿す。決め手はもちろん、ヒューヒューと風を切って振り回すヌーのシッポである。

　この目論みが成功するには、私はどうしても姿を隠していなくてはならなかった。私は車を小さな茂みに隠すと、開けた場所に若い監視員と一緒に行って、木の陰に隠れ、そこから観劇を決め込むことにした。暮れなずむこの黄昏時は、この芝居の演出上、私がほしいと思っていた超現実《シュール》的な雰囲気にまさにぴったりだった。そこで私はヌグウェンヤに無線を入れ、密猟者を目隠ししたまま連れて来るように言った。

　無線機を置くと、突然、後ろで木の枝の折れる音がした。私は腰を抜かしそうになった。ゾウの群れだ！　今頃、どうしてこんなところにやって来たんだ。そう思って、ヌグウェンヤに「急いで逃げろ」

と無線しかけたところに、ぼんやりと動物の影が現れた。ゾウと思ったが、それはクーズーの若いオスの集団だった。彼らの螺旋状の角が、コルク栓抜きのように茂みの中からにょきっと突き出て来た。「ひゅー！」若い監視員も私も、ほっとして音の出るため息をついた。もしこれがナナとその一族だったら、計画はすっかり台無しになって、とんでもないしっぺ返しを受けていたはずである。

夕闇迫る中、二人の密猟者がヌーの死体の近くまで連れて来られ、目隠しを外される。二人は目をしばしばさせ、環境になじもうとしていたが、死体の脇の頭蓋骨を見るや、二人ほぼ同時に身をすくめ、後ずさりした。ワニの頭蓋骨も、ヒヒの頭蓋骨も、サンゴーマの小道具の中では、とても怖い役回りなのである。彼らが一瞬見せたその無意識な反応は、私たちの芝居がうまくいきつつあることを物語っていた。

「座れ！」二人を地面に押さえ込みながら、ヌグウェンヤが命令した。

「でもなぜあの人がいる？」一人が聞いた。彼の視線の十五メートルほど先に、監視員が一人、腰を下ろしていた。ハイエナの皮をまとっている。私はしめしめと思った。奴は監視員のことをサンゴーマと思い込んでいる。

「師はこの地の主なるぞ。この地は山に至るまですべて師のものだ」ヌグウェンヤが、腕を大仰に広げて答えた。「師がこちらにましますのは、この日、ここで、家族の多くが亡くなったからだ。ワシはすべて師の子どもだ。師はワシと一緒に空を飛ぶと言う人もいる」

ヌグウェンヤは、落ち着き払って、そしてわざと冷たく怒りを込めて話した。それからワシを見上げ、意味ありげに頷いた。私は、すぐその場でアカデミー賞を献上したい気分だった。

「あの人は私たちをどうしようと言うんだ？」密猟者の一人が聞いた。声が震えている。

「お前の仕える無能な男の持ち物が何か手元にあるか？　それとも、お前を操っているのは女か？」ベキが突然吠えた。

「魔除けのムーティがある」一人が慌てて答えた。「ポケットの中だよ。サンゴーマの銃は持ち帰って、ムーティと一緒に彼に返すんだ」

ベキが手を伸ばし、密猟者のポケットをまさぐって、ピンクと白の川の小石を二個見つけた。ヘビの皮にくるまれている。彼は私たちの「サンゴーマ」役の監視員のところまで歩いて行って、そのムーティを拳銃と一緒に渡した。

そのあとベキとヌグウェンヤは、ヒョウのような素早さで密猟者の一人を押さえつけ、カミソリのように鋭いブッシュ・ナイフで、男の髪ひとふさと手の指の爪ほんのひとかけらを削ぎ落した。二人は同じことを二人目の密猟者に対しても行い、毛髪と指の爪二人分を木の葉の上に乗せ、それを儀式のように我々の「サンゴーマ」に捧げた。彼は、四人に背を向けて、座っていた。ムーティの魔力が真にその効果を発揮するためには、標的とされる人間の体の一部か、少なくともその所有物が一つ必要である。この二人の密猟者もそのことはよく分かっている。

二人は今や恐怖のどん底であった。自分たちは強力なサンゴーマの縄張りに勝手に足を踏み入れてしまったと思い込んでいた。そしてそのサンゴーマに、今や、自分たちの毛髪と爪と、さらには、自分たちの主の持ち物――小石と拳銃までも奪われてしまった。恐るべき最悪の魔力が彼らに及ぶことになる。二人は腰を下ろしたまま、真正面を見据え、訳もなくただひたすら体を揺すった。まるで囚われの獣だ。そう私は思った。

我々の「サンゴーマ」が、おどろおどろしい響きで呼びかけると、ヌグウェンヤが近づき、半煮えの牛のあばら肉とともに戻って来て、二人の密猟者の前に置いた。

彼は二人の手を合わせた。「これで終わった。さあ今度は、猟獣《ニャマザーン》の肉を食べるのだ。この肉は美味だ。お前たちには長旅が控えている」

彼は槍で二人の心臓をぶち抜いたも同然だった。二人はこれから毒を盛られるものと観念した。ちょうどワシたちのように。そうだ。ワシと言えば、彼らを捕らえたこのハイエナの皮をまとった不思議な全能の「サンゴーマ」は、ワシと一緒に空を飛ぶという話ではなかったか？ ワシは確か彼の子どもということではなかったか？

二人とも口を固く閉じたので、その悲痛なうめき声は鼻をとおして漏れてきた。彼らはまんまとひっかかっていた。本当の所を何も知らない彼らが、見ていて気の毒になってきた。しかし、私たちはどうしてもこの芝居をやり遂げる必要があった。ワシを死に絶えさせたくなかったら、そうせざるをえないのである。

「食べるのは嫌か？ 師の子どもたちを殺しておいて、今度は師の親切を拒むか！」ヌグウェンヤはこう激しく問い詰めると、密猟者の一人のほうの口に肉の塊を押し込んだ。

この男は、恐怖におののき、必死に唾を吐き、激しく咳き込み、首をこちらにまげ、あちらにひねり、哀れであった。そして彼はくずおれ、自分たちはワシの首を拾って来ることを強要され、そのとおりにしてしまった、申し訳ないとむせび泣いた。こともあろうに、ワシが「サンゴーマ」の子どもだったとは！

ベキは少し間を置き、二人にしばらくそこにいるように指示した。その間、彼とヌグウェンヤは「サンゴーマ」のところに戻り、わざと密猟者を二人だけにした。

案の定、密猟者たちは逃走した。夜陰の迫りつつあった茂みに向かって、必死に逃げて行った。ベキが地面に向け二発発砲すると、二人の速度が一段と上がった。二人は数キロ先まで行ってようやく止ったはずだ。家まで無事であってくれと私は願った。そうでなくては困る。彼らのサンゴーマに、報告してもらわなくてはならないのだ。彼の石も、銃も、それから二人の髪も爪も、先祖がワシに宿るという強力なもう一人のサンゴーマのものになってしまったと。

この密猟者にはもう聞こえない距離と分かると、若い監視員と私は、隠れていた木陰を出て、笑いながら、「サンゴーマ」役の監視員とベキとヌグウェンヤの演技に拍手を送った。まさにハリウッドの有名俳優たちにもひけを取らない迫真の名演技であった。

「結局、ハイエナの鳴き声の出番はなかったね」若い監視員の背中を叩いて私は言った。

そして肝心の点だ。「どう思う？　彼らは、信じただろうか？」

「もう二度と来ないよ」ベキが答えた。「すべてそっくり真に受けたと思うよ」

私たちは四羽のワシの死体を集め、ヌーと一緒にして、薪を積み上げ、灰になるまでしっかり焼いた。ヌグウェンヤが、ワシの頭の入った密猟者の袋を持って来た。一つ一つ、火にくべたが、全部で七つあった。どれもたっぷり塩をまぶしてあった。一週間あまりたっているものもいくつかあった。

ワシの体が真っ赤な炎に包まれるのを見ながら、私は莫大な賞金も一緒に煙と化しているのかも知れないなどと考えていた。宝くじは当てないまでも、フランソワーズの驚いた顔がみられたら百万ドルの価値があったことだろう。彼女が私の枕元から臭いワシの頭を見つけるようなことになっていたらの話である。

第32章 はぐれゾウの変容

午後のそよ風に、茂みはほとんどそよぎもしなかった。ノムザーンが道ばたで気怠そうに葉っぱをかじっていた。私はそこから十メートルほど先で車を停め、その周りでのんびりと構え、心に浮かぶ言葉を何の脈絡もなくただ口にしていた。お互い、要するに一緒にいることを楽しんでいたのである。友だちと一緒にぶらぶらしていたいという一日だった。暖かい日光をともに楽しみ、友愛を育みながら。そして、いつものことだが、私はもっぱら話すことに、彼はもっぱら食べることに専念した。しかし、何かが変わっていた。そして私は、それが何か、はっきりとは摑み損ねていた。

マックスももうノムザーンが近くにいても平気だったが、ノムザーンからは完全に無視されていた。彼は車の下にもぐって、自分の寝床を作ろうとしていた。穴を掘って、もっと涼しい土の上で寝ようという魂胆である。

ノムザーンを見に来たのは、監視員の一人から連絡を受けていたからである。群れにこの日の朝、大きな騒ぎがあって、長い間、ゾウのラッパのような鳴き声や叫ぶような声が続き、一キロ半先でも聞こえたという。私も先に群れの様子を見ていたが、数キロ先で草を食べている最中で、別段、問題もなさそうだった。ノムザーンも落ち着いているふうに見えた……ただ、何か違う。これまで感じられた彼の不安が消えているのである。彼は新しく自信を見いだしていたようであった。

彼がゆっくり近づいてきた。三メートルほど先まできたこの巨大なオスのゾウを、私は少し観察してみた。確かに自信をつけたようで、これまで以上の落ち着きがうかがえた。私の頭上さらに一メートル半近くそびえている。一緒のときは、彼の惜しげなく振りまいてくれるぬくもりと励ましが、私にはいつも必要だった。

ノムザーンはそれから鼻を私のほうに向けて持ち上げた。これは非常に珍しいことだった。彼が鼻をこうやって伸ばすことはそれまでほとんどなかった。たとえそうしても、ナナやフランキーと違って、鼻を触られることは嫌がった。ナナとフランキーなら触られても一向に平気である。そのあと彼は振り向いて草原に向かった。これもこれまでと違った。これまでなら、別れるときはいつも私が先だった。私が帰ろうとするのを、ノムザーンは車の前に立ちふさがって、いつも必ず邪魔しようとしていた。

やがて落日が丘々を様々の色合いの赤と黄金色に染めると、ゾウの群れがロッジの電線の前の水場にやって来た。これにはお客はいつも大喜びだった。野生の王者をこんなに近くで見ることができる。そしてこの時、私には分かった。なぜ、ノムザーンが自信を持つに至ったか。

群れが水を飲み、水しぶきを上げていると、ノムザーンが茂みから威張ったような感じで現れた。頭を高くかかげ、水場にすっと近づいた。これは変だと思った。いつもなら隅っこのほうでこそこそ隠れるようにしているのに。この変わりようは何だ？

ナナが視線を上げて彼の姿を認める。そして私は本当にびっくりしたが、彼女はお腹の底からゴロゴロという深い音を鳴らし、群れをどかせたのだ。

しかし、遅すぎた。ノムザーンは速度が増して、群れいちばんの闘士フランキーに向かっている。そして彼女にどーんと体当たりをぶちかました。その激しさは、音が低木林中に響き渡ったほどだ。フランキーはその衝撃を受けて後退、危うくひっくり返るところだった。

群れでいちばん喧嘩に強いゾウがこの有様である。他のゾウたちはこれを見て、逃げ惑った。次の瞬間、私が息をのんだのは、ノムザーンが身をくるりと翻すと今度はナナに向かい、耳を広げて頭を高くしたからである。

ナナは、このノムザーンの脅威と大切な一族の間に、慌てて割って入った。そして体を後ろ向きにして、ノムザーンのほうに進んだ。これは彼に対する服従の姿勢というだけではない。これから隕石のようにぶつかって来る彼の衝撃をいちばん良く吸収する姿勢でもあった。私はその瞬間身が縮み上がったが、彼女はノムザーンのどでかい体の衝撃を横腹で受け止めた。両者合計十トンがぶつかり合ったのである。その速度といい、さながら二台のエイブラムズ型戦車の激突であった。私は驚きとともに、そしてゾウたちのことを気の毒に思いながら、見つめていた。

ノムザーンは、自分では当然と思っている敬意を群れから払われたことで満足し、水場にゆっくりと歩いて行くと、一人で水を飲んだ。それが、新しく優位に立ったゾウとしての、彼の権利であった。これから水は、必ず彼が最初に飲むことになる。

ノムザーンが成人した。

そのあとは保護区そのものが変わった。ノムザーンはもはや車にも譲らなくなった。あるいはその他の何者に対しても。車が来ても、道路の真ん中に立ち尽くし、自分がそれまでしていたことをやり終えるまでは動かない。それが終わると、やおら自分のペースでその場を離れるのであった。こちらが少しでも彼をせかすような真似をしたら、彼は警告のそぶりを見せる。その警告には必ず従わざるをえなかった。誰も保護区のこの新しい大きな親分から突撃を食らいたいとは思わなかった。みんなが彼に対する行儀作法をすぐにわきまえるようになった。すなわち、とにかく下手なちょっかいは出さない、ということである。さもなくば、えらい目に遭わされる。

それでも私にとっては、あいも変わらぬノムザーンであり、私たちの藪の会合は続いたのだが、回数は減った。彼がもう自分からラッパを鳴らしたりして、私を呼び止めなくなったからである。彼と一緒の時はそれまでより、ずっと慎重にするようにした。車から降りたら、私たちの間に、車のボンネットが来るような態勢を少なくともとることにした。といってもいつもそうできるわけではなかった。彼がやっぱり私のすぐ隣に来たがったからである。私はとにかくこの見事なゾウが大好きで、彼のそれまでの不安定さやびくびくした所が消えたことはとても嬉しかった。母のいない成長期を過ごし、父親代わりの存在もなく、辛い思いをしてきたこれまでだったが、群れの中で彼にもついに役目が与えられたのである。

「君は親分だね」私は前回たまたま会ったとき彼にこう言った。「今や君は正真正銘のノムザーン、掛け値なしのボスだ」私がこうお世辞を言っても彼は身動きもせず立っていた。その茶色の大きな目で見つめて、まるで私の言葉をそのまま受け入れているかのようであった。

今やノムザーンこそが群れで優位に立つオスだ。それでも、群れの家長は依然としてナナであった。

それからしばらくして、また衝突があった。今度は、トゥラ・トゥラの家長、東西両横綱の対決である。

「ローレンス、ローレンス！　早く来て。大変！」

私は家から飛び出した。庭では、片や、フランソワーズだった。そして、こなた、ナナである。ナナは柵の弱い所を見つけ、フランソワーズの大切なハーブ園と菜園に侵入していたのである。子どものマンドラとムヴーラを引き連れ、灌木に手当たり次第、というか鼻当たり次第に食いついている。

「やめるように言って！　連れ出して！」フランソワーズが私に命じる。

しかし、これなら雷鳴に向かっておならをしたほうがまだましかも知れない。私がにやにやしているので、フランソワーズは自分でナナに向かって叫び始めた。「ナナさん、やめてよ。このハーブは買おうったって手に入らない代物なのよ。お客のために必要なの。やめてよ。糞《メルド》！」

大一番であった。片や、フランソワーズとビジュー、合わせて恐らく五十五キロであろう。こなた、ナナ、マンドラ、ムヴーラ、合わせて桁外れの十トン。

私がまったく役に立たないのを見ると、フランソワーズは調理場に行き、鍋とフライパンのいくつかを手に戻って来た。私が止める間もなく、彼女はそれをガンガン打ち鳴らし始めた。さながら、理性を失った教会の鐘鳴らし人である。

まずこれに反応したのはビジューであった。天が落ちて来ると思ったか、身の安全のために家の中へ一目散だった。私は彼女が全力で疾走するのを初めて見た。あのふわふわした小さな足で、けっこう俊足じゃないかと私は感心した。これで、フランソワーズ一人の戦いとなった。

ナナは視線を上げて、音がガンガンするのには驚いた様子だったが、首を振ると太鼓ほどの寸法の前足をちょうどズールーの戦士のように、どしんと地面に打ち付けた。そしてフランソワーズを睨みつけた。フランソワーズも睨み返す。そして、出て行ってと叫んだ。しばらくするとナナは音に慣れて来て、そのまま食事を続けた。

打楽器の乱打も効果がないことを知ると、フランソワーズは、今度は庭の水まき用のホースを持って来た。ここの水圧はかなり上げられるので、水は遠くに飛ばせる。彼女は栓をひねると、柵の陰の安全な距離から、ちょうど消防士のようにナナに向かって放水を始めた。ナナはこのときも首を振って、前足を彼女のほうに向けどしんと踏み鳴らした。

ナナは結局この高圧噴水にも慣れてきて、逆に自分から水を浴びようとした。フランソワーズもそこまでである。彼女は、私に対して、そして笑いを隠しきれずにいた近くの監視員の何人かに対しても、あなたたちって何て役立たずなのと何度も毒突き、家の中に憤然と戻って行った。繰り返しフランス語で「糞《メルド》！」と叫びながら。

事態が収まってくると、私はホースを手に取り、水の出方を少し緩めてから、ナナに合図をすると、彼女は私のところまでやって来て、ホースから水を飲んだ。そのあとは、また戻って、菜園をすっかり平らげていくのであった。

翌朝、フランソワーズはさっそく電気技師を手配し、柵の補強にかかった。彼女の菜園は以来、鼻の長い動物にとっては難攻不落の砦のようになってしまった。

群れは、家の近くを通りかかるとき、もうフランソワーズの菜園こそ襲えないが、道路からちょっと離れたところにある、私たちがグワラ・グワラと呼んでいる長さ百メートルほどの堰を、必ず通って行く。しかし、ゾウというのは、ただそこを通るだけでも物を壊すことができるので、一度ならず、堰の排水壁の修理が必要になることがあった。監視員たちの話だと、壁がまた壊れたということなので、私は現場に行って見てみることにした。マックスも一緒だ。

確かに、遠くからもそれを認めることができた。ゾウたちは排水壁を伝って堰に入っており、群れ全体の重みで壊したのである。でも大したことはなく、土木チームが一日もあれば直せるだろう。私はしばらく休憩も兼ねて、平穏と静寂を楽しみながらの現場視察とばかり、堰のところに佇むことにした。

水の周りにはいつもたくさんの命が息づいていて、堰の近くで二時間過ごすというのは、わざわざその時間を用意するだけのことはある。この季節最初のオタマジャクシたちが姿を現し、しっかりかたまって泳いでいる。群れはサッカーボールほどの大きさにもなって、水面のすぐ下を、ゆっくり回転するようにして集団で泳いで行く。かと思うと、葦の生えた土手ではオレンジ色のトンボが、空中で静止したり、矢のように突進したりしている。

大きなションゴロロ——長さ十五センチの見事なアフリカヤスデが、太い黒と橙色の足を動かしながら、蛇籠《じゃかご》を支える壁の隙間から出て来た。私が手を伸ばすと、いつものように、手に乗り移って、そのまま腕にまで伝ってきた。最後には降ろしてあげるが、優しく、とにかく優しく降ろさなくてはならない。というのも、怖がらせると、とても臭い物質を分泌して、それがくっつくと、いくら石けんを使って洗い流そうとしてもなかなか取れないからである。

虫がたくさんいるということは、生命が豊かに息づいているということであり、茶色い静かな水面にも、絶えず、バーベルとかテラピアといった魚が獲物を捕りに浮上してきて大理石のような模様を作っている。

近くではアカシア・ロブスタの老木が水の上までしなだれかかっているが、その枝からはハタオリドリの巣が、麦わら色の実か何かのようにぶら下がっている。この美しい鮮やかな黄色をした鳥は、季節ごとの住宅建設に忙しく、いつものことながら、少なくとも一カ所で夫婦喧嘩が起きていた。

巣を作るのはオスの役目で、それを厳しく現場監督するのがメスである。メスは自ら品質管理部長の役をも引き受けていて、その責務にどこまでも忠実で、妥協を許さない。哀れなオスは恐らく三日はかけてふきわらを集めた挙げ句、ちゃんとした巣を作ろうと働きづめだっただろうに、枝から枝へぴょんぴょん飛び跳ねながら、ぶつぶつと不満を述べている。メスが巣に入って最終点検となっていたのだが、なんと、巣を枝に括り付ける結び目を、くちばしでさかんに突っついている。つまり、完成した巣は、不合格と判定されたのだ。オスが不満たらたらなのは、自分の作った巣が不合格品としてこれから水の上に落とされようとしているからである。同じように捨てられる同じ運命の巣は他にもたくさんあるが、オスは一から出直しである。さもなくば、メスから離縁されてしまう。

私は帽子を脱いでそれを枕代わりにし、近くの土手の草の上に体を伸ばして、この天国のような場所で一寝入りすることにした。

虫の知らせというのは不思議なもので、実際に役に立つものである。どこからともなくふと現れ、理屈に合わないことも多い。それでいて、確かに存在するし、低木林では計り知れない価値がある。私はこのときも、うつらうつらしながら、何かしら得体の知れない怖さをふと感じ、平穏な気持ちを乱された。それをはっきりと認識するまでに数秒を要したが、それに気付くと、たちどころに目が覚め、必死に周りを見回していた。

すべて平穏そのものであった。マックスが水辺で喉を潤していた。もし何か危険が迫っているのであれば、彼が教えてくれるはずだ。でも、私が不安な気持ちに包み込まれたのは、なぜだろう?

私は静かな周りの様子を何度も何度もうかがった。しかし、何も変なところはない。私はもう一度、帽子を枕に、うたた寝を決め込もうとして、そのときである。危うく見過ごすところだった。堰の上流の水面に、ほとんど見えないくらいに小さな波が起きていた。これはおかしいぞ。起き上がりながら、私は思った。あれは何だ?

本当に何でもないことのようだし、ほんのかすかな動きだし、心配することはあまりなさそうでもあった。しかし、何か気になるし……と思っていたら、また例の虫の知らせだ。目を凝らして見て、ぞくっと来た。ほとんど見えないほどのさざ波の下、茶色に濁った水の中に、巨大なワニが隠れていたではないか。大きなシッポで推進力を付け、マックスのほうに向かっている。さざ波を立てていたのは、ほんの少しだけ水面に突き出たワニの鼻の先っぽであった。

私は飛び上がってマックスに叫び、彼のほうに突っ走った。「マックス、こっちへ来い、こっちだ。マックス……。マアーーーックス！」

彼は水を飲むのをやめ、私のほうを見た。私がこんなに取り乱してマックスに叫ぶのは初めてだった。しかし、マックスとしては何も悪いことはしていないのだから、私の狼狽《ろうばい》ぶりは、自分とは無関係だろうと思ったに違いない。また水面まで頭を下げて、ぴちゃぴちゃと水を飲み始めた。

私は堰に駆け寄り、小さな石を拾ってマックスのほうに投げ、再び注意を喚起しようとした。しかしそこで足を滑らせ、石の鋭い角で怪我をし、飛び道具を落としてしまった。私は起き上がると、マックスのほうに向かって走り続けたが、ワニはもうほとんど土手の水際のところに達しつつあった。それでもマックスはぴちゃぴちゃと舌で水をすくっていた。身に迫る、恐るべき危険に気付いていないのである。

そしていよいよぎりぎりのところでマックスにも、私が彼に向かって叫んでいるということが分かったようだ。振り向きざま、土手を駆け上がった。私もすぐそのあとを走って行く。二人とも、命からがらの疾走だ。私はそのわけを知りつつ、マックスは何も分からず。ワニが水の中から突然襲いかかるという場面は前にも遭遇したことはあるが、私の〈自分で選ぶましな死に方リスト〉で、ワニの順位はずっと下のほうになっている。

土手のいちばん上に達するまでの恐怖の数秒間は、いつまで経っても終わらないくらい、とても長く感じられた。土手の安全なところまで逃げおおせて振り返ると、怪物ワニの体形そのままに波が逆巻いていた。まさにマックスが水を飲んでいた場所だった。怪物は全長三メートル六十センチくらいと思われた。

私たちは助かった。私は地面にへたり込み、自分の正気と呼吸の両方を取り戻そうとした。私は片方の腕を伸ばし、マックスの体に巻き付けた。彼は大きな湿った舌で私の顔をぺろぺろなめていた。私がもう慌てていないので安心したようだ。しかし、前を見ると、ワニが見えた。マックスは緊張し、最大限の警戒態勢となった。私が彼に腕を回していたのは正解だった。というのも、彼が怪物に向かって行こうとしたからである。首輪を摑むのがなんとか間に合った。私はすぐ、あの勇敢だったペニーのことを思い出した。そして彼女がどうやって死んだかを。茂みに残されていた彼女の足跡はウソをつかなかった。彼女は、ワニを懲らしめようとして、逆に殺されてしまったのだった。向こう見ずだったかどうかは別として、ブルテリアもスタフォードシャーテリアも、本当に底知れぬ勇気の持ち主である。

マックスは水を飲んで、狙われた。ワニは、動物が舌で水をぴちゃぴちゃ飲む、その音を聞きつけるのである。彼らの殺しのテクニックは単純だ。水中に潜り、近づき、そして突然水面に躍り出て襲いかかる。そして彼らは、その道の達人である。地獄の顎にはさまれて死を免れる可能性は、極めて低い。ワニというものは、事前の警告を一切しない。

私たちは虫の知らせのおかげで助かった。それ以上でも、それ以下でもない。

十五分後、このハ虫類の怪物は堰の反対側に現れた。水からゆっくりとその体を持ち上げると、土手を這い上がって行った。私はこれを待っていた。これで少なくとも、じっくり観察することはできる。

遠くからワニの性別を見分けるのは、不可能とまでは言わないが、かなり難しい。しかし私はオスだと思った。背中の黒ずんだ色からすると、けっこう年も進んでいそうだ。狩りの腕前で判断すれば、確かに老獪なワニと言えるだろう。しかし保護区の新参者である。川を下って来たに違いない。恐らくこの前の洪水のときだろう。そして三キロあまりを歩いて、グワラ・グワラを自分の住み処としたのだ。その意味では、彼もトゥラ・トゥラの拡大家族の一員だった。保護される権利もあれば、自分の自然な生き方を、誰からも邪魔されずに続けられるはずである。堰の水域にはバーベルがたくさん泳いでおり、それを食べて十分生きていける。たまさかの大物も口にするだろうが、それはマックスや私ではないことを願うのみである。彼もトゥラ・トゥラで幸せに暮らせることだろう。

第33章 別れ

「親方！　親方！　応答願います、応答願います！」

デヴィッドが無線で呼んでいる。

「こちら、ローレンス。何事だ？」

「大きな間違いです」デヴィッドが言った。ズールーの文脈で「間違い」という言葉を使うと、それは大変な問題、という意味になる。「クードゥー川の渡り場の所からなんだけど、親方も、急いで来たほうがいいよ」

「なぜ？」

少し間があっての返答だった。

「またサイが死んだ」

「くそ！　一体どうして？」

「こっちに来て、実際、自分の目で見るといいよ。ぜんぜんお気に召さない状況だと思うけど」

何なんだろうと思いながら、私は三〇三口径を摑んだ。最初にサイが死んだときのように、密猟者との対決を予期したのである。私は車目がけて走った。すぐあとをマックスが付いて来る。デヴィッドが無線で言いはばかるのは、いったいどんなことなのだろう？

現場は車で二十分ほどだ。途中、ノムザーンが私の目を捕らえた。私の左手、草原を軽やかに駆け抜けていた。私は急いではいたが、車を止めた。何かおかしい。自分のいる所からそれを感じることができた。

私は彼を呼んだ。しかし、私のほうにやって来るのではなく、ノムザーンは頭を上げ、耳を広げ、そのままその場を後にした。ゾウがこれまでにない反応を見せると、私はいつも痛く興味をかき立てられる。いつもなら彼を追いかけて、それが何であるか突き止めようとしただろうが、この日は、デヴィッドが緊急事態だった。

私は十分後にデヴィッドと合流した。彼は、憂鬱そうに地面に視線を落として、サバンナ・アカシアの若木の陰にうずくまっていた。私は車を彼の横に停め、すぐに降りた。

「何事だ？」周りを見渡しながら私は言った。「サイはどこだ？」

彼はゆっくり立ち上がった。そして無言で案内して、古いけもの道を通り、開けた所へ抜けた。その中央に灰色の死体が横たわっていた。その様子から見て、最近死んだものと思われる。

角はそのまま付いていた。これは意外だった。当然、切り取られているものと思っていたからである。密猟者が真っ先にすることだ。私はその巨大な動かぬ体に歩み寄り、銃で撃たれたあとを無意識のうちに探していたが、一つもなかった。

そこで今度は、病気やその他の死因の痕跡はないか死体を吟味した。その間、デヴィッドは黙って横に立っていた。サイは鎧をかぶった皮に、深く生々しい裂傷がいくつかある他は、健康そのものの体をしていた。死してなお堂々たるこの様子に、サイが突然むくっと起き上がるのでは、という気がしたほどである。

私はこのむごたらしさに慄然とするあまり、周りの状況に今一つ目がいっていなかった。私は立ち上がって衝撃を受けた。竜巻ですら、これ以上の被害は与えられなかったであろう。藪はつぶされ、木があちこちで倒され、無残にも裂けていた。土はえぐられ、まるでブルドーザーが暴走して、すべてをなぎ倒したかのようであった。まったく理解できなかった。サイにはここまでの破壊はできない。いったいこれは何なのか？

私は答えを求め、本能的に地面を見た。サイの足跡はいたる所にあった。重いながらも動き回ったという足跡だった。しかし、ねじれたり、回転したりと、不自然である。するとゾウの足跡が突然、私の目に飛び込んで来た。大きな重いゾウの足跡だ。攻撃的で、地面をねじ曲げるような、荒れ狂うオスである。

ノムザーンだ！

私はぴんと来たが、その考えをなんとか抑え込もうとし、そんなはずはないと必死だった。

「彼が殺したんだよ」そこへ、デヴィッドの囁きだ。「彼女ものすごく抵抗したんだけど、とても、かなう相手じゃなかった。まったく相手にもなりゃしない」

私も頷いたが、そうであってほしくはなかった。しかし、足跡がすべてを克明に物語っていた。それは映画フィルムに逐一刻まれたも同然だった。

「僕は前にゾウがクロサイを水場で殺すのをナミビアで見たことがあるよ」デヴィッドが続けた。ほとんど独り言のようなつぶやきだった。「体当たりの衝撃がものすごくて、サイは十メートル近く吹っ飛んだよ。そしてそのまま倒れて死んだ。肋骨が何本も折れて、心臓の上にくずおれる感じだった。すると、ゾウは前足をその死体の上に置いて、体重を掛けて前後に揺すったんだ。サイはおもちゃみたいだったね。とにかく信じられないような力だった」

彼は目の前の死体を見つめた。「これはシロサイだね。クロサイのほぼ二倍の大きさだよ。それでも、とてもかなう相手ではなかったね」

左側の藪で何かがちらりと動くのが見えた。マックスにも見えたようで、私は彼の視線を追ううち、近くの茂みから静かに様子をうかがっていたサイの子どもを見つけた。最初は葉っぱに隠れてよく見えなかったのだが、死んだサイの二歳になる娘ハイディだった。サイはたいていの場合、命を懸けて戦うが、子連れとなれば確実にそうなる。

「何と面倒なことに！」私は頭から湯気が出そうだった。私の怒りの言葉が茂み中に響き渡った。「何のためにこんなことをしたんだ？　ほんとに馬鹿だよ！」

「銃で処分したりはしないよね？」デヴィッドが聞いた。私は、彼がなぜ憂鬱そうにしていたか、その理由が初めて分かった。

ノムザーンを銃で処分？　考えてみただけでもぞっとした。

南アフリカの大半の動物保護区では、親を処分され、大人のオスから賢明な指導も受けることなく成長して攻撃的になった若いオスのゾウが、訳もなくサイを殺す例は、これまでもあった。そしてそういった場合、保護区の所有者の報復措置は迅速かつ厳格であった。南アフリカではサイは珍しく、非常に高価である。一方、ゾウはサイよりは数が多く、比較的安価である。これまでの記録によれば、一度サイを殺したゾウは、そのあとも、繰り返しサイを殺していた。したがって、貴重なサイを守るための措置だ。サイを殺すゾウは、死刑宣告を自分で自分に下しているようなものなのである。

無分別な暴力行為によりノムザーンは自ら、社会の敵、社会の除《の》け者になってしまった。私ももはや彼をここにつなぎとめておくことはできない。売り飛ばすことも、ただで引き取ってもらうこともかなわないだろう。戯れにサイを殺したようなゾウをいったい誰がほしがるというのか。大半の動物保護区では私のようなオーナーの立場にある者なら、ただちに山狩りをして、問題をその場で手っ取り早く片付けようとするだろう。

「いや」私は自分自身に言い聞かせるように答えた。「撃ち殺したりはしないさ。しかし、ずいぶん厄介な問題を抱え込んでしまったな」

私は一息入れ、気持ちを整理しようとした。「焦らずにやっていこう。まず第一に、ハイディは大丈夫ということだな。もう大きくなったし、母親がいなくても生きていけるはずだ。他のサイと群れてくれるだろう」

「第二に、角の回収だね」デヴィッドが割りこんできた。「噂が広がったら、密猟者は誘惑にはかなわないだろうからね。僕が人を手配するよ。角は切り取ってもらって、洗って、金庫に仕舞おう」

私は頷いた。「いい考えだ。野生生物局には私から電話を入れて報告しよう。サイのこんな死に方は彼らも嬉しくないだろうけど、報告するしかないよ。死体はここに置いておこう。ハイエナやワシも集まって来るし、お客も楽しめる」

デヴィッドが何か言いかけて、ためらった。「親方……」ほとんど囁きだった。「ノムザーンを撃ち殺さないってほんと?」

確かに大問題であった。答えはない。はぐらかすしかなかった。「奴を見つけ出して、どうしたらいいか考えてみるよ。しばらく一緒に時間を過ごして、何か糸口をさぐってみる」

デヴィッドは、あまり納得した様子ではなかった。しかし、私としては、精一杯の答えであった。私たちは立ったまま、しばらくこの巨大な灰色の死体を見つめていた。それからそれぞれ違う方向に向かった。彼は、サイの角の切断チームの編成に、私はノムザーンとの談判に。

　私がその場を去ろうとすると、サイの子どもが、それまで隠れていた茂みからとろとろと出て来て、勇敢だった母親の死体に近づき、その死を悼んだ。ノムザーンは本当にとんでもないことをしでかしたものだ。

　一時間半ほどして私は、グワラ・グワラの堰の所で草葉を食べているノムザーンを見つけた。私はゆっくり近づき、三十メートルくらいのところで車を停め、外に出るとボンネットにもたれかかって、双眼鏡を取り出した。彼を呼ぶことはしなかったが、彼は私がそこにいることがちゃんと分かっていた。しかし、彼は私をあえて無視し、食事を続けた。それが、私の望んでいたことだった。彼の体を双眼鏡でざっと見てみると、戦いの傷跡がいくつもあるのが分かった。

　血の固まりがあるので、彼が胸を角で突かれているのが分かるし、両脇に擦り傷や切り傷のあとがあった。短い衝突ではなかったことが分かる。激しく長い格闘だったはずである。それもひとえに、彼が喧嘩に慣れていないからと思われる。これほど大きいのだから、喧嘩の経験が豊富なら、強烈なぶちかましの一撃でしとめていたはずである。

　サイにしても、逃げるチャンスはいくらもあったであろう。しかし、子どもが一緒となれば、彼女の辞書にもはや「逃げる」の文字はなかった。この勇気ある生き物は必ずそうだが、その場をがんとして譲らず、そして、そのために最大の代償を支払ったというわけである。

　食事を終えたノムザーンがついに私のほうを見た。

「ノムザーン！」私は鋭く切り出した。音量より、音調や陰影に意識を集中しながら。「自分がしたことの意味がわかってるのか？　この阿呆！」

私が彼に対してこんなに激しい口調を使ったのは初めてだった。彼には、私がサイの死に関してとても怒っていることを分かってもらわねばならなかった。

「これは大変なことだよ。君にとっても、私にとっても、みんなにとっても。いったいどうしちゃったんだい？」

彼はじっと立っていた。私の叱責に、視線も動かさなかった。私の車が去ったあと、彼もようやくその場をあとにした。

それ以来、私は彼を毎日追った。できるだけ、彼の近くにいたが、彼が近づいて来ると、わざと遠ざかった。これには彼も苛立っていた。

そのあと、まったくの幸運だったが、彼が殺害の現場近くにいるところに出くわした。

私はさっそくサイの死体がまだ腐り続けている場所まで車を走らせた。自分が堪え難い腐臭の風上に来るようにし、避難路も確保して、彼を優しく呼んだ。

再び私のいつもの優しい口調が聞こえて喜んだのは間違いない。ノムザーンが私のほうに歩いて来た。私は彼が殺害現場まで来るようにすると、窓から身を乗り出し、強く落ち着いた口調で彼を非難したが、彼が珍しく向きを変えて帰ろうとしたので、私はようやくそれをやめた。

このような話はすべてナンセンスだという人たちもいるであろう。ゾウに何が分かる、そんなの時間の無駄だと。しかし、ノムザーンには私の言いたかったことが届いたと私は思う。このあと、サイを殺すどころか、サイとは二度と面倒を起こさなくなった。私たちの関係は元に戻り、ノムザーンもこれまでどおり、私との藪の「おしゃべり」に現れるようになった。

時には家まで遊びに来ることもあった。これで誰よりも安心したのがデヴィッドであった。

それから少しして、デヴィッドが私の部屋をノックした。少し沈み込んでいる。

「入っていいですか?」

「いいよ。どうした?」

「両親が国を離れるんだ。イギリスに行く。移住だよ」

これには驚いたのなんの。私はひっくり返るかと思った。デヴィッドの一族はもともとズールーランドの開拓者だった。地域ではたいへん人望があった。両親にしてみれば一大決心だったに違いない。デヴィッドは私の驚いた様子に気付き、笑顔を見せた。ほとんど恥ずかしげにも見えた。

「それだけじゃない。僕も付いて行くんだ」

私は今度は本当に椅子から転がり落ちそうになった。デヴィッドの両親がイギリスで生活する様は、とても想像しにくかったが、デヴィッドとなればなおさらだ。彼こそは藪の男だった。イギリスではなかなか見つからない類いの人間ではある。野生の男だった。

「また〈カーキ熱〉じゃないのか?」笑いながら私は聞いた。前回、彼がトゥラ・トゥラを離れたのは、イギリスから来た可愛い観光客のせいだった。動物監視員《レンジャー》がしぶいと言ってファンになる女性たちがいるのである。あの時はわずか一ヶ月ほどで戻って来て、また使ってくれ、ということになっていた。

彼は笑い声を上げた。「今度は違うよ。両親も外国で順応していくのは大変だろうから、僕も支えになってやろうと思ってね」

私は頷いた。彼は両親との絆が強かった。

「私が何かすれば、君を引き止められるかな？」

「それはないと思うよ、親方。僕もほんとに辛い決断だったんだ。トゥラ・トゥラやあなたたちを離れるのはほんとに寂しいよ。でも、家族に付いて行くことにした」

「私も君がいなくて寂しい思いをすることになるね」

彼はその月のうちに辞めていった。憂鬱な一日だった。私は彼の「親方」として、彼と最後の握手をした。

さすがにデヴィッドだ。ひたすらに前向きである。やがてイギリスの土を踏むと、軍隊に入った。世界的に有名なサンドハーストの陸軍士官学校に士官候補生として入学。その後、士官としてアフガニスタンの戦闘部隊にも参加している。現地では、彼のそれまで戸外で培った様々の技術や生来の指導力も生かされて、立派な士官になったことは間違いない。

第34章　毒蛇だ！

トゥラ・トゥラでは過去ほぼ六十年間、ヘビに嚙まれた人がいない。前の所有者たちは、五十年間、事故を起こしていなかったし、私たちもここに来てかれこれ八年、一度もヘビの被害はなかった。

それは別に驚くべきことでもなかった。トゥラ・トゥラも他のアフリカの動物保護区と同じで、様々の種類の様々の寸法のヘビがうようよしているが、これらの魅惑的なハ虫類は三つのもっともな理由によって自分のほうから人間を避けているのである。まず、踏みつぶされたくないこと。だから、人間に近づかれる前に、自分のほうから逃げて行く。二つ目に、人間は彼らのエサではない。三つ目に、人間はヘビを見つけ次第、相手がヘビというだけで殺そうとするということを、ヘビのほうでもずっと前から分かっている、ということである。

一つ目の理由の例外はパフアダーである。くすんだ黄褐色と黒の体色で偽装し、人がいくら近づいても、微動だにしない。ずんぐりとした体で、長さは平均的なところで九十センチ、非常に攻撃的なので、アフリカにおけるヘビによる人の死亡例は、他のどのヘビよりも多い。ベテランの動物監視員なら誰でも、じっとしていたパフィーを踏んづけた、ないし、踏んづけそうになったという経験があるはずである。ただし、あとになってしか分からないのが、すんでのところで猛毒を注入されるところだったということでもある。とにかく動かない。上に人が乗っても動かないときがある。しかし、嚙み付く。人が逃げるよりも先に、嚙み付くのである。

ヘビに関する神話をかなぐり捨てて初めて、来訪客も心を開いてこれらの素晴らしい生き物を評価できるようになる。中には親しく接するまでになる人もいる。ヘビは環境にとって非常に重要な役割を果たしている。特に、ネズミの増殖の抑制である。

しかし、まったく一つだけ独自の世界に生きているヘビがいる。

「シマウマを二頭亡くしたよ」ジョン・ティンリーが言った。州の野生生物局が運営する、うちの隣のフンディムヴェロ保護区のベテラン監視員である。ある日お茶に立ち寄ってこう話をしてくれた。「二頭とも水場のすぐ隣で死んでいた。ふくよかで健康そのものの姿。病気や怪我の痕跡は一切見当たらなかった」

彼は私を見つめ、私の言葉を待っていた。私を試しているのである。

「なるほど。実際はどういうことだったの？」私は、駆け引きなしに、ずばり聞いた。

「ブラックマンバだよ」彼は答えた。紅茶が熱いので、ふーふー息を吹きかけて冷ましている。「シマウマを二頭殺された。完璧におだぶつ」

「冗談でしょ」体をまっすぐ起こして私は言った。「マンバが成獣のシマウマを二頭？」

彼は指をパチンと鳴らして言った。「あっという間の出来事だったね。現場に着いたときには、もうくたばってた。怖がらせたか、踏んづけたか何かだろうね」

「ほんとなの？」私は聞いた。私は自分の耳を疑った。シマウマなら体重三百キロ近くもある。「二頭も？」

「足跡はウソをつかないさ。あんな跡を残すヘビは他にいないね。火は君にも見えたかもしれないね。シマウマの死体を燃やしたんだ。誰にも、どんな動物にも、毒入りのあの肉は食べさせたくないからね。ハイエナにだって」

彼が帰ると、私は受話器を取り、二カ所に電話したあと、椅子に沈み込んだ。彼の言ったとおりだ。ブラックマンバなら、シマウマも簡単に殺せる。というか、ほとんど何でも殺せる。ライオン、聳《そび》え立つようなクーズーのオス……キリンだって倒している。人間はというと、ブラックマンバ一匹の毒で、大人四十人くらいは殺せる。

大きくなると全長四メートル五十センチ。人間の腕くらいの太さになる。しかも、最も速く移動するヘビの一つである。頭を地上一メートル前後に掲げて、するするっと進んでいたりする。さらに言うと、ブラックと言いながら、体色は黒でもない。メタル・グレーといったところである。ただし、口の中は真っ黒。だからこの名前が付いた。その棺桶のような形をした頭を草の上に数十センチ突き出して、草原を滑るように進んで行くブラックマンバ。これぞ、究極のサファリである。

数日後、私が自分の事務所にいると、ビイェラが、あらん限りの大声で叫ぶのが聞こえた。

「ムクルー、早く来て。マンバだよ！」この言葉で一気に目が覚めた私は、散弾銃を摑むと、マックスを部屋に閉じ込め、外に飛び出した。ビイェラは家の後ろのほうに立っていて、倉庫の壁に背中をくっつけ、前を指さしている。

「マンバだ！」彼がまた叫んだ。

私は指を唇に当て、もっと静かに話すように彼を制した。彼は頷き、散弾銃が有り難いようだった。彼は、いろいろがらくたの置いてある小さな中庭を指さした。

「あそこへ入って行ったよ」

「ほんとにマンバだったの？」私は聞いた。どんなヘビを見ても、マンバ、マンバと大騒ぎをするビイェラだからである。

「ヌゲムペラ（もちろん）」

原則として、私たちはヘビも殺さないことにしていた。ブラックマンバでも、なんとか捕まえて、藪に戻そうとした。しかし、これほどの猛毒のある生き物が家の中に入りそうだというのであれば、ためらいなく撃ち殺す。どうしても避けたいのは、長さ数メートルの猛毒蛇がスルスルと私たちの寝室に現れるとか、ソファーのクッションの陰に陣取ってしまう、という事態であった。

私たちがじりじり迫って行くと、ビイェラが私の袖を摑んだ。見ると、ヘビのしっぽが見えた。よりによって私たちの寝室の窓から中に入って行くところであった。

「ちくしょう！」私は叫んだ。私は急いで反対側へ回って、家の正面入り口に戻ることにした。ビイェラもすぐあとに付いて来る。

私たちは開いたままだった正面のドアを突っ切り、寝室まで飛んで行くと、ぴたりと止まった。それからは、抜き足差し足、部屋の中を進み、ヘビがいないか、周りを注意深く調べた。そして、床、茅葺きの屋根を支える柱、と調べて行った。しかし、まったく何も見当たらない。ヘビはいなくなっている。それからあちこちを捜した。ベッドの下、棚の中、カーテンの陰。すべて。しかし、完璧に、ほぼ完璧に、いなくなっている。

「これは大変だよ。マンバが寝室にいる。なのに見つからない。忌々しいマンバのやつめ。いったいどこに行きやがった？」

「幽霊みたいな奴らだからね」ビイェラが答えた。

呆気にとられていると、フランソワーズが外でスタッフと話しているのが聞こえてきた。「どういうことなの？　マンバが私の寝室に？　ローレンスはどこ？」

「ここだよ。ラウンジにいるよ！」私が叫んだ。落ち着いた口調を心がけて。

彼女が入って来ると、すぐあとをビジューがちょろちょろ付いて来た。「マンバが寝室にいるって、いったい何のことなの？」

「そうだね。たぶん……。さっきはいたんだけど……今はもう、たぶんいない」私は、状況はすべて掌握しているという印象を与えようと、せいいっぱい厳粛な面持ちで頷いた。

「たぶんって、寝室にいるかどうか、分からないの？」彼女はつま先立って、私の肩越しに寝室のドアから中をうかがおうとしていた。「分かったわ。〈おー、偉大なる白人のハンターよ〉。今夜は私、ロッジで寝ます。あなたがそんなに自信あるんだったら、あなたはこちらでいいわね。遺書は最新版に更新してあるか、確かめておいてね」

ところがビジューがいつの間にかすり抜けて、寝室で唸っている。私は彼女がマンバを見つけたなと直感した。というか、ひょっとすると、マンバが彼女を見つけたのかもしれない。

私は急いで寝室に戻った。部屋の真ん中にプードルがいた。そして、彼女の真ん前で、体を持ち上げていたヘビ。それはマンバではなく、成長した〈モザンビーク毒吐きコブラ〉、マックスの宿敵ムフェジコブラだった。マックスならぐるぐるその周りを回りながら機をうかがい、飛びかかるだろうが、ビジューはとてもヘビを相手にできるような犬ではない。

コブラは典型的な攻撃の姿勢をとった。頭を持ち上げ、頭巾を広げ、目の前の一口サイズのふさふさしたものに、催眠術でも掛けるように意識を集中している。幸い、私たちの到着でビジューは気が大きくなり、右に左に飛び跳ねて全力を振り絞るようにキャンキャン鳴くものだから、猛毒の持ち主も焦点が定まらなかった。

ムフェジコブラにも人を殺すほどの毒はあるが、猛毒度ランキングで言えば、マンバとは比べ物にならないほどずっと下位である。私はほっとして、体の力が抜ける思いだった。

ブラックマンバは、先に書いたとおり、実はグレーで、色ならムフェジの頭部とほぼ同じである。窓からスルスルと入って行くしっぽを見て、ビイェラと私は、ムフェジをマンバと思ってしまったようだ。なんだ、同じ猛毒でもムフェジコブラか、とほっとしたのも束の間、まてよ、ビジューにもしものことがあったら、フランソワーズがかんかんになってしまうぞ、と少し怖くなってきた。へたをすると私なぞ、犬ぞりなしに北極送りとなりかねない。

「ローレンス！　何とかしなさい！」

こう言われて、私は毒を浴びないよう眼鏡の位置を直し、同じ理由で口も（口答えのためにけたばっかりだったが）固く閉じた。身構えるヘビを遠巻きに、ビジューを拾い上げ、キャンキャン鳴き続ける彼女をフランソワーズに手渡す。

するとビイェラが、私の愛用するヘビ捕獲用の箒を渡してくれた。私は、ムフェジさんから必要以上に反発を買うまいと、慎重に近づいた。直立したヘビのほうに箒をゆっくりゆっくり持って行き、箒の先をその下に入れる。ヘビはこうしてもいつもだいたい平気である。何故か、彼らは、箒は怖がらない。箒に勢いを付け、少しヘビをひっかける形になるが、ヘビは下半身を箒からぶら下げながら、箒に乗っかることになる。あとは、箒を持ち上げ、柄の部分を持って外に運べばいい。ヘビはとぐろを巻いたまま、箒に乗せられている。私はそれを家からじゅうぶん遠い所で降ろした。

ハレルーヤ！　ビジューは助かり、私はフランソワーズからお家の偉大なる英雄の称号をもらうことになる。監視員の実習生二人が捕獲の様子を見ていたのも良かった。あとでこの箒のテクニックを二人と復習しておいた。大切なのは、コブラにしか使えないテクニックだということと、コブラが直立して攻撃姿勢をとるのを待って箒を下に入れるということである。そこを強調しておいた。

残念なことに、この即興の研修が、数日後、意図せざる深刻な事態へと繋がっていく。

「緊急事態発生！　中央棟で毒ヘビ被害です！」緊急通報が四輪駆動車の無線機から漏れてきた。ブレンダンと私は藪の中、車を停め、群れと一緒だった。マンドラがずっと大きいマブラを相手にじゃれ合うように相撲を取っているのを眺めているところだった。

ブレンダンの応答は冷静で的確なものだった。慌てる気持ちを静めるのにまさにぴったりである。

「誰が嚙まれましたか？　場所は？　ヘビの種類は？」

「実習生のブレットです。ブラックマンバかと思われます。ヘビを見つけて特定を急ぎたいと思います」

無線機の声は徐々に聞こえなくなった。私はとても気分が悪くなった。ブラックマンバか！　アクセルをぐっと踏んで、一路、家を目指す。緊迫した交信が無線で飛び交い、こちらからはなかなか言葉も差し挟めなかった。

トゥラ・トゥラからエムパンゲニの病院までは四十分ほどだ。マンバからたっぷり毒をもらっていれば、とても間に合わない。その半分の時間で死んでしまう。それに、保護区ではマンバの血清は置いていなかった。手元に置いておく人などいない。すぐ駄目になってしまうというのが、その簡単な理由である。時には血清で人が死ぬこともある。毒ヘビに嚙まれたときと同じくらい確実に死ぬ。

「いやはや。マンバでなけりゃいいがな」私は祈った。「たとえマンバでも、大きくないやつであってほしいものだ」

とは言え、それはもはやどうでも良かった。生まれたてのマンバでも、人間の大人を殺すだけの毒は十分に持っている。

車は裏の駐車場に停めた。埃が舞い上がる。私は車を飛び降りると、監視員たちの集まっている所に一目散だった。真ん中にヘビの死体が横たわっていた。マンバであってくれるなよ、と願った。見るとそれはマンバであった。

「ブレットは誰が病院に連れて行ったの？」私は聞いた。

「誰も連れてってないです。スーツケースの準備があると言うから、これから連れて行くところ」馬鹿げた答えがもう一人の実習生から返ってきた。

「何だって！　彼は、くそマンバだって知ってるのか？」

「ええ。でもちょっと指を噛まれただけだし」

「指を噛まれただけ？　相手はマンバだぞ！　どこを噛まれたかは関係ないんだ」

私は自分の耳が信じられなかった。そこへブレットが部屋から出て来た。スーツケースを持っている。まるでこれから休暇の旅にでも出ようかという雰囲気だ。私はブレットに急ぐように伝えた。しかし自分としてはここで深呼吸だった。この子をパニックに陥れることだけは、避けなければならなかった。「ブレット」私は小声で言った。「焦らなくていいからね。焦ると心拍数が増えて、毒の回りが速くなるだけだからね。マンバなんだろ。傷を見せてよ」

彼は手を差し出した。指に確かに噛まれた跡がある。でも、ほっとしたのは、穴が一つだけだったことだ。

「嚙み付かれたの？」私は聞いた。

「いいえ。ただ手に当たって、すぐ引っ込めた。でも、ものすごくひりひりする」

深く嚙まれて毒を流し込まれたわけではない。片側の牙が、指一本に当たっただけ。ブレットはひょっとすると大丈夫かも知れない。でも、ひょっとすると、だ。

「手も、ぴりぴりしない？」

「ええ。よく分かりましたね。足の指もしますよ」

手足の末端がちくちくするのが、マンバに嚙まれたときの最初の症状である。彼の体に毒が入ったことはこれで分かった。

「嚙まれたからね。さあ、行かなくちゃ。いいかい、すべてゆっくりだよ。呼吸も、何もかもすべて、ペースを落とすんだ」

私はそれから運転手にこう言った。「超特急で行ってくれ」そして、シーッ！　と言った。ブレットに聞かれたくなかったのである。運転手は頷き、猛スピードで出て行った。

家に残った私は時計を見た。嚙まれてから貴重な六分がすでに失われていた。どれだけの量の毒が彼の体内に注がれたのかも分からない。かすっただけ、というのでなければ、町まで半分も行かないうちに彼が死ぬことも覚悟しなくてはならない。彼の家族に私が電話で悲しい知らせをというのは怖すぎる。そのことは考えまいと、私は心の中で必死に戦った。

「どういうことだったの？」私はベキに聞いた。

「いやはや、あの若者、人の言うことを聞かないんだよ。ここにいたら、マンバがあそこにいるのが見えた」彼は、寝室の裏の小さな中庭を指さした。

私は中庭を見た。ビイェラが週の初めにヘビを見つけた中庭である。そして、ピンときた。そうか、あの日、ヘビは二匹いたのだ。ビイェラはまったく正しかった。中庭に入って行くのを彼が見たと言ったのは、やっぱりマンバだったのである。ムフェジコブラと鉢合わせになって、ムフェジのほうが慌てて逃げて、建物をよじ登り、窓から寝室に入り、そこで「勇敢な」ビジューに唸られてしまったというわけである。マンバはそれ以来、ずっと中庭にいたはずだ。

「はい《イエボ》」とビイェラが言った。ベキのすぐ横に立っていた。私の心が読めたようだ。「今回見つけたのはマンバだったよ。ムフェジじゃなくて。まぎらわしいね」

「それからどうなった?」

「ブレットが箒を持って、マンバの所に行ったよ。私は、このヘビは危険すぎる。箒を使うのはムフェジだ、コブラだって言ったんだけど、彼は人の言うことなんか、耳に入らないんだよ。やめさせようと思ったけど、もう遅かった。マンバに噛まれちゃった。死ぬかもしれないね」

「銃で撃ったのは誰?」

「私が撃った。マンバがすごく怒っていて、あちこち動き回るものだから」

「よくやった」

十分後、私は携帯電話で運転手に聞いた。

「ブレットの様子はどう?」

「汗かいて、唾液がいっぱい出ている。でも、まだ頭はしっかりしているよ。病院もそんなに遠くない。車はとにかく飛ばしている」

「わかった。お医者が診たら、また教えてね」

大変そうな感じだが、この初歩的な見立てで、私はブレットには微かなチャンスがあると思った。確かに、これからが油断できない段階ではある。しかし、死ぬのだったら、今頃すでに嘔吐が始まり、手足が思い通りに動かせなくなり始めているはずである。それが、死ぬときの最後の症状だ。

十分後、病院に着いたと運転手から連絡があった。ブレットは急遽、集中治療室に運び込まれ、二日間、生死の間をさまよった。それも、嚙まれたというほどのことでもなかった。片方の牙が、指に当たっただけだった。

私たちはこの事件以降、よくマンバを見かけるようになった。どのマンバもただ自分たちの生活を続けているだけである。しかし、この事件は、ここの半世紀あまりで唯一のヘビ被害として語り継がれるであろう。そしてこのときの実習生にとっては、一生忘れることのできない出来事となるであろう。

第35章 ゾウの出産劇

ナナの長女ナンディの大きく膨らんだお腹が、注目を集めつつあった。

「ナンディ」は、シャカ王の母堂にちなむ名前で、「善良で優しい」という意味であるが、彼女は独自の気質を群れに印象づけていた。堂々として、自信たっぷりで、機敏、ということである。十代の若者として彼女も参加していたのが、今や語り草となっているトゥラ・トゥラ到着翌日の大脱走事件である。それが今では、二十二歳の大人に成長していた。母親のナナからはリーダーとしての資質を受け継いでいた。そしてその彼女が妊娠しているのである。

身ごもった子どもの父親はもちろんノムザーンである。ナンディのお腹が樽のように膨らんでいることから、私たちは大きな健康な赤ちゃんを期待した。トゥラ・トゥラ全体が、朗報を待ちわびた。

人好きのする新しい監視員ジョニーが、赤ちゃん誕生の現場に最初に向かった。金髪で端正な顔立ちで少年ぽく、ここで働き始めたばかりだったが、人なつこい笑顔でスタッフからも好かれた。彼から無線連絡を受けたのだが、なぜかさほど嬉しそうでもなかった。「ナンディを川の近くで見つけたけど、赤ん坊はよく見えないよ。群れが周りに集まって来て、近づかせてくれない。実に不思議な行動だね」

「場所は正確に言うと?」私は携帯用の無線を摑み、ドアのほうに進みながら、彼に聞いた。

「ロッジの道を行って最初の渡り場の所。裏道を行ったほうがいいね。でないとゾウの所で行き止まりだから」

朝もまだ中ほどというのに、すでに太陽が照りつけていた。気温は摂氏三十七度を超え、なお上昇中である。私は身を伸ばし、車の床の上の帽子をまさぐった。私は肌が白いので、経験からアフリカの容赦なく照りつける太陽には注意するようになっていた。マックスが助手席である。窓から首を出し、舌も出して、風の香りを楽しんでいた。

ジョニーとブレンダンは難なく見つかった。ジョニーが言っていたように、五十メートル近く先に群れが集まっていたが、いつになくしっかりと固まっている。

「何事だ?」

「それが分からないんですよ」ジョニーが言った。「近寄れないのでよく分からない。でもあんなふうになってから時間はけっこう経ったな」

私は少し藪に入って、距離はとりながら、もっと群れの中が覗き込める場所がないものかと探して回った。群れは明らかに取り乱していた。そしてついに、群れの真ん中で地面に横たわる、生まれたての赤ん坊を垣間見ることができた。

横たわっているというのは、警報器をジャンジャン鳴らすくらい心配な状況だ。赤ん坊は、本来ならばもう四本足で立っていなくてはならない。アフリカの野生の生き物は、最初はぐらつくにしても、生後すぐに歩き始める。それももっともな話だ。地面に赤ん坊が横たわっているのでは、どうぞ召し上がって下さいとこちらからお願いしているようなものである。捕食動物の恰好のおやつになってしまう。胎体のものすごく大きいゾウでさえ、生まれたらできるだけ早くその場をあとにするものである。胎盤の匂いで、肉食動物が集まって来るからである。

どうなっているのか突き止める必要があるので、私はジグザグ状に少しずつ近づいた。どこまでなら近づくのを許してもらえるかと、あくまで慎重にである。二十メートル近くまで来たところで、フランキーが私に気付き、しっかり立ち上がった。脅すように二、三歩前に踏み出したが、私と分かると、耳を垂らした。しかしその場を動かない。彼女の態度からすると、これ以上は近づいてほしくないということである。私にそれが伝わったと知ると、フランキーは再び、横たわる赤ん坊のほうに向き直った。

私は少なくとも状況は摑めた。そして愕然とした。赤ん坊は、新しい命に与えられる大きな活力とともに、なんとか立ち上がろうと懸命であった。何度も何度も頑張った。辛抱強く、母親ナンディの鼻に持ち上げられ、祖母で家長のナナや大叔母のフランキーの鼻にも支えられ。しかし、痛ましいことに、半分立ち上がっては倒れ、また懸命に立とうとする、その繰り返しであった。それがそれまでしばらく続いていたのである。私は赤ちゃんゾウと、必死に助けようとするその家族を、気の毒に思った。

焼けるほどの暑さであった。周りに木は生い茂っているが、なぜかそこだけ太陽をさえぎる物がないという場所の、そのまたど真ん中に赤ん坊が横たわっている。これも、どうしようもない不運だった。灼熱の太陽の真下である。さらに、ここには草もなかった。熱せられた砂の上なのである。

成り行きを見守り、祈るしかなかった。だから、監視員たちは帰して他の仕事をしてもらい、私は一人で、車から水を持って来て、ゾウに出来るだけ近い所で木陰を見つけた。私は大声で呼びかけ、私が一緒にいることをゾウたちに伝えた。マックスと私はしばらくそこにいるつもりだった。

私は双眼鏡を取り出し、なんとか焦点を合わせた。赤ん坊はメスで、問題は一目瞭然だった。前足が両方とも奇形なのだ。母親の胎内にいるときから曲がっていたと思われる。繰り返し繰り返し立ち上がろうとするが、彼女は「くるぶし」で立とうとしていたのである。

それから一時間もすると赤ん坊はすっかり疲れてきて、立とうとする動作も弱々しくなり、その回数も減ってきた。それでも母親や大叔母たちは、赤ん坊が失敗するたびに、助けようとする意欲をかき立てるばかりであった。鼻を赤ん坊の下に這うように滑らせ、持ち上げ、しばらく支えて立たせるのだが、そのあとは優しくまた横たえるしかない。赤ん坊は地面に再びくずおれる。

ゾウは、暑い日はしっかりした日陰を好み、ずっとそこを動かないのが常である。巨体からものすごい熱を発するので、涼むことが第一である。見上げて私は太陽を呪った。激しい照りつけの真っ盛り、可哀想なゾウたちはその直撃を受けていた。それでも、そして二十メートル足らず先に木陰もあるのに、群れはその場を離れようとしなかった。真昼の太陽かまどの中で、赤ん坊を守ろうとしたのである。ほとんど見守ることぐらいしかできない子どものゾウたちですら、そうであった。一キロ足らず先は川なのに、誰も冷たい水を飲みに行こうとはしなかった。ゾウの帆のように大きな耳は天然ラジエーターであるが、この日は時間外の緊急稼働を続け、ひらひらさせては、熱くなり過ぎた体温を、なんとか調節しようとするのであった。

その時私は初めて気付いたのだが、赤ん坊は絶えず、母親や大叔母の陰になっていた。たまたまではなく、意識してそうしているのである。満天から降り注ぐ日光に対して、ゾウたちはなんと交替しながら日傘の役目を果たしていた。位置を少しずつずらしながら、もがき続ける赤ん坊が太陽に決して直に晒されることのないようにしているのであった。

それから三時間たち、赤ん坊は降参し始めた。大人たちが鼻で持ち上げ、支えようとしたが、もうやめてとばかり、悲痛な鳴き声を上げた。赤ん坊は疲労の極みに達していた。

とうとうナナもやめた。他のゾウと一緒にその場に立ちつくし、動かなくなった赤ん坊を目の前に、ただ待っていた。双眼鏡で見ると、赤ん坊はまだ息をしていた。しかし、こんこんと深い眠りに落ちていた。

人間ならひとたまりもないような逆境に、野生の動物なら耐えることができる。このゾウの赤ん坊は、生まれるという苦しみを経て、半日を灼熱の新しい異質の環境のもとで過ごし、生まれて初めての水もまだ飲んでいなかった。それでも彼女は生きていた。戦っていた。

しかし終わりが近い。私はなんとかしてこの子を群れから切り離さなくてはならないと思った。群れもできる限りのことはしていた。しかし、この子に必要なのは高度な医療だ。世界一の優しい心をもってしても、ナンディとナナでは彼女の足は治せない。彼女の唯一の望みは我々であった。そしてそれも、はかない望みではあった。しかし、どうしたら彼女を群れから切り離せるのか？　ゾウの母性本能は強烈だ。車で乗り付けて赤ん坊を奪って逃げる、などということはできようもない。母親からの報復は、天地を揺るがすほどのものすごいものになるであろう。

では、どうしたらいい？　銃で脅してとなると、群れとの関係は永久に修復不可能となる。しかし、他にやりようもない。ナンディだけが相手ならひょっとして……。しかしナナとフランキーが近くにいたら無理だ。

こうしてマックスと私はその場に座り込んで、ゾウの世界の大いなる神秘にあれこれ思いをめぐらせた。午後も遅くなると、ほんの少しばかり気温も下がり、ゾウたちは再び、赤ん坊の両脇から鼻を下ろして、体を持ち上げ、立たせようとした。夕闇が迫るまでこれを続けたが、何度やっても惨めな失敗だった。

私は車で近づき、ヘッドライトを照らし、ゾウたちを助けようとした。ゾウは決して諦めない。私はその姿に心打たれた。かれこれ十二時間頑張り続けている。恐るべき粘りであった。海兵隊には「誰もあとに残すな」（戦友を残したまま戦場を後にはしない）という格言があるらしいが、彼らでさえゾウからは学ぶべきことが一つ、二つありそうだ。

夜半頃、赤ん坊は哀れなほどに衰弱し、この子はもう駄目かもしれない、私にできることはもうないかもしれないと、私も諦め気味になった。私は大声で別れを告げ、明日また来ると言い残して車で家まで帰り、ベッドに入った。翌朝の最悪の事態を覚悟した。

夜が明け、戻ってみると、驚いたことに、ゾウたちはまだそこにいた。赤ん坊はもう体がぐにゃぐにゃと言っていいほど疲れ果てていたが、それでも大人たちは立たせようとしていた。信じられないような光景だった。この素晴らしい生き物の献身ぶりは、私たちの理解を超えている。私は彼らと彼らのしていることに対して、計り知れぬ畏敬の念を感じた。

陽が昇り始め、朝の十時には、この日もまた暑い一日になることが分かった。それでも彼らは続けている。しかし、これ以上、何ができるというのだ？　私には赤ん坊がもう終わりであることが分かっていた。

その数分後、ナナが数歩後退して初めて群れから離れた。まるで状況を判断しようとしているようだった。そして向きを変えると、そのまま歩き去った。鼻はだらりと垂らし、肩を落としている。それは失意の姿であった。決断は下されていた。ナナは、自分たちにできることはすべてやり尽くしたと思っていた。彼女はすべてが終わったことを知っていた。できる限りのことをして頑張ったけれども、赤ん坊は立ち上がることができなかったし、生き延びることもできないであろう。

群れの残りも彼女に付いて行った。彼らの姿はやがて見えなくなった。カラカラの喉を潤しに、川に向かったのである。原野の救急治療室でかれこれ二十四時間、水も休息もなしに、働きづめだった。人間にだってなかなかできることではない。

しかし、ナンディは残った。母親として、最後まで残り、子どもをハイエナなどの捕食動物から守らなければならない。足がうまく動かせない娘に、自分の体で日陰を作ってやり、じっと立っていた。母親ゾウは疲れ果て、初めて生んだ子どもの運命を諦めていたが、その最後の一息まで守り抜く覚悟であった。

私は赤ん坊の様子を双眼鏡で見て、もう死んだと思った。ところがそのあと、見過ごしかねないほどほんのわずかであるが、頭が動いた。私は興奮し、心臓がどきどきした。この子はまだ生きている。かろうじてではあるが、生きている！　そして、群れはいない。私はまたしても、とんでもないことを企み始めていた。

急いで家に帰ると、私は空の大きな容器を車の荷台に載せて水を入れ、採りたてのアルファルファも一袋積み込んだ。ブレンダンが監視員たちを集めた。

「いいかい、みんな」私が言った。「これからこうするんだ。私はなんとかナンディのところまでバックで近づき、水とアルファルファの匂いを嗅がせる。そしてゆっくり前進して、彼女を赤ん坊から引き離そうとしてみる。ナンディはこの二十四時間、水は一滴も飲んでないし、なんにも食べていない。おまけにこの太陽でたっぷり焼かれている。お腹はペコペコ、喉はカラカラ。だから、ひょっとすると、私のあとをついて来るかもしれない。三十メートル先にきついカーブがあるので、彼女がそこまで付いて来たら、赤ん坊は見えない。そこで君らの出番なんだよ。君たちには、反対側からこっそり入って来てもらって、できるだけ素早く赤ん坊を捕まえ、車に載せて、そのますっ飛ばして行ってほしい」

そこで間を入れて見渡すと、監視員たちの目がきらきら輝いていた。「しかし、ナンディに赤ん坊の拉致の現場を見られたら、君たちの体は回収できるほど残っていないかもしれない。だから嫌なら来なくていい。ものすごく危険な作業だから。ほんとだよ」

私は頷いて感謝した。「よし。獣医にも電話した。彼は点滴を持って来てくれる。赤ん坊は脱水して危険な状態だからね。赤ん坊用のマットレスも積んだよ」

私たちは急いで現場に向かい、所定の位置に就き、計画を細かく再点検し、無線をテストした。「チャンスは一度きりだからな」私はみんなに念を押した。「前にも言ったけど、君らが赤ん坊の近くにいるところをナンディに見られたら、とてもまずいことになる。バックで入るんだよ。見つかったら、そのまま前に逃げればいい。運転に一人。あと二人は後ろで赤ん坊の積み込みだ」

ナンディは私のことが分かるし、食べ物と水もあるし、私は少なくともその分、少しは安全かもしれなかった。それでも、足の悪い赤ん坊を連れているので、母親である彼女がどう反応するかは、誰にも予測はつかなかった。しかし、監視員たちとなると、話はまったく違ってくる。なにしろナンディは、彼らのことを知らないし、しかも、赤ん坊を拉致しようというのだ。彼女から情け容赦は一切期待できなかった。

私は車に乗ると、大声で呼びかけ、私であることを知らせながら、バックでナンディに近づいて行った。彼女はまず珍しい反応を見せた。赤ん坊と近づいて来る車の間に入ったあと、突進を始めたのである。ラッパのような大きな鳴き声を上げて脅し、私を追い払おうとした。土埃が舞い上がる。彼女が私に向かって来たのは初めてのことだった。そこで、私は止まって、窓から外に身を乗り出し、なだめるように話し始めた。彼女が戻って行くので、私は再びゆっくりとバックし始めた。すると、ドシドシとまたこっちに向かって来る。そこでまた私も話をする。バックで進むこと三度目で、彼女の突進もまったく迫力がなくなってしまった。彼女が向こうへ行こうとしたその刹那、私は彼女の体が文字通り大きく翻るのを見た。抗いがたくうっとりとしてしまいそうな新鮮な水と食べ物の香りを、嗅いでしまったのである。彼女は舞い戻って来た。

「さあ来なさい。バーバ(赤ちゃん)」私は優しく呼びかけた。「来るんだ、奇麗なお姉さん。ほら。暑いだろ。もう二十四時間、何も食べてないし、何も飲んでいないだろ。こっちへ来なさい」

彼女は一旦止まり、ためらいがちに二、三歩前に踏み出した。耳を広げ、おずおずとすべてを調べたあと、近づいて来て、鼻を水の中に突っ込んだ。数リットルの水を慌てて鼻から口へ流し込んで、あちこちにこぼしまくっていた。すると満たされぬ喉の渇きが一気に全開、彼女は車の後ろでぼごぼごと本格的に水を吸い上げ始めた。私は車を、ゆっくり、ゆっくり、前に進めた。彼女はもうためらいもなく付いて来た。前に進みながら、ガボガボ飲んでいく。カーブを曲がっても止まらない。赤ん坊の所からはもう見えなくなっていた。彼女がいかに喉を渇かせていたか、ということである。

「今だ、行け、今だよ!」私は無線に囁いた。「私のところから見えないから、ナンディからも、もうそちらは見えないよ。終わったら教えてくれ」

私はナンディに話し続けた。声でなだめ、注意をそらし、分かってもらえるかどうかはさておき、私たちの行動を説明した。「赤ちゃんは私たちが預からないことには助からないんだ。そのことは君にも分かってる。私にも分かってる。君が戻っても、彼女はいないよ。でも助かったら、また戻してあげるから。それは約束する」

彼女に理解できるかどうかはまったく分からない。しかし、抑揚と意図は、言葉以上に伝わるものである。少なくとも、私たちの行動を説明して私は気が楽になった。

数分後、興奮気味の連絡が無線で入って来た。「捕まえたよ。赤ん坊は生きている。かろうじてだけどもね。これから出発だ」

「素晴らしい！　よくやった。家まで運んでくれ。私はしばらくナンディと一緒だ」

ナンディは水を平らげるように私を見つめ、こんどはアルファルファに食らいついた。これが終わると、彼女はありがとうと言うように私を見つめ、赤ん坊を残して来た場所に戻って行った。私もバックであとを付いて行った。彼女は地面の匂いを嗅ぎ始めた。嗅覚が非常に鋭いので、監視員たちの匂いはすぐに分かったはずだ。数分間じっくり匂いを嗅ぎ回っていたが、しばらく立ち止まると、向きを変え、群れのほうにゆっくり歩いて行った。

彼女がもしハイエナかジャッカルの匂いを嗅ぎ付けていたら、これほど落ち着いてはいなかったはずである。その匂いを追って、ものすごい剣幕になっていたであろう。

私は彼女の姿が見えなくなるまで待って、監視員たちに連絡した。「どうだい、そちらの様子は？」

「彼女はまだ生きてるよ。芝生の上に寝かせて、上から水を吹きかけて、冷やしているところ。獣医がこれから点滴だ」

「私もすぐ行くよ。みんなよくやった」

私はまだ手が震えていた。成功するとは信じられなかった。勇敢な監視員たちのおかげだ。ゾウの赤ん坊を母親から奪ったのである。

このあとはその命を救う番だ。

第36章 トゥラの頑張り

私が家に戻ると、ゾウの赤ん坊は身動きもせず、木陰になった芝生の上に横たわっていた。獣医が二本目の点滴を耳の後ろで盛り上がった静脈に繋ごうとしているところだった。

「息も絶え絶えだね。脱水症状が激しい」彼は言った。「これからの二、三時間が勝負だ」

私はその場を離れ、問い合わせの電話を何カ所かに掛けた。野生のゾウの赤ちゃんにはどんな人工乳がいいのか知りたかったのである。正確な成分を知りたかったのだが、ケニアにある有名なダフニー・シェルドリックの動物孤児院で教えてくれたので、私は動物監視員を町に使いに出し、人工乳の材料とジャンボ・サイズの哺乳瓶や哺乳瓶用の乳首などを買ってきてもらうことにした。

その間、フランソワーズは私たちの寝室の隣にある予備の寝室をゾウの保育室に改造中だった。藁を敷き詰め、ベッドとして固いマットレスを用意していた。

「赤ちゃんゾウはこれで快適よ」こう言った彼女は、私以上の自信をみなぎらせている。「名前はトゥラにしましょう」

私も賛成だった。いい名前だ。

私はゾウのところに戻り、曲がってしまっている前足を見てみた。

「大きいゾウだね」獣医が言った。「と言うか、大きすぎるよ。だから前足が後ろに屈曲したんだ。母親の胎内でそうなったんだね。大きすぎるものだから、お母さんのお腹の中が狭すぎて、足がそれ以上成長する広さがなかった。でも骨が折れているわけでもないし、筋肉も損傷はないし十分柔らかいから、正しい位置に直せると思うよ。運動させてまっすぐ伸ばすようにするといいね」

獣医はトゥラの周りを歩いた。「耳もほんのすこしだけど心配だね。日焼けと砂焼けだよ。端のほうは、取れてしまうかな。軟膏を処方しておくよ」

ちょうどそのとき、トゥラが頭をかなり強く動かした。点滴というのは野生の生き物にはとても効果がある。時々、あまりに効きすぎて、まるで死んだものが生き返っているように思えることすらある。トゥラにしても突然、蘇ったようであった。

「確かに彼女は回復中だ」獣医が言った。「部屋に移そう。少し寝てくれるといいな。目を覚ましたら、一本授乳だね」

点滴と一緒に、私たちは彼女を新しい部屋に運んだ。マットレスに乗せると、すぐに眠りについた。

「すごいこと教えてあげようか」ジョニーがフランソワーズと私の所に来て言った。「彼女を荷台に乗せるときは二人だったんだよ。母親ゾウの戻って来るのがとにかく怖くて、二人で、あっという間に乗せたよ。でも、ここに着いてからは重くて二人では荷台から降ろせないんだ。結局四人で降ろしたよ。アドレナリンが出ているときってすごいもんだ」

新任の監視員ジョニーはずっと彼女に付きっきりになった。彼女が良くなるまで二十四時間態勢で寝起きを共にする。親のいない赤ちゃんゾウは、親代わりが絶えず付き添っていないと、肉体的にも精神的にも、急速に衰える。数ヶ月前にここで働き始めたばかりのジョニーであったが、その彼がその役目だ。本人も大変喜んで引き受けてくれた。

翌朝、トゥラは特大哺乳瓶で最初の授乳をジョニーからしてもらい、たっぷり飲んだ。

その次の日、体力がかなり付いたので、ジョニーは布製の吊り帯を作り、庭の大きなマルーラの木にぶら下げた。私たちはトゥラをゆっくりそこまで運んで、彼女は必死に抵抗したが、吊り帯をお腹の下に通して吊り上げた。そしてジョニーが彼女の曲がった足を前に伸ばそうとした。そのあと彼女をそのままゆっくり降ろして、正しい姿勢で立たせた。

私たちの計画は単純だった。彼女の前足を鍛えること。でなければ、死んでしまう。そして彼女が立った。最初は酔っぱらいのようにぐらぐらしておぼつかないが、徐々にバランスをなんとか取れるようになる。これを授乳と授乳の間に何度か繰り返し、夕方までには吊り帯の助けを借りて安定して立てるようになった。

私は小さくヒューッと口笛を吹いた。ひょっとすると彼女は助かるかもしれない。群れへの約束を私は果たせるかもしれない。この強靭な赤ちゃんゾウが一日で見せてくれた前進に、私たちはとても勇気付けられた。

翌朝、彼女は吊り帯に支えられ、不安定ながらも歩き始め、三日目には一人で歩いた。ゆっくりと、何度も倒れながらであるが、不満がましいところは一切なかった。いつも明るく、必死に立ち上がりながらも、ほとんど笑顔のような表情を見せていた。彼女の勇気は凄かった。ずっと痛みを感じているだろうに明るさを忘れないその姿には、舌を巻いた。

一週間たらずで、この勇敢な小さな生き物は、よたよたではあるが芝生の上を行き来していた。そのすぐあとを忙しく付いていくのが、大きなゴルフ用の日よけ傘を持ち上げたビイェラである。彼女はこの庭師の心を摑んでいた。これから彼のこの地上での使命は、赤ちゃんゾウのぼろぼろになった皮膚を太陽から守ることのようであった。

日が経つにつれ彼女はどんどん強くなっていき、授乳も規則正しく受けた。これは野生のゾウを人の手で育てる際の極めて重要な点であった。サイの赤ん坊なら人を踏みつけても哺乳瓶にくらいついて来るが、親のいないゾウは、お乳を与えるのが非常に難しい。お母さんのおっぱいを吸いたいという気持ちが強くて、哺乳瓶ではなかなかこれもそれと同じだとは思ってもらえないのである。そこで、布を天井から吊るして母親の腹をイメージさせる手を使う。その横に赤ちゃんゾウを立たせ、布の下に哺乳瓶を持って行き、その乳首を吸わせるのである。

しかし、それでもうまく行かなかったら、力ずくで飲ませるしかない。おかげで、授乳の時間の我が家の混乱ぶりは、想像を絶するものとなった。ジョニーがトゥラを壁に押し付け、腕を首に巻きつけ、哺乳瓶を口に突っ込み、ビタミン強化ミルクを注ぎ込む。その間、彼女は抵抗のしっぱなしである。体重百二十キロだし、なかなか手強い。ジョニーは、よく尻餅をついてミルクをそこらじゅうにこぼし、ひどいことになっていた。そんなときトゥラはドアから逃げようとした。彼女のいちばんの友だち、ビイェラから慰めてもらおうというわけである。大きな日傘も必ずあるし。ビイェラもそんなとき、彼女を追いかけて芝生の上を歩き回り、二人して我々を、まるでゾウの虐待常習犯と言わんばかりに睨みつけるのであった。

しかし、規則正しくお乳を飲むというのは、とてもいいことだった。それは、彼女が根本的に明るい前向きの性格ということと、私たちが彼女の周りに作り上げた優しい環境によるものと思っている。特にフランソワーズはいつも甲斐甲斐しく世話をして、トゥラのほうでも彼女によくなつき、好きでたまらないという感じで、大きな仔犬のように彼女のあとを付いて回った。唯一問題は、彼女が手当たり次第にものを壊すことだった。テーブルの上のコーヒー・マグはすぐやられたし、やがて私たちは、固定していない物はすべて壊されるということを知った。鼻で引っ張って床に落とすだけではない。その大きな体をぶつけて、倒してしまうのである。

体力が付いてきて、ぎくしゃくした不安定な歩き方も影をひそめてきた。まだ座るのが大変そうだったが、彼女は目覚ましく回復しつつあった。今や、彼女の生における最大の問題は、自分の顔の真ん中にひらひら垂れ下がっているこの不思議な付随物はいったい何であるか、ということであった。ゾウの鼻は、五万個の異なる筋肉で動いている。トゥラは自分の鼻に、はなはだしく興味を覚えていた。それをぐるぐる回すのは、人間の赤ん坊が人形をぐるぐる回して遊ぶのとちょうど同じであった。

私はみんなに、トゥラを決して一人きりにしないようにと言い聞かせていたが、わざわざ私が言うまでもなかった。ジョニーがいつも一緒だったし、非番のスタッフもよく家に来た。彼女はみんなに遊んでもらい大変な人気者になった。みんな彼女の頑張り屋さんぶりが好きだったし、トゥラはこの新しい家族の献身的な支えで元気になったのであった。痛みは続いたが、足は徐々に真っすぐになっていき、彼女はいつも笑顔のような表情だった。マックスと言えば、どんな生き物に対しても、それがそこにいるという以外何の理由もなく攻撃する犬だが、トゥラに対しては、毎日庭の散歩に付いて回って、しっぽを風の中の羽のようにひらひらさせていた。

ある日の夕暮れ時はまるで天国の日没のようだった。私は庭より遠くの藪でトゥラに歩く練習をさせていた。彼女を、背の高い草や、トゲや木に慣れさせようとしてのことだった。それが彼女の将来の住み処である。ところがそこへ突然、群れが現れた。道のずっと先に見える。群れは私の家にときどき立ち寄るが、今日もそのつもりなのだろう。

しかし最悪のタイミングだった。私は電線のかなり外に出ていた。野原でトゥラと一緒のところを母親に見つかったら、大変な災いがふりかかる危険があった。私は誘拐犯と見られるかもしれない。私がもしトゥラをここに残して、自分が助かるために逃げたら、群れは必ず彼女を連れ帰るであろう。そうなったら彼女は死ぬ。ゾウにしては小さい彼女の足は、藪で生き残るには、華奢すぎるのだ。ここの庭で散歩するのと、彼女が家族と一緒の生活で求められることとを比べれば、小さな丘を登るのと、エベレスト登山くらいの差があった。ナンディが付いているとはいえ、じわじわと確実に死に至る道である。

私に唯一有利な材料は、彼らがトゥラの生きていることを知らないということであった。彼らは私の家に遊びにやってくるのであって、赤ん坊を捜してのことではない。私は急ぐ必要があった。

「来なさい、トゥラ！　来るんだ、娘よ！」私は心配気に呼びかけた。そして後ろを振り返りつつ、彼女をできるだけ速く歩かせようとせかし、百メートル近く先の門を目指した。幸い私は群れの風下だった。家に戻ろうとしている私も、そのあとをよちよち付いて来るトゥラも、群れにはまだ気付かれないでいた。もし風向きが反対だったら、群れがまた襲って来ていたかもしれない。前を見るとビイェラが、近づいて来るゾウたちを傘で盛んに指し示しながら、トゥラに急ぐよう必死に呼びかけている。

私たちは門の所にたどり着いた。かろうじてである。私はトゥラをビイェラに託すと、振り返って、近づいてくる群れを見た。

群れも数分後に追いつき、ナナが鼻を潜望鏡のように持ち上げ、向きを左右に変えていたが、それがピタリと止まった。トゥラが野生のゴクラクチョウカの茂みの陰に隠れた方角である。ナナは振り向いて、お腹をゴロゴロ言わせた。ナンディとフランキーがやって来て、空気の匂いを嗅いだ。トゥラが残して行った浮遊分子の分析である。彼らはまるで犯罪の現場に現れた刑事のようであった。そしてゆっくりと歩いて、電線まであと数センチという所までやって来た。

私はトゥラの部屋まで行って、彼女がジョニーと一緒に部屋にこもっていることを確認すると、監視員に柵の電流を確実に流しておくよう指示した。そして私は、ゾウたちには悪いけれども、ここは引き下がってくれと願いながら、待った。私は、何もしていないと、しらばっくれるつもりであった。

二十分後、群れはまだそこにいた。私はもうこれ以上彼らを無視できないと思った。私たちがしていたことを知る権利が彼らにもあるだろう。

しかしどうやって知らせる？　トゥラを見せたら、何かとてつもなく大変なことが起きるかもしれない。そうなると私たちの手には負えない。自分たちの赤ん坊が危険に瀕していると思い込んだゾウは、収拾不可能である。彼らの母性本能はものすごい。どうしたら、彼らの機嫌を損ねずに、トゥラを私たちの所で預かることができるのか？　元気になって家族のもとに返せるようになるまでの間。

それが分からない。しかし少なくとも、赤ん坊が生きていることは知らせるべきだと感じた。

私はトゥラの部屋に行くとシャツを脱ぎ、それで彼女の体を拭いてから再び着て、自分の手と腕で彼女の体をこすった。それから柵の所に行くと、群れを呼んだ。

ナナが最初に来た。彼女の鼻が一本の電線越しに伸びて来て、私もいつもどおり手を伸ばして、お互い挨拶となった。それに対する反応が凄かった。彼女の鼻の先端が私の手元で止まり、一瞬彼女の体が、強ばった。そして鼻がヒクヒクして、ありったけの匂いを嗅ぎ付けようとし始めた。私が両手を差し出すと、彼女はフンフンと私のシャツの匂いを嗅ぎ、掃除機を掛けるようにその全面の匂いを吸い込んでいった。トゥラの母親のナンディと大叔母のフランキーが、ナナの両側に立っていた。鼻がくねくねしている。彼らも、トゥラが生きているという、匂いのメッセージを嗅ぎ付けたのである。

その間、私は語りかけた。そして、どのように私たちが助け、トゥラが一命を取り留めたか、彼女の足のどこがおかしかったのか、なぜ彼女はしばらく私と一緒でなくてはならなかったのかを話した。トゥラがとても勇敢で明るいので、みな彼女のことが大好きであるとも伝えた。生きるための戦いを不屈の闘志で続けるこの一族のいちばん新しい小さな一員を、彼らは誇りに思うべきであるとも伝えた。それから、まったく脈絡はないが、意地悪じいさんみたいな犬のマックスでさえ、彼女と友達付き合いをしていると伝えた。

私は気がつくといつしかもうすっかり何がなんだか訳がわからなくなって、何かぶつぶつ独りごちる変わり者のおじさんか何かのように、ゾウたちに話し続けていた。そうやって話し続けるうち、私の言っていることの何かが伝わってはいないか、その兆候をうかがった。心配は要らなかった。思えばこれまで私とゾウの群れとは、長い道のりだった。そして、私からの語りかけが、その道のりの非常に大切な部分を占めていた。それもそうだろう。私は、ゾウに知覚能力があるの、ないのと、裁きを下す立場にはないが、私はゾウとの会話にはとても満足している。彼らとて明らかにそうだ。お腹を深くゴロゴロと鳴らして、答えてくれるのだから。

結局、彼らは私のシャツから読み取れるだけのものを読み取った。三頭の堂々たるゾウが、まるで証拠を吟味する判事団のようにしてそこに立っていた。

長い審理を終えて、彼らは帰って行った。彼らが心配もせず、のんびりと構えているのが、私にも分かった。私はこのことを軽々しく言うつもりはない。これまで不幸なゾウたちをいくつも見てきた。私にはそんな彼らの心のひだを読み取ることができる。私には、帰って行く彼らが、喜んでいることが分かっていた。そうでなかったら、彼らは、柵に電気が通じていようがいまいが、そこを突き抜けて来たであろう。私は自分の心が熱くなるのを感じた。彼らは私を信頼してくれた。私はそんな彼らの期待を裏切ることはできない。

数週間経ち、トゥラの経過は良好だった。彼女はフランソワーズやジョニーから注がれる愛情と思いやりを一身に受けていた。そのためビジューが恐ろしく嫉妬した。身の丈何倍もあろうかというゾウに向かって絶えず吠えたて、我こそは元祖「ニューヨークに侵攻した小ネズミ」なるぞ、といった様子だった（SF『小鼠ニューヨークを侵略』一九五五年）。トゥラはきゃんきゃんと鳴きわめくプードルは無視、相手を低く見た堂々たる王者の風格であった。

家の中ではフランソワーズに影のように付きまとったトゥラだった。特に調理場ではフランソワーズが作っている料理なら何にでも鼻を突っ込んだ。ひょっとするとトゥラは、マルーラベリーをガーリックでマリネにしてくれと注文する世界で初めてのゾウになるかもしれない、と私は言った。

それでも相変わらずの壊し屋ぶりだった。動物監視員たちの毎週の買い出しでは、山のように陶器類を買って来て、彼女の被害を補塡しなくてはならなくなった。しかし、どうしろというのか？　決して諦めないこの勇敢な生き物に腹を立てたりはできなかった。決して不平を言わず、決して降参しないこの生き物に。

外ではビイェラが騎士のようにして彼女に尽くし、カラフルなゴルフ用パラソルで絶えず彼女を守った。二人は切っても切れない仲になっていた。ビイェラは、トゥラが家の中ばかりだと、すね始めたほどである。

私たちみんなにとってトゥラは守り神のような存在だった。彼女には活力がみなぎっていて、それが保護区全体の気質そのものに乗り移りつつあった。命は生きるためにあるのだ。

ある朝、トゥラの部屋からジョニーが連絡してきた。行ってみると、トゥラがなかなか立ち上がれずに、もがいていた。

「立てないんだよ」ジョニーが言った。押したり、引っ張ったりしながら、なんとか彼女を立たせようとしている。私もさっそく手を貸した。トゥラは盛んに抵抗し、キーキー鳴いたが、結局なんとか立ち上がらせることができた。少しよろめいたが、よちよちと外に向かって歩いて行った。

するとビイェラと日傘がどこからともなく現れる。あとを追った私は、彼女が体を柔らかくするのにいつもよりずっと時間を要したことが分かった。ビイェラも気付いたようだ。彼は、弱々しく揺れる彼女の耳元で優しく何かを囁いていた。そのとき私は、足が固いだけではないことが分かった。彼女が激しい痛みを感じていたのは、これまで勇敢に戦ってきた足の不具合だけではなかった。腰の右側も苦しそうだった。これは大変だ。私は獣医を呼んだ。

「あと少しのところでレントゲンがうまくいかない。困ったね。どこが悪いかはっきりしない」彼は言った。「骨はどこも折れていない。でも前足と腰の関節がひどく炎症を起こしている。歩き方のせいだろうね」

彼は炎症止めの薬を処方し、あまり長いこと歩かせないようにと言った。

翌朝もまた同じだった。彼女は立ち上がれない。その次の日も同じだった。私はいよいよ心配になった。

一週間後、彼女は水を受け付けなくなった。ジョニーは髭も剃らず、髪はぼさぼさで、がっくりきていた。何とか彼女にミルクを飲ませようとしていたが、状況をこう評した。「彼女はもう興味をなくしてしまったんだ」

トゥラは部屋の隅っこで壁を向いていた。小さな鼻を左右に無気力に揺らしている。彼女はまた口腔カンジダ症にもかかっていた。これは子どもを育てたことのある女性ならよく知っているが、赤ん坊の口の中にできるイースト菌の一種による非常に不快感をともなう感染症だ。トゥラは、私たちが毎日彼女の舌と歯茎に塗り込む刺激の強い軟膏をとても嫌がった。

ジョニーは疲れ果てていた。そこで私が彼に代わって、哺乳瓶を彼女の口に優しく当てようとするのだが、うまくいかなかった。トゥラが本当に大好きだったフランソワーズが代わってくれた。彼女はトゥラに優しくしたが、それでもトゥラは哺乳瓶を受け付けようとはしなかった。

ジョニーが言ったように、彼女はもう興味をなくしていた。あれほど元気のいい頑張り屋だったのに、彼女は突然、あきらめてしまったようだった。何故だか分からなかった。生きようと懸命に戦ったけれども、その痛みはもう耐えられるものではなかったのかもしれない。

翌日、哺乳瓶一本の四分の一を飲んだが、彼女は本来その何倍も必要としていた。しかし、ともかくミルクをそれだけ飲んだということで、私は勇気づけられた。私は、彼女の負けん気が再び出て来て、勝利してくれることを祈った。

その夜、獣医が点滴を与えた。自分から来てくれた女性の獣医だった。トゥラは彼女の心も摑んでいたのである。

二日後、点滴のかいなく、そしてスタッフ全員がラグビーの国際試合の応援のように励ましたけれども、トゥラはまったく反応しなくなった。

翌朝、暗く沈んだジョニーから、ゆうべトゥラの最期を看取ったと知らされた。

トゥラの死にはみんなが深く心を動かされた。特にフランソワーズである。彼女がこんなにも激しくすすり泣くのを、私は初めて見た。私たちは長年の間、いろいろな動物たちと一緒に暮らしてきた。私たちはそのすべての生き物と親しくしてきた。しかし、トゥラは特別だった。この子の明るい性格、最後の数日まで決して諦めまいとしたその頑張りは、みんなに勇気を与えた。彼女は、痛みがあっても、生は楽しく生きることができることを、私たちに教えてくれた。短くとも、生には意味があることを。今という時を生きるのだ、ということを。彼女が残した悲しみの帳《とばり》は、その後何日も、突き破ることができなかった。

彼女の亡骸はジョニーによって草原に運ばれ、そのあとは自然に託された。

私はあとになって独りで出かけて、ゾウの群れを見つけ、彼女の亡骸のところまで連れて行った。ゾウたちはぐるりとそれを取り囲んだ。私は何も言わなかった。何が起きたか彼らに言う必要はなかった。一瞬、私は自分の頭を両手で抱え込んだ。私は約束を果たすことができなかった。見上げると、ナナが車の窓のところに来ていた。鼻がいつもの挨拶の高さだ。隣にはナンディだった。それが済むと二頭はいなくなった。

トゥラの遺骨が今もそこには残っている。時々、ナナが一族を引き連れてそこを通りかかるが、彼らは歩みを止め、匂いを嗅ぎながら鼻でその骨を突っつき回し、おもちゃのようにして戯れる。それはゾウの、亡き者を偲ぶ一つの儀式であった。

第37章 スイギュウと追いかけっこ

アフリカスイギュウといえば、いかにもアフリカを代表するような動物である。経験の浅いサファリ客が抱く疑問は、アフリカスイギュウは牛っぽいし、どう見ても牛だし、あるいはせいぜいアフリカの牛であって牛には違いないのだから、サファリの貴重な時間を、なぜ牛ごときに費やさなくてはならないのか？　ということである。

しかし、アフリカの低木林を愛する人々にとっては、これに比較しうる、これほどアフリカを象徴する、これほど堂々として王者の風格を持ち、気まぐれで、危険な生き物もいないのである。私は前からこの素晴らしい獣をトゥラ・トゥラに連れて来たかった。そして今日がその日である。

朝の四時半だった。夜明けはこの日の最初の光の幾筋かを空に描き始めていた。アフリカスイギュウの繁殖用の群れが到着していた。午前二時に起きて準備を始め、搬入路の確保、車の移動などを行い、興奮する監視員や一握りの幸運な泊まり客らとコーヒーを飲んでいた。州の獣医も来ていたし、トレーラーのドアの封印も解かれて久しいのであるが、なぜかスイギュウが出て来ない。

そこからすべてがおかしくなった。まず、州の獣医が、これだけざっくばらんな藪の中で、いかにももったいぶった発表をした。スイギュウのうち二頭が死んでおり、正式な調査が必要になるかもしれないという。これにはびっくりだった。スイギュウの状況も心配だが、高価な生き物だけに、二頭を失うというのは、大きな打撃だった。続けて彼は不満を言った。トレーラーは遅れたし、スイギュウたちは出て来ない。そしてこの朝、自分が立ち会わなくてはならない動物の搬入はここだけではないのだという。要するに、自分は忙しい人間であり、スイギュウがトレーラーを降りたがらないので、自分の貴重な時間が奪われている、えらい迷惑だ、ということなのである。そしてそれは当然、私たちの過失なのだ、と。

トラックの運転手ヘンニーの堪忍袋の緒はすでに切れていた。スイギュウにはトレーラーから降りるように説得を続け、おかんむりの獣医には、スイギュウが降りたがらないのは別にあなたのせいではありませんと言い聞かせていたが、聞こえよがしの呪い言葉とともにトレーラーの屋根から降りて来ると、運転席に戻って、妻に帰りが遅くなると電話をした。ところがそこでスイギュウが降り始めた。

突然何の前触れもなく、巨大なオスがトレーラーの後ろから飛び出して来た。そして、藪の中に消えて行く代わりに、なぜかUターンである。これにはスペインの闘牛士もおったまげたことであろう。しかしこれは闘牛の牛などという生易しいものではない。一・五トンの壮年のアフリカスイギュウである。しかもカンカンに怒っている。スイギュウは一瞬、周りの状況を飲みこもうとしたようだが、その場をゆっくり歩き去ろうとしていたヘンニーの恰幅のいい姿を認め、そこに狙いを定めた。

「こりゃまずい！」と私は思ったが、呆然と見つめるしかなかった。スイギュウは、搬送でよくも不愉快な目に遭わせたな、とばかりにヘンニーに襲いかかった。

「オーム！　オーム！」と若いアフリカーナー人の監視員が叫んだ。年上のヘンニーを敬ってアフリカーナー語で「おじさん」と呼んでいるのである。「ディ・ブル・コム！（牛が来るよ！）」

確かにやって来た。ヘンニーは肩越しにこれを見ると携帯電話を落とし、そのまま必死に逃げた。とても勝ち目はないと思った。ヘンニーは大男で俊敏に動ける感じはしない。私たちからは遠すぎたし、銃を取ってくる時間的な余裕もない。たとえ銃があっても弾を籠める暇もなければ、距離から言って当たる見込みもあまりない。不気味な沈黙が辺りを包みこみつつあった。いよいよ恐怖映画を地で行くシュールなスローのコマ送りである。

　車のドアを開けて中へ逃れる余裕はない。彼がそれを諦めたのは賢明だった。彼はボンネットのほうにフェイントをかけ、角を付けたこの怪物の突進をかわそうとした。馬鹿でかい体で鈍そうに見えながら、アフリカスイギュウはドタドタと勢いづいて、思いのほか俊足であった。しかし、これでヘンニーにはアドレナリンが出てくる。スイギュウにあと数センチと迫られた彼は、なんとかバンパーに達したが、人と牛が一体となって車の前方左のコーナーを回った。牛の恐ろしい角が無残にもすでに彼の背中に掛かっていた。

　角がヘンニーの背中を突き刺したことを私は疑わなかった。と、身を翻して再びヘンニーが現れる。牛は鼻息ひとつ分、彼の後ろである。ヘンニーはバンパーのところから一気にテールゲートを目指した。

「逃げろ、オーム《おじさん》！」監視員がもう一度、あらん限りの声で叫び、静寂を破った。それで私たちの集団的茫然自失状態も解けたか、全員が叫び始めた。「逃げろ、ヘンニー、逃げろ！」彼を励ますと同時に、スイギュウの集中力も削ごうというわけである。

　効果があったに違いない。次のコーナーで、牛は今ひとつカーブの小回りが利かなかった。両者の間に初めて隙間ができた。

「逃げろ！　ヘンニー」私たちの叫び声が一段と大きくなった。

　オリンピックの陸上さながらに車をもう一周するうち、ヘンリーは貴重な半メートルの差を付けた。

ヘンニーも大柄だが、カーブの身のこなしではスイギュウより一枚上である。三周目で運転席のドアを開け、中に飛び込んだ。ドアを急いで閉めると助手席に倒れ込む。スイギュウなら車のドアなど、缶切りのように角で壊せるのだ。しかし、そこまでする必要はなかった。牛にしてみればヘンニーは忽然と姿を消したも同然。追いかけっこもここまでであった。
と喜ぶのは早すぎた。私たちが歓声を上げると、スイギュウは私たちのほうを見た。私たちは車の荷台に立っていた。さながらローマのコロッセオで剣闘士を見ている観客である。これで気分をいっそう害されたのがスイギュウだった。スイギュウを怒らせたら、四輪駆動車くらい、簡単にひっくり返されてしまう。

速足にギアを切り替えたスイギュウは、頭を低くして前進してきた。私はその衝撃に備えた。幸い、その衝撃は起きなかった。鼻息荒いこの角と肉の塊は、車を数センチ外して空振り。そのまま真っすぐ茂みの中に消えて行った。再び歓声が上がった。ヘンニーに対して上がったものよりも大きい歓声であった。

そこでヘンニーが運転席から出て来た。両手を膝について、あえぐようにまだ呼吸が荒い。すると残りのアフリカスイギュウたちがトレーラーの後ろから続々出て来て、茂みに消えた。

動物監視員というのは乱暴な連中で、さっそくきつい冗談が飛び交い始める。

「おい、ヘンニー。俺、今の見てなかったんだよ。もう一度やってくれないか？」一人が叫んだ。

「なんでそんなに息が荒いの？」もう一人が言った。「空気《オウ・マアト》はただでいくらでもあるんだよ」

三人目が近づいて、冷たいビールを差し出した。「よくやった。今日は、神様が君の側についていたね」

確かにそうだった。ヘンニーは今が朝の何時かも頓着せずにそのビールを飲み干した。そのとき、私は彼のズボンが裂けているのに気付いた。スイギュウの角は、最初のコーナーで実際、彼の服を突き刺していたのであった。そこまで迫られていたのだ。

ベキとヌグウェンヤとヴシは今では主任動物監視員《セクション・レンジャー》になっていたが、彼らも一緒になって、死んだアフリカスイギュウの二頭を調べることになった。州の獣医が報告書を作ることになるが、私たちにとって悲劇は、動きもしない肉の山という形をとっていた。どのように死んだかは分からなかった。一つ分かっているのは、他の肉の塊が今も憤然と茂みを突進している、ということであった。

「いやはや、ムクルー《エイッシ》、この牛はなかなかのものだよ」ヴシが言った。私と同じことを考えている。

「ヘンニーは運良く助かったけど、注意しないといけないと思う。群れもみんな同じだろうから。ひょっとしたらあれよりもっとひどいかもしれないし」

「そのとおりだ。徒歩サファリはしばらく中止にしよう。それから、ベキ、部下の警備班や作業班にもスイギュウには近づかないように言っておいてくれ。今日、ここで起きたことを、みんなに伝えておくんだ」

今回のことは、いろいろ尾ひれがついて広まるであろう。私はそれで一向に構わなかった。この群れは落ち着かせなくてはならなかった。そして必ず落ち着くはずである。

ヘンニーが危うく帰らぬ人となりかけたことで、私は、それまで何とか考えまいとしていたことを考えさせられてしまった。

生と死は、切っても切り離せない。死は巡ってくる。原野の秩序の中にそれがいちばん良く見てとれる。私が考えざるを得なくなったのは、マックスのことだ。彼はもう十四歳になっていた。あれほど好きだった林だが、もはや私と一緒に歩き回るには歳を取りすぎていた。これまで、密猟者にも負けず、ヘビにも負けず、自分の二倍もある大きな凶暴なイノシシにも負けぬ丈夫な体だった老兵は、後ろ足の慢性的な関節炎に苦しんでいた。この日の朝、私は彼を籠の中に残して家を出た。彼は私と一緒に行こうとしたが、よろめいて、それもかなわなかった。一年前なら、車の助手席に収まっていたはずだ。今では、もうほとんど歩くこともできない。ヘンニーが命からがら逃げ惑う様を見て、私はマックスのことを思い出し、どうしようもない悲しみに襲われた。

あっと言う間のことなので、可笑しいくらいだ。ほんの昨日のことのようだった。私たちは一緒に外を駆け回り、いろいろな冒険をした。私はフランソワーズや親しい友人たちから、マックスがもう万全の体ではないことに正面から向き合わなくてはいけないと忠告を受けていた。彼は年老い、痛み、先は長くない。しかし、余りに辛くて、そのことは考えられなかった。可能な限りの最高の医療で手を尽くした。しかし最近は、もうほとんど食事も受け付けなくなった。悲しいことだが、私は彼の最期が近いことを知った。

それでも、この日、朝早く帰宅して獣医のレオッティの車を見つけたときには驚いた。彼女はラウンジにあるマックスの籠のすぐ隣に座っていた。フランソワーズも一緒だ。彼女は泣き出しそうな顔をしていた。

マックスは私に挨拶しようとして立ち上がり、倒れた。そして、もう一度やろうとする。諦めようとはしない。

レオッティは、これまでもいろいろとマックスの面倒をよく見てくれていた。ムフェジコブラとの対決のときもそうだった。レオッティは私を見て、首を横に振った。

「フランソワーズから電話があって来たのよ、ローレンス。あなたがマックスを愛していることはよく分かっているけど」こう言って彼女は私の忠実な友を身振りで示した。「でも、この状態を続けるのは残酷よ」

彼女は立ち上がった。「私、外で待ってる」

彼女がドアを閉めると、フランソワーズが両腕を私に回して、ぎゅっと力をいれた。そして、彼女も部屋から出て行った。

私はこの愛しい犬の隣に座った。鍬の形をしたでこぼこの頭を私の膝に乗せると、彼は私を見上げ、いつもするように、手をぺろぺろなめた。老いさらばえてなお、この犬は素晴らしい生き物だった。

彼と私だけで十分ほどそこに座っていた。私は彼に自分がどんなに彼のことを愛しているかを伝えた。自分が彼の勇気と忠誠心からどんなに多くを学んだかを、そして彼の命が永遠であることを伝えた。彼は何が起きているのかちゃんと分かっていた。彼にそれが分からないはずはなかった。私たちはそれほど親しかった。私は覚悟を決め、レオッティを呼んだ。

彼女が入って来た。注射針は用意されていた。彼女は、世の注射のなかでいちばん寂しい注射をした。私は彼の体を支えていた。

私は深い悲しみに沈んだ。

第38章　驚愕

およそ一ヶ月後、私は朝の六時に目が覚めた。何かが私の肩を揺すっている。フラソワーズだった。「だから」と彼女は、いかにもフランス人的に、明るく、矢のように真っすぐに切り出す。「いつ結婚するのよ、モン・シェリー《いとしいひと》」

私は寝ぼけ眼をこすった。朝のこんな時間に、そんな深刻な話か。私も脳をさっそく活性化しなくてはならない。

「結婚って？　すでに結婚してるじゃないか。正式にじゃないけど。ほとんどの人たちより長い、幸せな結婚じゃないか。ほぼ二十年。一生連れ添ったみたいなもんだよ」私は笑い顔があくびで歪んだが、他意はない。

「私は、いつも聞かされるその〈正式じゃない結婚〉というのが分からないのよ。ちゃんとした結婚式が嫌だから、いつもそう言うんでしょ」彼女は枕を投げつけながら言った。顔は笑っているけど、本心は隠せていない。

「そうだね。君が僕のプロポーズを断ったからだよ」

「断った？　いつのこと？」

「覚えてないのかい？　君にとってはそんな軽いことだったんだ」

彼女がキツネにつままれたような顔をしている。私はとどめを刺した。

「何年も前のことさ。僕が初めて君にプロポーズしたときのことだよ。君は、返事すらしなかった」

「うそばっかり！　私きっと寝てたのよ、その時。それであなたはそんな馬鹿な話をでっち上げて」

からかい半分のやりとりではあるが、二人とも、男女の永遠の闘争が本格的に始まったことは理解していた。だからちょうどそのとき無線機が鳴って、私はありがたかった。外に逃れる口実が出来たからである。十八年間一緒だったが、ここに来て、結婚の問題が頭をもたげ始めていた。私たちがお互い幸せでない、ということではなかった。フランソワーズは本当に素晴らしく、私たちは最初の出会いからずっと今に至るまで、お互い狂おしく恋に落ちていた。しかし、私の人生の理論では、壊れていないものは、直さなくていいのである。

彼女には別れのキスをして出かけた。彼女も明るく応えてくれた。私はほっとため息をついた。結局はまたここに落ち着く。西部戦線異状なし。

一ヶ月後、私はイギリスに出張する機会があった。旅先の私に母から電話があった。帰国したら、ズールーランドにやって来る政府関係者と会ってほしいというのである。私が空いている日程を教えると、母からまた電話があり、会合が正式に決まったとのことだった。私はそのことをフランソワーズにも伝え、数日後の飛行機で帰国した。

帰国は土曜日だった。出張帰りの私を例によってゾウの群れが柵のところで出迎えてくれた。私は家に入っていった。

フランソワーズはロッジを政府関係者らのために準備中だった。私はいちばんいいカーキ色の制服に着替えた。いちばんいいというか、いちばん穴の開いてないやつと言ったほうがいい。私は少し不満でもあった。海外出張で疲れて帰って来てまだ数時間というのに、さっそくお偉いさんたちの相手を愛想良くしなくてはならないのか。

私は、くたびれた帽子を手に、ロッジの正面玄関に入った。大入り満員だった。結婚式だ。別に珍しいことではなかった。海外からのお客で、ズールー式のロマンチックな結婚式を現地でやりたいという人たちがいて、結婚式もよく行われていたのである。そこで私は表へ出た。すると母にばったり出くわした。私は彼女にキスをして挨拶した。

「お偉いさんたちはどこなの？　ここじゃないよね。ここは結婚式だもの」

母は頷いて、何か変な笑い顔である。何かおかしい。

「でも、誰の結婚かな？　誰か知ってる人？」と私は聞いた。

「あなたですよ」

こういう時は、何か男の防御本能のようなものが働くのか、母のその言葉は、耳が受け付けていなかった。

「よし、政府の人たちは会議センターに連れて行こう。これではどうしようもないよ」

母は首を振って、まだ変な笑い顔をしている。なんと、そもそもこの日、政府の関係者なんていなかったのだ。母は腕を私の腕に絡ませ、私たちは二人で茅葺きのラウンジに入って行った。みんなが立ち上がり、拍手を始めた。

私はなかなか事態が飲み込めなかった。今起きていることは、厳然たる事実ではあるのだけれども、ゾウの襲撃と同じで、何か曖昧模糊として、超現実的なスローモーションで展開しているのである。それは待ち伏せ攻撃であった。フランソワーズの家族と私の家族による共同作戦である。見ると、彼女のパリの親友が、アンソニー家の面々と席に着いている。かなり前から企んでいたに違いない。いきなりヨーロッパから飛行機で駆けつけるというわけにもいかないし。

スタッフも皆きちんとした服装で牧師のほうを向いて並び、笑顔で拍手をしている。彼らも共謀していたのだ。知らなかったのは私だけ。驚き《サプライズ》というような生易しいものではなく、それはもう、ものすごい驚愕の瞬間だった。

母は私にとって世界で最も愛しい人である。もしこれが彼女でなかったら、私は少なくとも文句を言っていたはずだ。しかし、私は彼女に強く腕を掴まれていた。その手をやっと緩めてくれたのは、私が祭壇の前で牧師に会い、握手をしたときであった。

私はその場で来客たちに笑顔を振りまき、頷き、まったく馬鹿のようであった。私はこの人たちから完全にかつがれていたのだ。私は自分の靴を見下ろしたが、靴までぴかぴかに光って私のことを馬鹿にしていた。確かに、私の靴もこれまでにない磨かれ方をしていた。見るとヌグウェンヤもベキも奇麗な服装をして、お互い頷き合い、途方もなくにやにやしていた。

一夫多妻制のズールー人にとって、今私に起きていることは彼らの生活様式には反しており、この時のことは一生彼らから言われそうだ。ズールー人の友人たちは、私が複数の妻を持たないことがどうしても理解できないらしい。君ら白人はほんとに馬鹿だ、と言う。女一人を相手に男一人ではとうてい勝ち目がないよ、と言うのである。女二人ならもっと悪い。二人でつるんで来るから、男は負ける。女は三人でなくてはいけない。女同士一対二で必ず仲違いするから、男はその分、楽だ、というのである。

男性優位主義？　もちろんそうだ。しかし、この話を女性にすると、皆、その通りですねという笑顔を隠すのに必死だ。少なくとも、一対一では男に勝ち目はないという一点目に関しては、そうである。

私の物思いが中断させられたのは、人々の褒めそやすさざめきが聞こえてきたからだ。フランソワーズの入場である。私も振り向いた。彼女が通路を歩いて来る。本当に奇麗だ。彼女の美しい目が私をじっと見ている。これですべてが繋がって意味をなした。こういうことだったのだ。私も今や自分からすすんで彼女の魔力の虜になった。そしてこの突然の式典に全面的に賛同することとなった。すべてがとにかく正しかった。

「見て」と彼女が祭壇の所に来て言った。川の向こう岸を指さしている。ノムザーンが静かに草木を食べていた。

「彼は結婚式が好きなのよ」笑顔で彼女が言った。「結婚式には何度も顔を見せているようよ。今日は私たちのために来てくれたのね」

指環が魔法のように現れた。あなたはこの女性を妻としますか？　という問いに、会場からまず大合唱が響いた。「はい！《ヒー・ダズ》」

私は答えた。「はい《イエス・アイ・ドゥー》」

ロッジでいつもは馬鹿でかい音楽は鳴らさない。しかしこの夜は、アフリカの大胆なリズムが保護区内に響き渡り、祝宴は朝まで続いたのだった。

第39章 ゾウにささやく

ノムザーンの様子が何か変だった。突然のことだった。若い動物監視員が夫婦一組のお客を乗せて保護区をドライブ中、急なカーブを曲がると、思いがけずノムザーンに出くわした。こちらを向いている。

そしてゆっくり近づき始めた。監視員はパニックになり、慌ててバックして車を木にぶつけてしまった。ノムザーンがいよいよ迫って来る。驚いた監視員だが、一つほめてやりたいのは、彼がライフルに手を伸ばさなかったことである。彼は乗客にじっとして音をたてないよう指示した。ノムザーンが車のところまでやって来た。自分の経験で言えることだが、これはいちばん怖い状況の一つである。体重六トンのオスが、文字通り人の背中に息を吹きかけるくらいの距離に迫って来るのだからたまらない。それればかりか、ゾウはこのとき四輪駆動車に軽くぶつかって、牙が実際、お客の腕をこすっているのである。なぜかその男性は、叫び声を上げなかった。

落ち着きを取り戻したズールー人の監視員は、車の前の座席から飛び降りると、反対側に回って、お客をこっそり車から外へ誘導した。そして全員で茂みの中に隠れた。ノムザーンは車を少しいじくり回すと、何も危害を加えることなく、その場を去って行った。彼がいなくなったことを確認すると、三人は藪から這い出て来て車に乗り、猛スピードでロッジに戻って来た。

最初の報告では、ノムザーンは攻撃的というより、好奇心で近づいて来たということであった。監視員が大した事件ではないと言うので、私もさほど重大視しなかった。事の全貌を知ったのは数ヶ月後、この夫婦から電話連絡を受けてからである。

この事件の後も、ノムザーンはときどき、屋根のないサファリ用の車両に近づいていた。しかし、報告ではやはり、怒っているのではなくて、好奇心に駆られているだけということだった。危険はなかった。近づかれたら、監視員が車を走らせ、遠ざかればそれで済む。問題は、ノムザーンの行動が、似つかわしくないことだった。とにかく、ゾウらしくない行動なのである。ゾウは、自分の領域が侵されない限り、人間は無視するものである。

やがて、ノムザーンがサファリ車になぜ突然、興味を覚え始めたのか、その理由が私にもはっきりした。スタッフの一人を少し厳しく追及して分かったのだが、若手の監視員二人が、ゾウをからかいながら、「肝試し」をしていたというのである。車でゾウに近づいて行き、ゾウのほうからも近づいて来たら、バックする。それを繰り返しながら、どこまでゾウに近づけるか、という我慢比べである。彼らは私がノムザーンと一緒のところを見ていた。私はそのことにまったく気付いていなかった。ノムザーンとのやりとりは、意図的に、他者の関わらない私たちだけのものにしていたからだ。彼らは、自分たちも近づいてみようと思った。いつもお客を乗せてサファリ用に使っている車でからかったりしたら、この究極のボスに悪い癖がつくということが、この愚かな二人には思いもつかなかったのである。二人とも、事が発覚する前に仕事を辞めたが、再就職先は野生動物から出来るだけ縁遠い分野であってほしいと思った。

保護区最大の鉄則は、決してこちらから主導してゾウとの接触を起こすなということである。この規則に従わない人は、即刻、辞めてもらわなくてはならない。恐らく私の最大の過ちは、自分で注意深く選んだスタッフ全員に、デヴィッドやブレンダンと同じような倫理観や良識が備わっているものと想定してしまったことだろう。残念なことに、必ずしもそうではないのである。

それから少し経って、ロッジの支配人になる研修を受けていた一人が、事前通告もなく突然、辞めて行った。保護区をあとにした彼の車の埃がようやく収まりかけて初めて私は知らされたが、彼もサファリ用の四輪駆動車で、私の真似をしてノムザーンに近づこうとしていたという。いずれも最悪のシナリオだ。ノムザーンは、注意してかからないといけない特別のゾウであった。そのノムザーンが、見知らぬ人々から絶えずからかわれるというのは、人間に対する態度を変えてしまう危険なシナリオだった。そしてノムザーンは、人の叫び声やエンジンの回転を、自分に対する正面からの挑戦と受け止めるようになっていた。その結果、保護区内のサファリでは、ノムザーンに出くわすたびに、避難を余儀なくされるようになった。私の懸念は募る一方であった。

私は白いステーション・ワゴンの新車を買ったばかりだった。さんざん酷使したブッシュ・グリーンの愛車ランドローバーも潮時だった。他の車で生かせる部品は取り外すことになった。私にとっては悲しい一日だった。年季の入った座席に、簡素なダッシュボード、表面のすり減ったギアスティック、車内に漂う草原の香り……文字通り我が愛車であった。

ぴかぴかの新車が到着し、私はこれが前の愛車同様にタフかどうか、足場の非常に厳しい所で試乗してみることにした。オフロードは最高だったが、小さな茂みがあり、極端に狭い所で一回転せざるをえなくなった。しかし、それがいよいよ終わろうかというところで、突然、名状しがたい不安を感じた。

そしていきなり、ノムザーンの大きな体が私のすぐ横に現れた。ゾウにしかできないやり方で静かに藪の陰から現れ、そこに立っていたのである。その眼をのぞき見て私は自分の鼓動が一回分、飛んだかと思った。石のように冷たい眼をしていたのだ。私は急いで彼の名前を呼び、繰り返し彼に挨拶をした。凍り付くような十秒を経て、彼の緊張が解け始めた。私は車の回転を完了し、彼に話し続けると、彼も徐々に落ち着いて来て、車を出させてくれた。

彼をあとに残して、私は気が重かった。もう前と同じではない。彼が攻撃的だったのは、ひょっとすると新車が分からなかったからかもしれない。私はそうであってほしいと強く願った。しかし、攻撃的であろうとなかろうと、彼にはどの車にも近づいて来てはほしくなかった。私とノムザーンとのやりとりは、私たちだけの極めて独占的な関係に基づいていた。ところが今や、トゥラ・トゥラに来て初めてのことだが、彼は、行いの悪い一部の監視員によってからかわれていたのだった。

その次はロッジ支配人のマボナに対してだった。彼女が車で帰宅中、どこからともなくノムザーンが現れ、道を塞いだのである。彼女は教わっていたとおり、エンジンを切って、じっとしていた。ノムザーンは車の後ろに回ると、車にのしかかり、後ろの窓ガラスを砕いた。自分でもその音に驚いた彼は後ずさりをし、おかげでマボナはエンジンを入れて、逃げ出すことができたのだった。

この事件のあと、私たちはロッジに来る道の十数カ所に引き込み口を設けた。いざというときに車がバックして入れるようにして、方向転換できるようにしようというわけである。それから、道にはみ出すように繁茂していた藪を、すべて刈り取った。ノムザーンがいきなり現れないように見通しをよくしたのである。

効果があった。保護区内の車は彼を避けられるようになり、いちばん交通量の多いロッジまでの道には、避難路が確保された。これでノムザーンの人間との接触は再び私だけになった。いちばん良かったのは、監視員の愚かな行為が完全になくなったことであった。

要するにすべてがまた正常に戻りつつあったのである。

それでもまだ私は心配していた。私は再び彼との時間を増やし、彼を安心させよう、落ち着かせようとした。私が相手なら、彼は私の愛した人なつこい優しい巨ゾウであった。彼は大丈夫そうだった。ところがベテラン監視員たちが不満だった。ノムザーンは大丈夫そうだと言うと、彼らは首を振ってこう言うのだった。「それはあなただけの話だよ。彼はあなたのことは信用している。でも私たちはとても大変なんだ」彼らはノムザーンには近寄らず、彼が近くにいると分かると、徒歩サファリはすべて中止になった。

数週間後、ジャーナリストの友人が、私のノムザーンとふれあっている姿を映像に収めたいと言ってきた。私はこういうことは非常にまれにしかしないのだが、結局、カメラ・クルーの車をノムザーンから見えなくすることと、その間誰も一言もしゃべらないことを条件に同意した。

ノムザーンを見つけると私は新車で近づき、後ろに若い監視員を一人だけ残して車から降りた。ノムザーンを呼ぶと彼はゆっくりこちらに歩き始めた。私はポケットにパンを幾切れか忍ばせていた。逃げたいときに、脇に投げようというつもりだ。ノムザーンが相手のときはこうすることを私は最近覚えていた。私のこよなく愛するノムザーンではあるが、徒歩のときは、彼が注意をそらしているときでないと、彼には背は向けないことにしていた。

近づいて来る彼の様子をうかがって、私は大丈夫と判断した。そして十分ほどの素晴らしいふれあいだった。人生を語り……と言ってもそれはもっぱら私で、彼はもっぱら食べることに集中したわけだが。そして、いよいよお別れだ。私はポケットに手を突っ込んでパンを取ろうとした。しかし、ズボンにひっかかってうまく取り出せない。なんとか引っ張り出そうとして私は下を見てしまった。

その瞬間、注意をそらしたのは私であって、ノムザーンではなかった。彼が突然迫って来た。私はこれほど怖い思いをしたことはなかった。彼が私に乗りかかりそうになっただけではない。彼の気分、雰囲気そのものがすっかり変わっていたのである。私の後ろで起きていた何かが、彼の機嫌を損ねたようである。たぶん、車に乗っていた若い監視員だろう。ノムザーンは彼に飛びかかりたかったに違いない。一瞬、辺りに殺気がみなぎった。

私はとっさにパンを地面に放り投げた。有り難いことに彼はそちらにそれて、鼻でクンクンし始めたので、私はここぞとばかり、後退した。撮影チームのところに戻った私の心臓はボンゴのように激しく打ち鳴らされていた。彼の気性が非常にきわどい所にさしかかっていたことを私は知った。彼は何かが変わっていた。

それがどれほどの変わりようだったかは、やがて嫌というほど知らされる。

数週間後、私は要人を四輪駆動車に乗せて保護区のサファリ中であった。日が沈み始める頃、私たちはハイディに出会った。数年前、ノムザーンに母親を殺されたサイである。彼女はこそこそと茂みに入って行った。私たちは時速八キロのノロノロ運転だった。黄昏にゾウの群れが姿を現した。五十メートル近く先で道を横切っている。

「ゾウだ」と私は言い、スポットライトを灯した。

乗客二人は、群れはおろか、ゾウを見るのがそもそも初めてだった。彼らが興奮したのなんの。これがアフリカの魅力である。私はエンジンを止めると、彼らにじっくりこの瞬間を味わってもらおうと思った。おそらく彼らが生涯、二度と経験することのない瞬間だろう。

するとノムザーンである。お尻を突き上げている。発情期であることが分かった。この間、オスのゾウは、雄性ホルモン・テストステロンの量が五十倍にもふくれあがり、行動が非常に気まぐれになって危険である。特にメスを追いかけているときがそうで、今がまさにそうだった。私は発情期のオスと接触しようなどという無茶は一度も考えたことがない。どう爆発するか予測がつかないのだ。いずれにせよ今回はお客と一緒だし、接触など論外であった。

ナナの先導で群れはクロック・プールズに向かうところであった。私は五分ほど待って、彼らが道からじゅうぶん離れるのを確認してからエンジンを入れ、再び前進を始めた。

すると乗客の一人が叫び始めた。「ゾウだ！　ゾウだ！」

この叫び声には私もぎょっとした。一体何を興奮しているのだ？　ゾウはもういない。私は目を凝らし、ヘッドライトで照らした前方の道を見たが、何も見えない。

「ゾウだ！」彼はまた叫んだ。横の窓を指さしている。

ノムザーンだった。暗がりの先、三メートル足らずだ。人の大きな声に刺激され、足を前に踏み出し、その大きな頭を窓の所まで下ろしてきて、まるで、何を叫んでいるのかと中の様子をうかがうようであった。彼の目を見て私は身震いした。冷血そのものだ。敵意がみなぎっている。

ノムザーンは鼻で窓を小突いて、その強度を試している。今にも窓は砕かれ、乗客がつぶされると思った私は、とっさにギアをバックに入れて、二人にはお願いだから騒がないでほしいと伝えた。車をバックさせたことで、ノムザーンの牙が窓ガラスの上をかろうじてこすって、ドアの枠にがちんとぶつかった。彼は頭を持ち上げると、怒り心頭、凶暴な雄叫びを上げた。これで私も、自分たちがとてものっぴきならない状態に陥っていることが分かった。ノムザーンに言わせれば、車のほうが彼を襲ったのである。恨み骨髄、今度は車の正面に回って保護棒《ブル・バー》に激しくぶちかます。私の体はがくんと前のめりになり、衝撃テストの人形よろしくフロントグラスに頭をしたたかに打ち付けた。それから彼は自分の大きな頭をブル・バーに当てると、そのままブルドーザーのようにぐんぐん押して来た。車は後ろに二十メートル近く押され、後部車輪が倒れた木にぶつかってようやく止まった。

私は窓を開けると彼に向かって叫んだ。しかしそれは闇の中で竜巻に向かって叫ぶに等しかった。私は彼の動きを目で追い、恐怖に陥った。彼が斜め横に後退したのは、突進の助走を付けるためである。しかし、彼はヘッドライトの光線から外れて、姿が見えなくなった。少なくとも、後ろの乗客は叫ぶのをやめていた。私たち三人は、死んだように静まり返った。

逃れる道はただ一つだった。彼が突進に備える間、私はエンジンを吹かし、クラッチを落とした。車を発進させようとしたのだ。しかし、間に合わなかった。彼はどこからともなく現れた。荒れ狂う突撃だった。そのものすごい衝撃で、私は歯がぐらぐら揺れた。彼は牙を、後部座席のドアのすぐ後ろに横から激突させた。車はそのまま持ち上がり、ひっくり返った。

バッターン！　四輪駆動車が側面から地面に叩き付けられた。それから回転して、車は屋根を地面に付けて裏返しとなった。それでもノムザーンは車を藪の中にぐいぐい押して、その容赦ない攻撃を続けた。もう一度、強烈な激突。車は側面で立った。

私は壊れたドアの窓越しに、肩が地面の草に接した。乗客たちは私の上に乗るような恰好だった。私はフロントグラスにぶつけた頭に激しい痛みを感じていた。なんとか気を失うまいと必死だった。外傷はなかったが、私がいちばん心配だったのは、これがまだ終わっていないことだった。と言うより、私たちの窮地は、まだ始まったばかりだった。しかし、ゾウには、始めたことは徹底して最後までやり遂げるという恐ろしい定評がある。それを確認するように、わずか数センチ先のノムザーンが、ひっくり返った車の周りをドシドシと、怒りに打ち震えながら踏み鳴らしていた。

私はなんとかして、彼のこの激情を断ち切らなくてはならなかった。銃撃に晒されたトラウマのあるゾウは、銃声を聞くと凍り付くことがあるという話を、私はこの大混乱の最中《さなか》、なぜか思い出していた。逆に、銃声で一層怒らせ、とどめの襲撃に駆り立ててしまう可能性があることも、私は知っていた。しかし、選択の余地はなかった。

私は身をよじってフランソワーズの小さな六三五口径の拳銃をポケットから取り出した。ちょうど車が、またしてもものすごい激突を食らった瞬間である。私は壊れたフロントグラス越しに、空に向かって一発、また一発、また一発、また一発と撃った。私は弾倉に籠められた八発全部を一気に撃ち尽くしたい衝動に、なんとか打ち克った。彼が私たちに迫って来たときの私のいよいよ最後の手は、最後の四発を彼の足に撃ち込み、彼をその痛みでなんとかひるませ、その間に逃げるということであった。その四発が残った。

そして、とにかくほっとした。銃声で、彼が止まったのだ。うまくいった。彼がためらっている様子だったので、私は彼に呼びかけようとした。しかし私は激しく震えていて、声もまともに出せなかった。私は空気を肺一杯に何度も何度も吸い込み、なんとか自分を落ち着かせてから、もう一度、話そうとした。私の落ち着いたささやくような声に、彼も相手が誰であるかが分かり、その大きな耳を垂らした。怒気がみるみる彼の体から抜けて行った。

私は彼にささやいた。大丈夫だ、私だ、君には本当に驚かされた、もう怒る必要はない、と。ありがたいことに、彼はそれが私の声と分かってくれた。彼は、車の中に横向きに倒れている私のすぐ前までやって来た。ゴミ箱のフタほどあろうかというその足が、私の頭の数センチ先だった。彼がその気になれば、その足を持ち上げてこのよれよれの車を踏んづけて、それまでであった。私はちっぽけな拳銃で彼の足に狙いを定めた。そして、彼が砕けたフロントグラスの残骸を払い落とすのを呆然と見ていた。彼はゆっくりと鼻を伸ばし、それを私の肩に当て、頭に当て、私を触り、私の体中の匂いを嗅いでいった。その間、私はずっと彼の耳元でささやいていた。私たちは大変危険な状態だ、君は気をつけてくれないと困る、と。

彼はこれ以上ありえないと思うほど優しかった。結局、彼はそこを離れ、近くの木の葉っぱをもぐもぐと食べ始めた。まるで何事もなかったかのように。

「無線だ！　無線！」客の一人が小声で言った。「助けを呼ぶんだ！」

私はマイクに手を伸ばしたが、無線機は金具から外れていた。暗闇の中、私はなんとかそれを見つけ、手探りでようやくコードをつなげると、無線が作動した。「緊急通報」と声を落として伝え、場所と状況とを教え、再び音量を絞った。私は、応答が大きな音にならないよう注意した。下手をすると、ノムザーンとの危うい状況がまたおかしくなりかねない。

私たちの緊急通報を受けたフランソワーズは、私たちを迅速に救出するようにというSOSを転送してくれた。幸い、夜のサファリに出ていた監視員たちが、近くで銃声を聞いていた。そしてほんの数分で駆けつけてくれたのだが、彼らが私たちのほうに近づこうとするたびに、ノムザーンが彼らの車を襲うそぶりを見せるので、彼らも寄りつけなかった。

私は彼らがライフルを持っているのを知っていたので、険悪な状況に見えるかもしれないけど、どんなことが起きても絶対にノムザーンを撃つなと無線機を前に小声で指示を出した。彼がいなくなるのを待つだけだ。

しかし、彼はいなくならなかった。彼が私たちの車に近づくたびに、お客の一人が狼狽し、座席の反対側に移ろうと懸命だった。それで興味を刺激されたノムザーンは、近づいて来て車を小突いた。それでまた、可哀想なこのお客は車の中で必死に居場所を変えようとするのだった。暗闇の中、私たちはこのようにまったく無力な状態で横たわり、この巨大な生き物は外をドシドシ歩き回って、ときどき車を小突き回す。とにかく恐怖であった。私はときどきノムザーンを呼んだ。すると彼はぐるっと回って私の側にやって来る。しばらく静かに立っているが、やがてお客のほうに行って、お客を再び恐怖に陥れるのであった。そして、ひっくり返った車の周りをぐるぐる歩いたり、私たちの救出にやってきた監視員たちを追い払ったりした。

私が絶望しかけたとき、監視員の声が無線機から聞こえてきた。「群れがやって来た。群れ全体が来た。あなたのところに一直線だ。何てことだ。そちらの車のほうに向かっている。どうしましょう？　応答願います」

「何もするな」ほっとして私は答えた。「ただ待ってればいいよ」

これは朗報だった。監視員が思ったほど悪いニュースではない。車から身を乗り出すと、ナナとフランキーの姿が見えた。あとに群れを従えている。私は繰り返し彼らを呼んだ。

しかし、不思議なことに私は完全に無視された。彼らは足取りを緩めることなく、私たちのもとを素通りだった。そして私は驚愕した。彼らはノムザーンを取り囲み、彼を押しながら、私たちから遠ざけて行ったのである。彼はやろうと思えば、簡単に彼らを振り払うことができたはずだ。それだけの力は十分ある。なのに、それをしないのは驚きだった。私は横向きに窮屈な恰好をして地上に横たわっていたが、彼らのお腹がゴロゴロいう音が聞こえた。どんなことを伝え合っているのかは知らない。しかし、その直後、壊れた四輪駆動車に対するノムザーンの攻撃性が消え、彼は離れて行った。

群れが五十メートル近く離れると、監視員たちが急いでやって来て、車の上に乗り、壊れた窓から私たちを一人ずつ救出した。有り難いことに、そして信じられないことに、みな、無傷だった。

車に乗せられ、私たちはその場をあとにしたが、途中、群れを見かけた。誰も歯向かえないはずのボス・ノムザーンが、最後尾を大人しく付いて行く。オスの成獣はふつう群れとは別行動なので、このような姿は極めて異例のことであった。明らかにこれは、ナナが状況をよく理解したということだ。そして、ナナとフランキーが介入して、それが私たちのためでもあるし、彼のためでもあるとして、彼を私たちから引き離したのである。私たちの命の恩人は恐らく、ナナであろう。

しかし私たちが四十メートルくらい先を行くと、ノムザーンが頭をぐいと持ち上げ、怒ったように何歩か私たちのほうに踏み出した。彼が再びサファリ用の車に攻撃的な態度を示したことは、壊された車とは比べ物にならないくらい、とても大きな心配の種となった。私は大きな問題を抱え込んでしまった。

ロッジに戻ると、フランソワーズが抱きついて来た。お客はさっそくバーに連れて行かれた。一人は、生まれてこのかた一切お酒はお断りという人だったが、ウイスキーをダブルで三杯あおってから、ようやく口を開いた。

大変な一日であったが、みんな無傷だった。

ただ新品のステーション・ワゴンは、それほど運は良くなかった。保険会社の人は呆然として一目見るなり、廃車の扱いにした。彼らとしても、このような保険の請求は初めてという「ゾウ事件」であった。

第40章 選択肢

悪夢のような騒動を経て、これからどうすべきか、とるべき道はいくつもあった。予想どおり、「だから言ったじゃないか」といった声が勢い付いていた。野生動物の専門家の中には、ノムザーンは直ちに処分すべきであるという人もいた。起こるべくして起きたことだ、今彼を眠らせないと、誰かが殺されることになる、と。

再び私はノムザーンを弁護し、一連の出来事を正当化した。彼のしたことは要するに、これまで何回とやってきたように、私の車に近づいて来ただけのことだ。しかし、人の叫び声がしたので混乱し、発情期だったので、車が突然バックして牙に当たると、逆上してしまったのだ。その証拠に、彼が私の声を認めたとたん、怒りが収まり、私のもとにやって来て、フロントグラスの残骸を払いのけ、鼻をくんくん伸ばしてきて、私が無事かどうか確かめていたではないか。

私は彼を処分することを拒み、その代わり、彼とその他の全員の安全を確保する手だてを用意した。動物監視員たちは、自分の安全は自分で確保するだけの経験を積んでいる。私が心配したのは、通勤に車を使う、ロッジのスタッフだった。そこで私たちは、職員宿舎とロッジの間のすべての道路の両脇三十メートル近くにわたって、藪や茂みをすべて取り除いた。これで、ノムザーンが道路に近づいても、遠くからその姿を認めることができるようになった。夜は、監視員の車にスポットライトを取り付け、スタッフの車を先導した。ノムザーンがいないことを確認しながら進むのである。

しかし、そこまでする必要もなかった。彼は独り藪の奥深くにこもってしまったのである。まるで自分の乱暴狼藉の罪をあがなっているようであった。

一方群れは、いつもどおりの野生のゾウの姿であった。木をなぎ倒して葉っぱや皮を食べたり、泥んこになって転げ回ったり……。それを見て、サファリ客も大変喜んでいた。イーティーもすっかり落ち着いた。この成功例には私も慰められていた。数週間、何も問題が起きなかったので、私は、ノムザーンもついに反省したのだな、処分しなくてもすむな、とまで思い始めていた。

ある朝、動物監視員から四輪駆動車が故障したという無線連絡が入った。その車を藪に残して部品を取りに帰るという。彼が現場に戻ってみると、車は道路から落とされ、ひっくり返されていた。

「そこにいてくれ！」私は無線で応答した。とても不吉な予感がした。「すぐ行くから」

しかし、現場に到着するまでもなく、私には何が起きたかが分かっていた。ノムザーンの足跡が至る所にあった。彼は、停めたままの車を見つけ、壊し、ひっくり返し、体当たりをして道路から突き落としたのだ。私はすっかり落ち込んで被害を調べた。

この車はサファリ用で、動物がよく見えるように、オープンカーになっている。屋根がないので、このようにひっくり返されたら、人が死んでもおかしくない。ノムザーンが襲ったのは、誰も乗っていない車だった。しかし、いわれなき襲撃であり、人が乗っていても確実にまた襲うであろう。

私は空しく彼の行動を正当化する根拠を探してみた。避けられない「処分」という結末を、なんとか避けられないものか。そう思ったのだが、もはや進退窮まった。それは私にも分かった。彼は完全に手が付けられなくなっていた。実際、もしこれが他の動物保護区であったら、サイを殺した時点で、即座に処分されていたであろう。私の乗った車をひっくり返したり、今回のサファリ用の車をひっくり返したりするのを待つまでもなく。

私は家まで孤独なドライブをゆっくりと続けながら、友人に電話した。

「三七五口径を貸してほしいんだ」自分の口からもれた言葉に、神経がしびれる思いだった。

「いいよ。でも何に使うんだ？」答えが返ってきた。

「そんな大したことでもない。ありがとう。明日には返すよ」

「分かった」そして彼が付け加えた。「君、大丈夫かい？」

「大丈夫だよ。じゃあ、あとで」

私は受話器を置いて、自分の決断に自分でも驚いていた。しかし、やはり、もはや万策尽きたことが自分でもよく分かっていた。このままにしていたら、誰かが死ぬことになる。

私の三〇三口径でも恐らくじゅうぶんだっただろう。でもきわどい作業なので、失敗は犯したくなかった。私は最大限の火力がほしかったので、町に繰り出し、ライフルと、二八六グレンのモノリシック・ソリッド弾八発を借りて来た。誰にも内緒で、私は隣の土地に行って、木に的を設け、三発撃った。ライフルの照準にまったく狂いのないことを確かめたのである。一時間後、私の大きなノムザーンが川縁で穏やかに草を食べているのを見つけた。

彼は車の音に気付いてこちらを見上げると、ゆっくり近づいて来た。いつもどおり、私に会えて嬉しいのである。私はこれからその彼を裏切ろうとしていた。車を出ると、ドアの上にライフルを乗せて構えた。眼鏡照準では彼のおなじみの顔立ちがまったく場違いに思える。すぐ近くまでやって来たが、私は立ち尽くしていた。私は、気持ちが高ぶり、打ちのめされ、引き金を引くことができなかった……。

涙が、ぼろぼろこぼれてきた。

私にはどうしてもできなかった。私はライフルを車に仕舞った。彼は、温かく彼独特のやり方で挨拶を振りまきながら、そこに立っていた。私は、もう一度心を落ち着かせ、いつの日かまた会おうと言い、最後の別れを告げた。やがて私は車を走らせた。あとに彼を残して。彼は、私が慌てて帰って行くのが、明らかに腑に落ちていない様子だった。

翌朝、射撃の名人が到着した。電話で手配しておいた二人だ。私は、川床に的をしつらえて、彼らに構えてもらった。照準が完璧であることの確認は欠かせない。彼らはプロの元猟師である。今は環境保護家としての活動をしており、その道の専門家であった。

「君は来ないんだな？」一人が聞いた。古くからの友人だ。「ほんとに、自分でしないの？」

「やろうとしたんだけど。彼とは付き合いが長くて」私は力なく答えた。

「そうだな。私も話は聞いたよ。すごいね。これまでのこと」

「奴はもうすっかり訳が分からなくなっている」私は言った。詳しい話はしたくなかった。

「分かるよ」彼はこう言って、私の背中をぽんと叩いた。

一時間後、庭の芝生から、私のこよなく愛する保護区を見下ろしていると、遠くで銃声が二発した。これで終わりだ。私はこの素晴らしい生き物に対しても、そして自分に対しても、言いようのない寂しさを覚えた。九年間の友情を経て、私は失敗した。彼は母親のもとに帰って行った。彼がトゥラ・トゥラに来る直前にむごたらしく殺された、その母親の死から、彼は結局、回復できなかったのである。

私はノムザーンの大きな遺体の横たわる場所に、どうしても行かなくてはならなかった。ハンター二人が近くにいた。彼がひどい恰好で倒れていなくて良かった。横向きになっていた。まるで安らかに眠っているかのようであった。

「痛みは感じなかったよ。地面に倒れる前に、もう死んでいた」ピーターが言った。「でも、最後ぎりぎりのところで、ひやっとしたね。突然、向かって来たんだよ。すんでのところだった。このゾウはどこかがおかしい。君の決断は正しかったよ」

私はその見事な体を見つめた。大地と大空が彼と一緒に脈打っていた。

「さようなら、偉大なゾウよ」私はこう言って車に戻り、群れを呼びに行った。彼らをここに連れて来て、私のしたことを見せるために。

私のしたこと、それは、私のしなくてはならないことだった。

第41章 希望の光

「三つ来るときは、必ず三つまとまって来る」二日後、私は嘆いていた。考えてみると、一年ちょっとの間に、赤ん坊トゥラとマックスとノムザーンを相次いで亡くしていた。しかし低木林地帯というのは、物事を俯瞰して考えさせてくれる素晴らしい場所であり、私は彼らが、肉体的にはいなくなったけれども、永遠にこのアフリカの一部であり続けることに、慰められていた。彼らの骨は、ずっとこの土地に留まるのである。

人とさほど変わらず七十年を生きるゾウとワニを例外として、動物は一般的に長生きではない。自然界では、すべてが絶えず再生している。ライオンの一生はわずか十五年だ。インパラもニアラもクーズーもそうである。シマウマとヌーは二十歳まで生きることができるし、キリンはもう少し長生きするが、小動物や鳥は多くが実に短命である。昆虫の場合はわずか数週間ということもある。

毎年春になると茂みは新しい命で息づく。トゥラ・トゥラは巨大な保育園と化し、あらゆる形、あらゆる寸法の何千という母親たちが、あふれんばかりの愛情をもって多くの新しい命をこの世界に送り出す。そして、そうせざるをえないのである。というのも、生気あふれる自然界ではあっても、あっと言う間にそれを失うこともあるからである。どこまでも美しい自然界ではあるが、それは厳しい環境でもある。肉体も英知も運も最高のものに恵まれて初めて、高齢に達するまで生きることができるのである。死は生の不可分の一部だ。それが、低木林を支配する現実でもあり、私はそれでいいと思っている。それが、物質主義や人為的な倫理観に邪魔されぬ、自然な姿だ。そのおかげで私も自分の人生や友人や家族の人生を、ちゃんと俯瞰し続けられるというものである。

私はアカシアの茂みの近くでシロアリの蟻塚に腰掛け、物思いに沈んでいた。そこへ、車が近づいて来て、ヴシが降りて来た。徒歩サファリとは言え、走らなくてはいけないこともときどきある。特に初期の実験段階がそうだったが、その実験台になってくれた監視員が、ヴシだった。実に恰幅のいい男で、冷静沈着。上級の監視員に昇格させたばかりだった。その彼が、ノムザーンの遺骨のそばを通りかかったのだと言う。

しばらく間を置くと、彼は私を見据えてこう言った。「象牙が一つしかないよ」

私は夢想からはっと目が覚めた。「一つしかってどういうことだい！　もう一本はどうなった？」

「ないんだよ。盗まれてる」

「どうしてそんなことに？」私はすっかりショックを受けてしまった。

「昨日の夕方はあった。自分で見たんだもの。それが、今日はない」彼は私を睨み続けていた。田園部のズールー人としては珍しい。人と視線は合わせないというのが彼らの文化だ。彼も私と同じくらい衝撃を受けていた。

「みんなで遺骨の周辺を何百メートルも捜した。柵もすみずみまで調べたけど、密猟者が作ったような抜け穴はどこにもなかった。ゆうべ外から侵入して来た者はいないということだね」

私は驚き、彼を見つめ返した。

「それから警備員に頼んで今日、車を全部調べてもらったよ。確実に調べた上でないと、あなたのところまで持って来たくない話だったからね」

「信じられない話だ」私は初めの頃の密猟のことを振り返りながら言った。「じゃあ、誰が盗んだんだ？」

「まだ保護区の中だね」ヴシが自信たっぷりに答えた。「スタッフの誰かだよ。まだここのどこかに隠している。誰か車のある奴だね。ゆうべ遺骨の近くで明かりが見えた。でも半分も近づいたところで、消えたよ」

そこにヌグウェンヤが現れた。もう一本の象牙を肩に乗せている。それをいかにも重そうに地面の上に降ろした。

「面白いものを見つけたんだ」盗みの話は一旦おしまいにして、ヴシが言った。「ここを触ってごらん」

彼はその見事な象牙の横にひざまずいて、指でそれをゆっくりなぞり始めた。「ひどい亀裂だ」

私も彼に並んで身を屈めた。ノムザーンの牙の先端が少し割れているのは前から知っていた。しかし、ゾウにはよくあることなので、それほど気にはしていなかった。

しかし、私もヴシと同じ所を自分の指でなぞって見て、ヒューッと口笛を鳴らした。よく調べてみると亀裂は、私が思っていたよりずっと大きく、ずっと深かった。先のほうが割れたようになっていて、中は黒ずんでいた。象牙というのは歯の延長に過ぎない。人間でも同じだが、歯にそのような亀裂があれば、ばい菌が入り易いし、拷問のような苦しみが待っている。化膿したことのある人ならよく分かるはずだ。

「そうだね《イエボ》、ムクルー」ヴシが言った。「根元に大きな腫れがあったよ。奥の深い所に。切り開いてみたら、腐ってた」

私はまたヒューッと驚きの音を鳴らした。これですべてが飲み込めた。可哀想なノムザーンよ。彼は、とても痛い思いをとても長いこととしていて、それがもう耐えられなかったのだ。だからあれほどまでに不機嫌なゾウになっていたのだ。そして私は突然理解した。だから彼はあのとき、あれほどまでに暴れて四輪駆動車をひっくり返したのだ。車をバックさせたとき、私は彼の堪え難く痛むほうの牙を窓枠にぶつけてしまった。彼は痛くて目から火が出たはずだ。私が拳銃を撃って初めて、彼は我に返った。

　私は芝生の上にくずおれ、両手で頭を抱え込んだ。野生のゾウには珍しい処置かもしれないが、鎮静剤をダート銃で打ち込めば済んだことだったのだ。あとは腕のいい獣医と抗生物質の助けがあれば、彼の痛みは終わっていた。そして彼は私たちとまだ一緒にいられたはずだ。一緒に「おしゃべり」をしたときの彼の嬉しそうに木の葉を食べる姿が、まぶたに浮かんだ。彼は短い命でいろいろ辛い目に遭ったが、本当は実に気のいい奴だったのだ。

　私はなんとかそんな思いを振り払おうとした。そしてもう一度気を確かにすると、立ち上がった。今更、私にはどうしようもないことだ。

「象牙はきれいにして安全な場所に保管しておこう」私はヴシに言った。「これで少なくとも彼に何が起きていたか、彼がなぜあんなに暴れたか、分かったよ」

「そうだね《イエボ》、ムクルー」

「そして、もう一方の象牙を捜そう！」

　私はその場をあとにした。私のスタッフの誰かが、こんな時にノムザーンの象牙を盗むことを考えつくということ自体、驚きだった。彼の象牙は二本を対にし、彼の命を記念してロッジに飾って置きたいと私は思っていた。

象牙は見つからなかった。だからと言って、捜すのをやめたわけではない。

この日の午後、私は思いがけない電話を族長ヌコシ・ビイェラ本人からもらった。私たちは、定期的に連絡は取り合っていたが、それは主に部族の他の指導者インドゥーナたちを介してのことだった。

「お会いしたいのです」彼は明るく言った。「明日の午後遅くにトゥラ・トゥラに参りましょう」

「楽しみにしています」私は電話に嬉しくなって、答えた。「一つ提案していいですか？　奥様とご一緒に、一晩、ロッジに泊まられては？」

「それは名案だ。ありがとう。これでじっくり私たちの動物保護区プロジェクトの話ができる。では明日またお会いしましょう」

動物保護区の計画、ロイヤル・ズールー・プロジェクトこそ、私が何年も前からトゥラ・トゥラにいる主な理由だった。私は胸が高鳴った。特に彼が「私たちのプロジェクト」と言ってくれたことが嬉しかった。これは二十年前、プロジェクトが彼の父親ヌカニィソ・ビイェラに提示されて以来、初めてのことであった。私は夢をかなえようと奔走してきた。しかし、アフリカではよくあることだが、計画の遅れや、複雑になっていく諸々の事情は、克服不可能なものにも思えてくるものである。プロジェクトの成功のカギはヌコシ・ビイェラが握っていた。やはり彼が地域で図抜けていちばん影響力のある族長であり、支配している土地もいちばん広いからである。その彼が話をしたいと言うのである！

約束の日の午後、彼はやって来た。私たちはズールーランドの夕暮れ間近、保護区をドライブしながら、豊かな自然とたくましい野生生物に接し、将来を語った。

「この土地は誰のもの？」ヌコシは保護区の境の先にある深い茂みを指さして聞いた。

「あなたのです」

「それはいい。あなたの所とつなげましょう」彼は言った。なんという即断だろう。

私は彼がまだ話し続けたいものと思い、返事を控えていた。すると彼は車から降りて、周りを見渡し、トゥラ・トゥラの北側に接するクワズールー・ナタール州の自然生物保護区を指さした。

「あれはフンディムヴェロですね。私の祖父の土地だったのです。あれを戻すと言われているので、取り戻したら、あなたの所とつなげましょう。そして、私の部族の人々のためになるとあなたが言っておられたプロジェクトを、共同で進めましょう」これまたツルの一声である。

「ありがとうございます」

「さて、ヌタムバナナの土地だが、返還にこんなに時間がかかっているのはなぜですか?」彼が聞いた。私の保護区の西側に接しているトゲの多い藪のことである。ヌタムバナナはもともといろいろな部族の土地だったものを、何十年も前にアパルトヘイト政策を続ける政府が削り取るようにして接収した土地で、返還されることになっていた。ビイェラ族が権利を主張する土地がいちばん広い。ヌコシ・ビイェラが返還の遅れをいぶかるとなれば、このプロジェクトが今後勢いづくことは確実だ。

「なぜでしょうね。私も心配です」

「今こそ圧力をかけ始めないと」彼は言った。地元政府のことを言っている。ヌコシ・ビイェラが「圧力をかける」というのだから、これまた人々の注目を集めること、間違いなしである。

このわずか数分の会話の中で、まったく青天の霹靂だったが、彼は、私の夢見るアフリカ動物保護区を構成するほとんどの土地に言及した。しかしすべてではなかった。ジグソーパズルの最後の重要な一かけらが残っていた。ヌタムバナナから北に伸びるムロシェニ——世界的に有名なウムフォロジ動物保護区の入り口、ホワイト・ウムフォロジ川に至る三千二百ヘクタールの土地、ムロシェニである。ここまでつながれば、ウムフォロジ保護区との柵を低くして、アフリカ原初の姿を広大な土地に留めることができる。

「ムロシェニ……」と私は言いかけてためらった。

「ムロシェニがどうかしましたか?」

「ムロシェニを経て、私たちの所はウムフォロジ保護区につながっています。ここも重要ですね」

「もちろんです。インドゥーナたちと話をしています。すでに合意しました」彼はあっさりと言った。

「動物たちは、アパルトヘイト時代の柵ができる前のように、自由に行き来するようになりますよ」

私は手を差し伸べ、握手した。私はすっかり舞い上がった。耳に入って来るヌコシの言葉が信じられないほどであった。このプロジェクトは、これまでに起きた何にも増して、彼の部族の人々にとってはいいことであった。私は先走って、野生生物への恩恵のことまで胸算用していた。ヌコシ・ビイェラが、伝統的な共同体をいくつもまとめて、新しい世界へと果敢に導くのである。

もちろん、この合意が十二年がかりでようやくたどりついた大きな突破口ではあっても、まだ多くの仕事が残っていて、これから長々とした部族の集会がいくつも控えていることは分かっていた。しかし、彼の全面的な肩入れがある限り、私たちの勝利である。とにかく彼の言葉が決め手だった。これこそ間違いなく私たちのいちばん必要としているものであった。これですぐにすべてが動き出しても不思議ではなかった。

その夜、私たちはロッジで話がはずみ、ロイヤル・ズールー・プロジェクトのことを、そしてそれによって地域再生のために何が可能になるのかを、語り合った。私はノムザーンを亡くした憂鬱が消える思いがした。ノムザーンの気宇雄豪なところも、素晴らしい新保護区の一部となるであろう。その保護区は、本来あるべきアフリカの姿を留めるであろう。そこにあるのは、野生と、美と、人と生き物の調和である。私にとって新しい保護区は、ノムザーンばかりか、マックスや赤ん坊トゥラをも記念するものとなる。彼らは、私たちに残された最後の野生の土地を守る戦いで私たちに最も必要とされる資質を、はっきりと示してくれた。それは、勇気、忠誠心、そしてとりわけ、粘りである。

アフリカの可能性、そのビジョンを語り合ったこの夕べのことを、私は一生忘れないだろう。それは卓越した指導者ヌコシ・ビイェラの協力に負うところのとりわけ大きいビジョンであった。この新しい動物保護区には、太祖シャカ・ズールー王に始まるズールーの歴史がしみ込んでいる。そんな保護区がこれから雇用創出、投資促進といった物質的な面でも、真の野生の気質といった精神的な面でも、地域を活性化していくことだろう。トゥラ・トゥラの宿帳への書き込みを読むだけでも、野生の世界から精神的に影響を受けたという来訪者がいかに多いかが分かる。ヌコシ・ビイェラが私たちの側に付いてくれたおかげで、最後の大きな障害が取り除かれた。ロイヤル・ズールー・プロジェクトがついに現実のものとなる。そして私はそれがアフリカにおける自然保護の一里塚となることを願っている。

翌朝、ボリュームたっぷりの朝食をヌコシと共にし、その間も、新プロジェクトに対する彼の熱意はいっそう高まっていた。そのあとテレビをつけてニュースを見た。イラクのサダム・フセインとの戦争の気配が刻々強まっている。イラク侵攻は避けられない情勢のようであった。しかしこの日の朝のニュースは、アフガニスタンのカブール動物園も取り上げていた。そして画面いっぱいに映し出されたのが一頭のライオンであった。爆弾の破片を浴びて片方の眼を失い、苦悩に満ちた顔をしていた。タリバン兵が手榴弾を投げつけたという。なぜか彼は生き伸びた。名前はマージャンである。傷だらけの顔、恨むような、人間を糾弾するような眼差しが私の心に刻み込まれた。これがまさに、人の愚かさの悪しき渦巻きに巻き込まれた、無力な、そして本人たちには科のない、動物の現実である。どんな言葉より生々しくそれを伝えるこの恐るべき映像は、人類そのものに対する起訴状であった。私の心の中でプツンと何かが切れた。怒りが私のはらわたを徐々に蝕む。私はどうしてもイラクに行かなくてはならない、そして同じことが、中東最大の動物園、バグダッド動物園の生き物たちに起きないようにしなくてはならないと思った。

十日後、私は、多国籍軍によるイラク侵攻で爆撃されたイラクの首都にいた。自分の前にある仕事のとてつもない大きさはほどなく分かった。良き相棒が私の傍らに必要だった。電話一本で数週間後来てくれたのが、ブレンダンだった。

ブレンダンはとても重要な最初の数ヶ月の間、私と一緒にいてくれた。その間、私たちはバグダッドの動物園などに残された最後の生き物たちを救出した。彼は、私が出国したあとも一年あまりイラクの首都に留まり、動物の世話という極めて重要な仕事を続けた。

そのあと彼はカブールに行って、そこでもアフガニスタン人に動物園の状況の改善に関してアドバイスをするという、第一級の仕事をしたのだった。悲しいことに、ライオンのマージャンは彼の到着するずっと前に死んでいた。その過程でブレンダンはトゥラ・トゥラの仕事を辞めた。しかし、私は彼が、トゥラ・トゥラにおいても国外においても、私たちと道のりを共にしてくれたことを大変誇りに思っている。

デヴィッドと同じように、彼もまた私たちの仕事にとっては掛け替えのない存在であった。彼は今も時々トゥラ・トゥラに「里帰り」している。

第42章 結び

私はほぼ半年後に家に戻った。私の人生の中でも最も激烈な日々だった。バグダッドの戦場の炎熱と埃と大混乱。それはまさしく、現実とも思えぬ悲劇と興奮と滑稽と絶望の連続であった。

この経験は一つのことを私に確実に教えていた。それは、『野生のエルザ』の希望に満ちた無邪気な日々は、とうの昔に終わっていたということである。バグダッドでは動物園の職員が、干上がったライオンの群れとベンガルトラ二頭を、湖の臭い水を手で汲んで来て生き延びさせるという場面もあった。拷問のような一時間、また一時間と、脱水状態の大きなネコたちの命を私たちはバケツ一個でつないだのだった。その一個しかなかったバケツも、最後には略奪者に盗まれてしまった。とうとう私たちも、激しい交戦が周りで続く中、空爆を受けたサダム・フセインの宮殿や放棄されたバグダッドのホテルの調理場を、果敢に急襲せざるをえなくなった。そうやってライオンの次の食事を確保した。

私は、かくも多様な人々から成る小集団の、かくも献身的な行為を見たことがなかった。官僚主義に嫌気がさしたアメリカ軍の兵士は自分たちの配給品を犠牲にして、餓えた動物たちに食べ物を与えたし、頑強な南アフリカの「傭兵」は自ら動物園の警備係を買って出たし、勇気あるイラクの動物園職員や市民は自分たちの命を危険に晒しながら、欧米人に協力した。二〇〇三年のバグダッドは世界の良きものと悪しきものを混ぜこぜにして垣間見せる、一枚の恐るべきスナップ写真であった。

この時の経験に私はたいへん揺り動かされ、後に『バビロンの箱船』という本を書いた（BABYLON'S

ARK 邦題：戦火のバグダッド動物園を救え　青山陽子訳　早川書房）。この時の冒険を紙の上に書き記すカタルシスは非常に大きく、そこから得た教訓には計り知れない価値があった。私はまたこのバグダッドでの経験を生かして「ジ・アース・オーガナイゼーション（地球機構）」を立ち上げた。地球機構（TEO）は急速に成長した。これはよくあるような環境保護派の圧力団体ではなく、一般市民が集まってできた組織で、その目的は、縮小を続ける植物王国・動物王国の下降螺旋を逆転させようという実際的なプロジェクトを支援することにある。

私のゾウたちは、逆境と災難に直面しながらも、生き残ろうと頑張った。いつも仲間をいたわり、流れを見失わず、遊びも忘れずに、決然と立ち向かった。私は同じような資質を、バグダッド動物園の見捨てられた動物たちに見いだした。危険ととなり合わせで物資も不足した大混乱の中、生き物が諦める姿を私は一度も目にしたことがなかった。これらの教訓は、私たちの考え方の中心的な役割を果たしている。

私がイラクから帰ると、群れが保護区入り口の門の所で待っていた。これには驚いた。というのも、私がいない間、群れは茂みの奥深くにほとんどこもりっきりだったと聞かされていたからである。監視員たちは、サファリ客にゾウを見せようにも、なかなか見つからずに苦労したということだったが、この日は入り口の警備員もまったく不意を突かれ、柵の近くの小屋に緊急避難となった。私がクラクションを鳴らすと、彼はしぶしぶ現れ、ゾウがまだそこにいるのを見ると、慌ててカギを私のほうに投げつけ、小屋にそそくさと戻って行った。私は自分で門を開けて中に入った。

ナナとその家族は家の母屋まで私に付いて来て、柵の周りでぶらぶらしていた。車から降りて彼らに挨拶をしようとしたら、私は感極まって、声がかすれてしまった。今では新しいメンバーも加わって十四頭になっていた。元々の七頭が二倍になっていた。いちばん新しい四頭は、ノムザーンの忘れ形見である。彼は心も肉も生き続けるのである。

彼らが空気の匂いを嗅いでいるのを見た私は、心の中で何かが高揚した。私はその瞬間、このゾウたちが私にとっていかに大きな意味を持っているかを知った。そして、もっと大切なことだが、その一頭一頭から、いかに貴重な教訓を学んでいたかを理解した。

人生は、あげた分、もらえると言うが、それは、どれだけのものをもらったかが分かって初めて言えることである。ナナとフランキーの鼻がくねくねと伸びて来て、柵を越えて私に触れたとき、私は、私が与えた以上に、彼らからもらったものがいかに大きいかを知った。私は確かに彼らの命を救ったが、そのお返しに私がもらったものは、計り知れぬほど大きかった。

威厳ある家長ナナからは、家族がいかに大切かということを学んだ。賢明な指導力、無私の躾《しつけ》、徹底した無条件の愛が、家族という単位の核をなすことを学んだ。状況が厳しいとき、自分の肉と血が、いかに大切かを知った。

威勢のいい叔母さんフランキーからは、集団への忠誠心がいかに大切かということを学んだ。フランキーは群れのためなら自分の命をも何のためらいもなく差し出した。彼女にとっては群れ、集団に尽くすことが、「より大きな愛」であった。彼女の勇気ゆえに、彼女は仲間から深く愛され、深く敬われた。

ナンディからは、尊厳を、そして母親がどれだけの愛を持っているかを学んだ。彼女は、体の不自由な赤ん坊のために飲まず食わずで何日も頑張るつもりでいた。最後まで頑張り、赤ん坊が息を引き取るまで諦めることを拒む用意があった。

マンドラからは、赤ん坊が敵対的な世界で逃げ惑いながら育つのがいかに大変か、そしてそんな中でも献身的な母親や叔母たちに助けられて頑張ればちゃんと育っていけることを知った。彼はノムザーンの亡きあと思春期に達し、自然の摂理によって群れからいよいよ追放されようとしており、これからまた新しい試練に直面する。

フランキーの子どもたち、マルラとマブラには、逆境にあっても親の子育てがしっかりしていれば、いかに成果が上がるかの具体例を見た。これらの行儀のいい美しい子どもたちは、人間の世界で言うところの「良き市民」である。それは、我々の世界で今、不足しているものでもある。この子らは、母親や伯母が私をどう扱ったかを見て、私をれっきとした親戚として敬ってくれた。そんな彼らを私は愛した。

イーティーからは赦しを学んだ。私は、彼女の深い苦しみと不信の殻を突き破って彼女の心に手を差し伸べることがなんとかできたが、それも、彼女がそうさせてくれたからであった。その道のりのどこかで彼女は再び生きていくことを心に決め、その中で、私に赦しを教えてくれた。彼女は、私たちのもとに来る前に人間たちが彼女の家族に恐怖を見舞ったことを、赦したのである。私がトゥラ・トゥラを空けている間に彼女は子どもを産み、今では私のそばに立ち、私を見つめ、赤ん坊を誇らしげに見せびらかしている。私はとても嬉しかった。

そしてもちろん、ノムザーンである。私の最も親愛なる友人の一人となったゾウだ。誰でもそうだが、私も人生で後悔はある。私にとってその最大のものは、彼の牙がばい菌に侵されて激しく痛んでいたことが、彼の「ならずもの」的行動の原因だったと推測できなかったことである。他の動物監視員でもそれは難しかっただろうと、私は自分に言い聞かせている。実際、他の大半の保護区ならもっと早く銃で処分されていたのである。

しかし私が学んだ恐らく最も大切な教訓は、人間とゾウの間には、私たち人間が作り上げる壁以外に壁はない、ということであり、私たちがゾウやすべての生き物にそれぞれの持ち場を太陽の下に認めてあげなければ、私たち自身、決して全き存在ではありえないということである。

私は柵越しに彼らを眺めた。私は、六ヶ月の戦闘地域の修羅場を経て我が家に帰り、そのぬくもりと安らぎにひたるだけでなく、自分の拡大家族、この大いなる家族が一緒だという喜びをかみしめていた。彼らが柵の所に集まったときに聞こえてきた、お腹のゴロゴロという音ほど心安らぐ音を私は知らなかった。ナナが八年前、ゾウの囲いで鳴らしたときと同じで、私はえも言われぬ幸福感に包まれていた。

マンドラとマブラは、今は脇に控えている。彼らはこれからノムザーンと同じように、群れを離れ、試練の追放期間を経験することになる。私にも何か出来ることがあれば、と思う。もっと大きな保護区であれば、他の思春期のゾウと独身組合のようなものを結成し、先輩オスの指導を仰ぐことにもなろう。このような、はぐれた若い独身のオスをアスカリと呼ぶが、やることと言えば、人間の若者たちとさほど変わらない。一緒にたむろし、女の子を追いかけ、自分たちの力や機智を、お互いをそして世界を相手にして、試すのである。

年長のオスは、それまでの家母長の支配する群れに欠けていた父親のような存在となり、彼らにオスの作法や原野で生きていくためのもっと実際的なこと、例えば、どこに最高の水飲み場や最も水分を含んだ枝や果実があるかといったことを教える。そのようにして身につけた地理の知識は、あとあとまで失われないことが知られている。だからゾウの記憶力の良さといったことがよく言われるのである。

そのお返しに、アスカリたちは父親代わりのそのゾウを深く敬愛し、情愛を注ぎ、とても大切にする。彼が年老いて樹皮を自分で剝げなくなると、柔らかい葉っぱのある湿地や沼地に連れて行く。高齢のゾウの死は優雅なものではない。一生のうち合計六回生え変わった歯をいよいよ失って、飢え死にするのである。彼がもはや立ち上がれないほど弱り、痴呆が始まると、アスカリたちが身を守ることもある。ハイエナやライオンの攻撃から年寄りゾウを守るのである。彼が死んだあとも、遺体から腐食動物を追い払ったりすることが知られている。亡くなったあとも、骨がある限り、その場所を訪れ、今は亡き先輩を偲ぶのである。自然死を遂げるゾウが必ず、柔らかい食べ物のある湿地で亡くなることから、ゾウたちが本能的に行き着いて最期を迎える秘密の墓地があるのではないかとか、象牙の山がどこかに隠されているといった神話が生まれているが、実際は、消化できる柔らかい食べ物の得られる場所に移動して、天寿を全うしているのである。

だから、熟年のオスのゾウを殺す人たちは、自分たちの及ぼしている害を理解していない、あるいは理解することを拒んでいると言える。熟年のオスのゾウは、ケチな狩猟家などによって処分されても構わない余剰物などではない。彼には、次世代のゾウの健康と幸福がかかっている。若者たちにあるべき真の姿を教え、原野で生きていくための貴重な技術を次世代に伝えていく存在なのである。

私たちのゾウの群れもどんどん大きくなっていることから、ここにも若者の模範となるべき賢明なオスが必要なのは明らかだった。トゥラ・トゥラ自体も、ロイヤル・ズールー・プロジェクトの一環として隣接する部族の土地とつながって、劇的に拡張されようとしている。保護区で増えていくオスの若者に対し先生の役目を果たす熟年のオスも、そのうち譲り受けることができるだろう。

その情報を発信したら、各方面から非常に前向きな反応をもらったので、ここのアスカリたちにもオスの作法を教えてくれる賢いオスの家長が、やがて来ることになると思う。そして、マンドラとマブラは成長し、立派な若者になっていくはずである。ロイヤル・ズールー・プロジェクトが立ち上がれば、地域に根ざす人々、土地の未来に関わりを持つ人々によって守られ促進されるアフリカ大陸本来の姿を、ここに留めることができるようになるのである。

私は、ベキとヌグウェンヤとしばらく外で一緒に時間を過ごしたあと、そんなことをとめどなく考えていた。ゾウの群れ全体が二キロほど先で草を食んでいた。トゥラ・トゥラを守る丘々を太陽が赤く染めていた。トゥラ・トゥラのその衛兵たちは逆光で赤く照らされ、前方のゾウたちは草原に長い影絵を描いていた。これこそ、見る者の魂を最も揺さぶる、永遠のアフリカの姿であった。私はなぜゾウがこの大陸を代表する生き物であるかを改めて感じさせられた。

ナナとフランキーが並んで立っていた。家長と家長代理である。続いて彼らの上の娘たち、ナンディとマルラだ。二頭とも今が女盛りである。そして、この地域で一世紀ぶりに生まれたゾウたち、ムヴーラとイランガを連れていた。群れの外れのおよそ四百メートル近くだろうか、独身のオス、マンドラとマブラもいた。そして群れのあちこちに散らばっているのが、新しく生まれて来た赤ん坊たちであった。

私は新しい世代のゾウたちとは、関わり合いを持たないことにしている。そもそも群れを引き取ったとき、ゾウはそのまま藪に放つつもりだった。彼らとつながりを持とうなどとは考えていなかったのである。私は、すべての野生動物はそうあるべきだと思う。すなわち、野生ということである。脱走劇や再定住の苦しみ、兄弟の処分などといった事情で、私はしぶしぶ介入せざるを得なくなったままである。前にも書いたが、家長のナナに人間を少なくとも一人信用してもらって、人間全体に対する恨みを少しでも和らげてほしかったのである。それが実現し、彼女にも群れがもういじめられないことが分かった。これで、私の使命は終わったのだ。人間と接触しすぎると、原野で必要とされる彼らの野性が損なわれることを、私は強く意識していた。

このやり方で実にうまくいっている。今でも、私が車で群れの近くを通りかかると、ナナとフランキーが近づいて来ることがある。私はこれからも彼らとの特別の関係が続く。ナンディ、マブラ、マルラ、マンドラ、そしてもちろんイーティーもみんな今でもまだ私のことが分かる。彼らも私の存在を認めて、ナナに続いて私のほうに足を踏み出すのだが、ナナよりかは遠慮がちである。

しかしもっと下のほうのゾウたちは私のことを完全に無視するし、私もそうだ。お互い、完全に無視し合っている。私は彼らにとって部外者だ。彼らの祖母にあたる世代との関係は、今後二度と繰り返されるものではない。彼らは人間と直接の接触は一切持たないことになる。私とも、私の動物監視員たちとも。そして、それが本来あるべき姿なのである。

彼らはこれから、私が最初の群れに願ったように、野生のまま、ここで大きくなっていく。私が認めないことが一つあるとすれば、それは、ゾウであれ、鳥であれ、野生の生き物を不自然な形で捕らえ、人間に慣らすことである。

私にとって一つだけ良い檻があるとすれば、それは空っぽの檻である。

訳者あとがき

この本はローレンス・アンソニー著『The Elephant Whisperer』（ゾウにささやく男　二〇〇九年刊）の日本語訳です。原著は「群れとアフリカの原野に生きる」という副題が付いています。義理の兄弟グレアム・スペンスを編集者として書き上げたノンフィクションで、ベストセラーになりました。

アンソニーは一九五〇年、南アフリカのヨハネスブルグに生まれ、父の保険の事業を引き継ぎ、不動産業に拡大して成功したあと、環境保護の活動に転じました。南ア、クワズールー・ナタール州の二千ヘクタールという広大な私設野生動物保護区を購入しますが、そこで野生のゾウたちとたどった波瀾万丈を記したのがこの本です。スコットランド系移民三世の著者は、父親の事業の関係で子供の頃からアフリカ南部を転々とし、その中で自然を愛する心を育みました。

希有な人物です。その行動力。北に戦争で傷つき飢え死にしそうな動物たちがいれば飛んで行って助け、西に紛争でキタシロサイが絶滅の危機に瀕していると知ればジャングルに分け入って武装ゲリラに殺害をやめろと掛け合い、国連には、紛争時に環境破壊や野生動物の殺害を行うことを戦争犯罪とする決議案を提出、そして南アフリカでは自ら動物保護区を運営し、苦しむゾウたちにささやいた男なのです。相手は、人間のせいでこれまで辛い思いをし、心に傷を負う野生のゾウの群れです。ささやいてどうなったか、その疾風怒濤の実話、そして見事に描き出された個々のゾウの境遇と個性、驚くべき能力、ゾウという生き物の魅力は、本書に譲ることとしましょう。

今アフリカではゾウの密猟と象牙の違法取引が急増しています。陸上最大の動物、最大の危機です。

国連環境計画、国際自然保護連合ＩＵＣＮなどが二〇一三年三月に発表した報告書によると、この十年で、アフリカゾウの殺害数は二倍、押収された象牙は三倍に増えています。アフリカゾウの個体数は全体では四十二万から六十五万頭（ＩＵＣＮなどの二〇一三年推計）ですが、前述の報告書では二〇一一年には二万五千頭が殺されたと推計しています。アフリカ西部と中部では、自然増を上回る密猟の勢いといい、このままだとやがて絶滅です。カメルーンや中央アフリカ共和国、コンゴ民主共和国では内戦で取り締まりもままならぬ状況がありました。カラシニコフ銃というゾウを殺せる武器も出回っています。たとえ内戦が終わっても、密猟は続くのです。密猟団、密輸団も暗躍しています。

象牙の行き先は経済成長著しいアジアです。中国が突出しており、続いてタイです。日本もかつては印鑑などに使うため大量消費国でした。今では国内の象牙・象牙製品の管理・登録体制の整備を進めていますが、二〇〇六年には大阪税関でゾウ百頭分とも言われる象牙の密輸が発見されました。

密猟は、これまで個体数の安定していたアフリカ東部や南部にも向かおうとしています。さらにアフリカ自体の開発や人口の急増で、ゾウの生息地は奪われて行きます。アフリカゾウは今、ＩＵＣＮのレッドリストでは絶滅危急種です。

近絶滅としてリスト最高位にあるのがアジアゾウの亜種、インドネシアのスマトラゾウです。アブラヤシの植林のために大規模開発が進み、オランウータンなどもそうですが、生息地を急速に奪われているのです。野生のスマトラゾウの推定個体数はＷＷＦ世界自然保護基金によると今三千頭足らずで、一九八五年の推定数のほぼ半分。しかしアフリカ中部の減少の速度はこれをもはるかに上回ります。

アフリカ中部と言えば、著者アンソニーは、二〇〇七年にコンゴ民主共和国の密林に赴き、ウガンダの反政府勢力「神の抵抗軍」にキタシロサイの保護を約束させせました。その時の話が『The Last

Rhinos』（最後のサイ　二〇一二年）です。「枠にとらわれずに考えろと言うが、それではだめだ。枠にとらわれずに行動せよと言いたい」と言うアンソニーの面目躍如です。二〇〇三年四月にはなんとイラク戦争の開戦直後のバグダッドに乗り込みました。動物を救うためにです。そのときのことは『Babylon's Ark』（邦題「戦火のバグダッド動物園を救え」早川書房）に描かれています。

戦火の中、身の危険も顧みぬアンソニーの大胆さは、本書の中でも遺憾なく発揮されています。ゾウとのやりとりはもちろん、猛獣やワニ、毒蛇、山火事に大洪水、密猟者や一部部族社会との対決……。行動力の一方で、彼には非常に繊細な面もありました。トラウマを抱え、人間に敵意を抱いているゾウたちに、ささやく彼の姿がそれです。英語の「囁く者（ウィスパラー）」には、何か、動物と交信できる超自然的な能力を思わせる語感があります。そのような題名のハリウッド映画もありますが、著者は自分にそんな能力はないと言います。しかし、彼には生き物の心理への深い洞察と鋭い観察眼がありました。どこまでも控えめに、辛抱強く、思いやりをもって、献身的なセラピストのように接します。そうして彼はゾウの心を読み取り、ゾウへ自分の意思を伝えることができるようにもなったのだと思います。

ゾウは、知性も、記憶も、優しい心も持ち合わせた素晴らしい生き物ですが、その記憶が恨みとなると、時にその激しい気性がむき出しになります。命がいくらあっても足りないような冒険を繰り広げたアンソニーですが、残念ながら二〇一二年に心臓発作で亡くなりました。不思議なことにその時、それまで長い間姿を見せていなかったゾウたちが長い道のりを行進し、「弔問」に訪れたといいます。

先に触れた彼の国連決議案は、国際人道法を環境や動物にまで拡大するような画期的な考えでした。生きていたら環境や野生動物保護の新しいパラダイムを打ち出すことになったかもしれず、彼の死は本当に惜しまれますが、人はこの作品からそのヒントを読み取れるはずです。動物保護区は一時的な措置であるとか、象を始めすべての生き物に持ち場を確保すべきだといった考えに私はそれを感じます。脇役たちも豪華絢爛たる顔ぶれです。そしてこの物語をさらに魅力的なものにし、各章に印象深い彩りを添えています。ライオン、ヒョウ、ハイエナ、アフリカスイギュウ、ワニ、ブラックマンバ、ムフェジコブラ、オナガザル、バークスパイダー、ミツアナグマ、カワイノシシ、ソウゲンワシ、……列挙し始めたら切りがありません。けなげに生きる多くの生き物を押しのけ滅ぼしてまで、人間はこの惑星を独り占めしていいのか？　そんな厳しい問いを私たちに突きつけている作品だと思います。

著者には自然保護と地元社会の経済発展を絡める構想があり、部族社会から支援も反発も受けました。その記述の中で伝統的部族社会の文化、風習、信仰などの面も実に劇的に描いています。

環境保護、動物保護という地球的課題に孤軍奮闘の観のあるアンソニーですが、愛犬や愛妻やスタッフに支えられながら、ユーモアを忘れず、いつも前向きに生きた人です。

東京は記録的暑さの二〇一三年の夏でしたが、私はこの著者とともに神秘的なゾウの世界に引き込まれ、暑さに気づかぬほど毎日ぞくぞくしながら翻訳に没頭しました。特に後半は心揺さぶられる話の連続で圧巻です。くじけそうになっていた人生、私も読んで訳して、生きていこうという力がわいてきました。偉大な師に巡り会ったような気もしますし、素晴らしい友を得た気もします。多くの人に読んでもらいたい一書です。

末尾ながら、翻訳の機会を下さった築地書館の土井二郎社長と、緻密な作業をしてくださった編集者、校閲者の方々に深くお礼申し上げます。

中嶋　寛

【著者紹介】

ローレンス・アンソニー（Lawrence Anthony）

1950年、南アフリカ共和国ヨハネスブルグ生まれ。

環境保護活動家。南アフリカのズールーランドに、トゥラ・トゥラと名付けた私設の動物保護区を設立し、ゾウをはじめ野生動物の保護に尽力する。また、国際的な自然環境保護活動団体「The Earth Organization」を設立。

2012年没。

【訳者紹介】
中嶋　寛（なかしま　ひろし）
1952年生まれ。東京大学文学部仏文科卒。
会議通訳者。放送通訳者。国境なき通訳団を主宰。
長崎純心大学人文学部客員教授（国際政治）。

象にささやく男

2014年2月12日　初版発行

著者　ローレンス・アンソニー
　　　グレアム・スペンス
訳者　中嶋　寛
発行者　土井二郎
発行所　築地書館株式会社
東京都中央区築地7-4-4-201　〒104-0045
TEL 03-3542-3731　FAX 03-3541-5799
http://www.tsukiji-shokan.co.jp/
振替 00110-5-19057
印刷・製本　シナノ印刷株式会社
装丁　吉野　愛

ISBN 978-4-8067-1470-5　C0045